国家出版基金资助项目

Projects Supported by the National Publishing Fund

国家出版基金项目
NATIONAL PUBLICATION FOUNDATION

钢铁工业协同创新关键共性技术丛书

主编 王国栋

低碳中锰钢板材组织控制理论及性能

Microstructure Control Theory and Performance of Low Carbon Medium Manganese Steel Plates

杜林秀 高秀华 吴红艳 齐祥羽 著

U0315322

北 京

冶 金 工 业 出 版 社

2021

内 容 提 要

本书从 Fe-C-Mn 合金系统的热力学入手，介绍了低碳中锰钢中厚板和特厚板的合金设计原理和强韧化机理，加热过程奥氏体的相变特性及奥氏体的长大规律，轧制过程高温奥氏体的变形行为及低碳中锰钢的热加工性，TMCP 工艺及热处理工艺，低碳中锰钢的焊接性能及焊接工艺，疲劳断裂行为及其影响因素，低碳中锰钢的腐蚀行为及其机理等。

本书可供材料、冶金等领域的科研、生产、教学及管理人员阅读参考。

图书在版编目 (CIP) 数据

低碳中锰钢板材组织控制理论及性能＝Microstructure Control Theory and Performance of Low Carbon Medium Manganese Steel Plates/杜林秀等著 . —北京：冶金工业出版社，2021.5

（钢铁工业协同创新关键共性技术丛书）

ISBN 978-7-5024-8811-6

Ⅰ.①低… Ⅱ.①杜… Ⅲ.①低碳钢—锰钢—钢板—热处理—研究 Ⅳ.①TG142.33 ②TG161

中国版本图书馆 CIP 数据核字 (2021) 第 099557 号

出 版 人　苏长永

地　　址　北京市东城区嵩祝院北巷 39 号　邮编　100009　电话　(010)64027926

网　　址　www.cnmip.com.cn　电子信箱　yjcbs@ cnmip. com. cn

责任编辑　杜婷婷　卢　敏　美术编辑　彭子赫　版式设计　孙跃红

责任校对　王永欣　责任印制　李玉山

ISBN 978-7-5024-8811-6

冶金工业出版社出版发行；各地新华书店经销；北京捷迅佳彩印刷有限公司印刷

2021 年 5 月第 1 版，2021 年 5 月第 1 次印刷

710mm×1000mm　1/16；18.5 印张；358 千字；277 页

96.00 元

冶金工业出版社　投稿电话　(010)64027932　投稿信箱　tougao@ cnmip. com. cn

冶金工业出版社营销中心　电话　(010)64044283　传真　(010)64027893

冶金工业出版社天猫旗舰店　yjgycbs.tmall.com

（本书如有印装质量问题，本社营销中心负责退换）

《钢铁工业协同创新关键共性技术丛书》
总　序

　　钢铁工业作为重要的原材料工业，担任着"供给侧"的重要任务。钢铁工业努力以最低的资源、能源消耗，以最低的环境、生态负荷，以最高的效率和劳动生产率向社会提供足够数量且质量优良的高性能钢铁产品，满足社会发展、国家安全、人民生活的需求。

　　改革开放初期，我国钢铁工业处于跟跑阶段，主要依赖于从国外引进产线和技术。经过40多年的改革、创新与发展，我国已经具有10多亿吨的产钢能力，产量超过世界钢产量的一半，钢铁工业发展迅速。我国钢铁工业技术水平不断提高，在激烈的国际竞争中，目前处于"跟跑、并跑、领跑"三跑并行的局面。但是，我国钢铁工业技术发展当前仍然面临以下四大问题。一是钢铁生产资源、能源消耗巨大，污染物排放严重，环境不堪重负，迫切需要实现工艺绿色化。二是生产装备的稳定性、均匀性、一致性差，生产效率低。实现装备智能化，达到信息深度感知、协调精准控制、智能优化决策、自主学习提升，是钢铁行业迫在眉睫的任务。三是产品质量不够高，产品结构失衡，高性能产品、自主创新产品供给能力不足，产品优质化需求强烈。四是我国钢铁行业供给侧发展质量不够高，服务不到位。必须以提高发展质量和效益为中心，以支撑供给侧结构性改革为主线，把提高供给体系质量作为主攻方向，建设服务型钢铁行业，实现供给服务化。

　　我国钢铁工业在经历了快速发展后，近年来，进入了调整结构、转型发展的阶段。钢铁企业必须转变发展方式、优化经济结构、转换增长动力，坚持质量第一、效益优先，以供给侧结构性改革为主线，推动经济发展质量变革、效率变革、动力变革，提高全要素生产率，使中国钢铁工业成为"工艺绿色化、装备智能化、产品高质化、供给服务化"的全球领跑者,将中国钢铁建设成世界领先的钢铁工业集群。

2014年10月,以东北大学和北京科技大学两所冶金特色高校为核心,联合企业、研究院所、其他高等院校共同组建的钢铁共性技术协同创新中心通过教育部、财政部认定,正式开始运行。

自2014年10月通过国家认定至2018年年底,钢铁共性技术协同创新中心运行4年。工艺与装备研发平台围绕钢铁行业关键共性工艺与装备技术,根据平台顶层设计总体发展思路,以及各研究方向拟定的任务和指标,通过产学研深度融合和协同创新,在采矿与选矿、冶炼、热轧、短流程、冷轧、信息化智能化等六个研究方向上,开发出了新一代钢包底喷粉精炼工艺与装备技术、高品质连铸坯生产工艺与装备技术、炼铸轧一体化组织性能控制、极限规格热轧板带钢产品热处理工艺与装备、薄板坯无头/半无头轧制+无酸洗涂镀工艺技术、薄带连铸制备高性能硅钢的成套工艺技术与装备、高精度板形平直度与边部减薄控制技术与装备、先进退火和涂镀技术与装备、复杂难选铁矿预富集-悬浮焙烧-磁选(PSRM)新技术、超级铁精矿与洁净钢基料短流程绿色制备、长型材智能制造、扁平材智能制造等钢铁行业急需的关键共性技术。这些关键共性技术中的绝大部分属于我国科技工作者的原创技术,有落实的企业和产线,并已经在我国的钢铁企业得到了成功的推广和应用,促进了我国钢铁行业的绿色转型发展,多数技术整体达到了国际领先水平,为我国钢铁行业从"跟跑"到"领跑"的角色转换,实现"工艺绿色化、装备智能化、产品高质化、供给服务化"的奋斗目标,做出了重要贡献。

习近平总书记在2014年两院院士大会上的讲话中指出,"要加强统筹协调,大力开展协同创新,集中力量办大事,形成推进自主创新的强大合力"。回顾2年多的凝炼、申报和4年多艰苦奋战的研究、开发历程,我们正是在这一思想的指导下开展的工作。钢铁企业领导、工人对我国原创技术的期盼,冲击着我们的心灵,激励我们把协同创新的成果整理出来,推广出去,让它们成为广大钢铁企业技术人员手中攻坚克难、夺取新胜利的锐利武器。于是，我们萌生了撰写一部系列丛书的愿望。这套系列丛书将基于钢铁共性技术协同创新中心系列创新成果，以全流程、绿色化工艺、装备与工程化、产业化为主线，结合钢铁工业生产线上实际运行的工程项目和生产的优质钢材实例，系统汇集产学研协同创新基础与应用基础研究进展和关键共性技术、前沿引领技术、现代工程技术创新，为企业技术改造、转型升级、高质量发展、规划未来发展蓝图提供参考。这一想法得到了企业广大同仁的积极响应，全力支持及密切配合。冶金工业出版社的领导和编辑同志特地来到学校，热心指导，提出建议，商量出版等具体事宜。

国家的需求和钢铁工业的期望牵动我们的心，鼓舞我们努力前行；行业同仁、出版社领导和编辑的支持与指导给了我们强大的信心。协同创新中心的各位首席和学术骨干及我们在企业和科研单位里的亲密战友立即行动起来，挥毫泼墨，大展宏图。我们相信，通过产学研各方和出版社同志的共同努力，我们会向钢铁界的同仁们、正在成长的学生们奉献出一套有表、有里、有分量、有影响的系列丛书，作为我们向广大企业同仁鼎力支持的回报。同时，在新中国成立70周年之际，向我们伟大祖国70岁生日献上用辛勤、汗水、创新、赤子之心铸就的一份礼物。

中国工程院院士

2019 年 7 月

前　言

锰是钢铁工业中最重要的合金元素之一。从冶金史上来看，正是由于利用锰铁脱硫和脱氧的贝塞麦法制钢技术的诞生，才使得早期工业革命由"铁时代"进入了"钢时代"。在目前所有的钢材品种当中，绝大多数品种的化学成分中均含有锰，并且锰在其中起着重要的甚至是非常关键的作用。在这些钢材品种当中，长期以来最为人们所熟悉的是量大面广的低合金钢和利用锰对奥氏体的稳定化作用所开发的含锰量在13%的高锰耐磨钢。

尽管锰在钢中可以扩大奥氏体区，对奥氏体具有很强的稳定化作用这一现象很早就被人们所认识，但是研究者对这一现象真正感兴趣并投入巨大精力进行相关理论研究和产品开发的时间，到目前为止不过20年。研究者主要的研究目标是开发具有高强度和高塑性，也就是高强塑积的汽车用钢，其背景是汽车行业对结构减重和提高安全性的迫切需求，其组织性能调控的机理或者是中锰含量的钢利用复相组织中亚稳奥氏体的相变诱导塑性（Transformation-induced Plasticity，TRIP），或者是高锰含量室温组织完全为奥氏体的钢所具有的 TRIP/TWIP（Twin-induced Plasticity）效应。因此，中锰钢（含锰质量分数为3%～12%）和高锰钢（含锰质量分数不小于13%）这两个名词也随之成为材料领域关注度很高的专业术语。

近几年，以高强韧性为目标的主要以"Mn/C"合金化的中锰钢中厚板和特厚板的研究开发引起了学术界和相关行业的广泛关注。一方面是因为锰在提高钢的淬透性以及在组织调控方面易于获得亚稳的残余奥氏体，因而有利于提高钢的韧性的独特作用；另一方面是由于目前高强韧性中厚板尤其是特厚板在生产和应用中还存在诸如厚度方向组织性能不均匀、合金成本过高、生产工艺复杂等问题。以高强海洋平台用钢为例，传统成分需要添加大量的镍钼等贵重合金元素，还需要采用大钢锭轧制及多级热处理等复杂工艺，产品厚度方向组织均匀性差，且屈强比过高。由于这些技术难题长期存在，所以研究者不得不探索新的成分体系和新的工艺路线来解决这些问题，因而便产生了利用"Mn/C"合金化生产高强韧中锰钢板材的技术思路。

由于"Mn/C"合金化中锰钢板材的成分路线和工艺路线与传统高强韧性板材的体系有很大不同，所以需要对中锰钢板材的强韧化与组织性能调控的机理、中锰钢的冶炼连铸工艺、轧制及热处理工艺、力学性能及服役性能等进行系统的研究。因此，我国于 2015 年启动了"863"计划重大课题"海洋平台用高锰高强韧中厚板及钛/钢复合板研究与生产技术开发（2015AA03A501）"，针对海洋平台用高强韧中锰钢的制备过程相关理论和技术开展研究工作。该课题由东北大学牵头，钢铁研究总院、鞍钢股份有限公司、南京钢铁股份有限公司、西安天力金属复合材料有限公司、中国船级社等单位参加。经过三年的系统研究，课题在中锰钢板材整个制备流程中涉及的理论和技术等方面取得了大量研究成果和多项技术突破，其中在强韧性控制和热加工工艺方面主要体现在如下几方面：

（1）建立了中锰钢中厚板合金化成分体系，替代传统 Ni-Mo-Cr-Cu 合金成分设计路线，具有低成本、高淬透性和易焊接等优势。

（2）形成了中锰钢中厚板和特厚板连铸坯热装热送、低温加热、轧后在线淬火+两相区回火的短流程、绿色化制备工艺，解决了传统高强韧特厚板生产过程连铸坯需缓冷、轧后需多级热处理，因而流程长、能耗高等问题。

（3）基于中锰的成分设计结合轧后直接淬火+两相区回火工艺，中厚板和特厚板全厚度方向获得了亚微米尺度的回火马氏体+逆转变奥氏体复合层状组织，解决了传统工艺特厚板心部组织不均匀、晶粒粗大的技术难题。

（4）利用中锰钢微观组织中的稳定性较高的逆转变奥氏体对提高钢板强韧性及降低屈强比的作用，开发出高强韧钢的低屈强比控制技术，解决了传统高强钢屈强比过高且难以控制的技术难题。

本书是国家"863"计划重大课题"海洋平台用高锰高强韧中厚板及钛/钢复合板研究与生产技术开发"有关中锰钢板材组织性能控制理论和产品开发方面研究成果的总结。书中有关中锰钢焊接性能和焊接工艺方面的内容是作者所在团队针对中锰钢板材实验室制备和工业化试制的板材进行的部分研究工作，不是十分系统和全面。在"863"课题中有关中锰钢焊接工艺和配套焊接材料开发方面的内容由钢铁研究总院焊接所马成勇教授团队负责，这部分研究成果的系统总结将由钢铁研究总院负责并另行发表或出版。"863"课题中有关中锰钢冶炼连铸方面的内容由东北大学朱苗勇教授团队负责，鞍钢和南钢两家钢铁企业参与，这部分的研究内容十分丰富且自成体系，所取得的研究成果也十分丰硕，这些研究成果的系统总结将由朱苗勇教授负责并在适当的时间出版。

尽管中锰钢板材的理论研究和生产技术开发已经取得了重要的进展，但总体来说，高强韧中锰钢板材的研究还处于起步的阶段。作者相信，随着研究工作的不断深入，低碳中锰钢这种新的成分体系和工艺路线在厚规格板材以及类似大规格产品的组织性能调控方面所具有的巨大优势将不断地被挖掘和利用，进而在助力相关行业的技术进步、推动社会经济发展中发挥作用。

本书由杜林秀、高秀华、吴红艳和齐祥羽共同撰写，几位博士研究生和硕士研究生参与了本书的工作并做出了重要贡献，他们是博士生于帅、苏冠侨、董菅、杜预、张大征、孙国胜、刘悦和姚春霞，硕士生刘浩、翟剑晗和孟令明等。高彩茹副教授、邱春林副教授和蓝慧芳副教授也参与了本书的工作并做出了很大的贡献。

本书之所以能够撰写出版，根本原因在于所承担的"863"课题能够顺利且高质量地完成。因此，作者非常感谢参加本课题的所有研究人员。特别是南钢研究院的李东晖副院长、李强副院长、孙超博士和段东明博士，因为他们不仅在中锰钢板材工业化生产方面做出了巨大贡献，而且在中锰钢推广应用方面还在进行着艰苦而富有成效的工作。感谢东北大学的朱苗勇教授和蔡兆镇副教授，钢铁研究总院的孙新军教授、马成勇教授和齐彦昌教授，鞍钢股份有限公司的安晓光高工、朱晓雷高工和严玲高工，中国船级社的赵捷主任和徐博文高工，此外，还要感谢在"863"课题中负责钛/钢复合板研究的东北大学骆宗安教授、谢广明教授和冯莹莹副研究员，以及南钢研究院的曾周燏博士和西安天力公司的赵惠博士。

　　作者还要感谢科技部高技术研究发展中心的领导和"863"新材料技术领域的专家们在课题的执行过程中所给予的严格、有效且人性化的管理以及在关键的时间节点上所给予的独具匠心的指点，这是本课题能够顺利完成的重要保证。

　　最后，作者要特别感谢东北大学的王国栋院士，正是王国栋院士在"863"课题执行过程中和本书撰写过程中所给予的无微不至的关怀以及高屋建瓴、细致入微的指导，才有了本书的出版问世。

　　由于作者水平所限，书中不足之处，希望读者批评指正。

杜林秀

2020 年 11 月

目　　录

1 绪 论

1.1 锰元素及其在钢铁中的应用

1.1.1 锰元素的发现

锰是人类最早使用的元素之一。17000 年前旧石器时代晚期的人们就将锰的氧化物，也就是软锰矿作为颜料用于绘制洞穴的壁画，古希腊斯巴达人使用的武器中也含有锰，古埃及人和古罗马人则使用锰矿对玻璃进行脱色和染色。虽然软锰矿（见图 1-1）很早就被人们利用，但是在 18 世纪 70 年代之前，西方化学家一致认为软锰矿是含有锡、锌和钴等元素的矿物。1774 年，瑞典化学家甘恩首次从软锰矿粉中分离出金属锰，同样是瑞典的化学家伯格曼将其命名为 manganese，中文译名为"锰"。

图 1-1　软锰矿照片

锰是一种灰白色、质硬而脆且有光泽的过渡族金属，其熔点为 1244℃，密度为 7.44g/cm^3，元素原子量 54.94，原子序数 25，在化学元素周期表中处于第 4 周期，第ⅦB 族[1]。其在地壳中的含量约占 0.095%，在重金属中仅次于铁，其矿石主要有软铁矿-MnO_2、硬铁矿-Mn_5O_{10} 及菱锰矿-$MnCO_3$ 等。固态纯金属锰以四种同素异形体存在：a-锰（体心立方），b-锰（立方体），g-锰（面心立方），d-锰（体心立方）。

锰的主要消费领域是钢铁冶金。19 世纪初期，英国和法国的科学家开始研究锰在钢铁制造领域中的应用。19 世纪 60 年代，锰在钢铁中的应用取得了重大突破，其标志性事件是诞生了利用锰铁脱硫和脱氧的贝塞麦法制钢工艺。贝塞麦法的诞生标志着早期工业革命由"铁时代"进入了"钢时代"，因此贝塞麦法的诞生在冶金发展史上具有重要意义。20 世纪以后，锰对钢的组织性能的影响得到了科学家们的重视。随着材料科学技术的发展，人们对锰在钢的相变及组织性能控制方面的作用及其机理的认识日益深入和系统，而且与锰有关的钢铁材料的研究也一直是材料领域涉及范围最为广泛也最为活跃的热点之一。

此外，锰还被广泛地应用于电池、化工、电子、农业、医学等领域，锰的相关产业是国民经济重要的产业之一。从全球的经济发展来看，锰的消费量增长迅速，所以合理有序地开发利用锰资源对于社会经济的可持续发展具有重要意义。

1.1.2　锰在低合金钢中的作用

按照通常的钢铁材料的分类，合金元素含量（质量分数）在 5%以下的一般称为低合金钢。在这类钢材中添加适量的锰，可以明显提高钢材的强度和韧性。这是一类产量极大、应用范围极广的钢材产品，通常称为量大面广的钢材品种。其生产工艺可以是热轧（包括 TMCP）、冷轧、正火、调质等，产品可以是板带、型材、棒线材等，微观组织可以是铁素体/珠光体、索氏体、贝氏体、双相、复相等。不同生产工艺和微观组织的钢材，其强韧化机理以及锰元素的作用也不同。

对于铁素体/珠光体类的低合金钢，其强化的方式主要有铁素体的固溶强化、增加珠光体相对量和改善珠光体分布（可以称为珠光体强化）、细化强化以及沉淀强化等。其中固溶强化、珠光体强化、细晶强化三种方式均与锰的作用有关。溶于铁素体的合金元素大都能够提高铁素体的强度，也就是固溶强化。图 1-2 为不同合金元素溶于铁素体后对铁素体硬度的影响，可见锰的固溶强化作用很强，强化效果仅次于硅和磷。

图 1-3 为锰含量对钢材强度影响的趋势图，可见除了固溶强化之外，珠光体强化的作用占有很大的比例，此外锰还有一定程度细晶强化的作用。锰能够提高珠光体含量是由锰和碳的作用特点决定的。锰是比较弱的碳化物形成元素，它与碳的亲和力与铁类似，形成的碳化物的类型及结构与铁相同，均为 M_3C 型的碳化物，所以锰与碳形成的碳化物能够与渗碳体互溶，也就是会通过促进渗碳体的形成而参与珠光体的生成，反映在对共析点碳含量的影响上，就是随着锰含量的增加共析点碳含量减少，所以在同样碳含量的条件下，珠光体量增加，其影响的规律如图 1-4 所示。

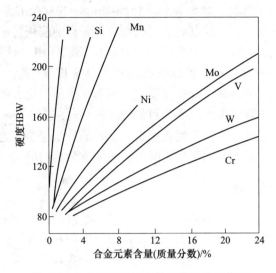

图 1-2 合金元素对铁素体固溶强化的作用

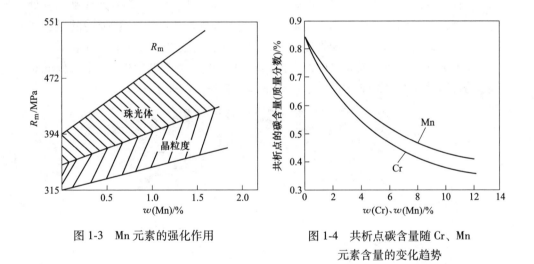

图 1-3 Mn 元素的强化作用

图 1-4 共析点碳含量随 Cr、Mn
元素含量的变化趋势

尽管锰会提高钢的强度，但是当锰的添加量超过 2% 时，会使钢材的韧性和塑性下降，所以一般的低合金钢锰的添加量均不超过 2%，相关的标准也有这样的规定。

低合金钢当中相当一部分钢种的使用状态是调质，也就是要进行淬火+高温回火的热处理。这部分钢材的化学成分当中均要加入一定量的锰，其原因除了锰的固溶强化作用之外，主要是锰可以提高钢的淬透性，从而保证钢在淬火过程中获得马氏体。此外，对于具有双相或复相组织的先进高强钢，化学成分当中也要加入锰，因为锰具有稳定奥氏体的作用，与其他元素配合使用并通过工艺控制，可以获得双相或复相组织，如 Si-Mn-Cr 和 Si-Mn-Mo 的双相钢等。

对于热轧板带钢来说，控制轧制和控制冷却是目前应用得十分广泛的热轧生产技术。在控制轧制方面，锰对奥氏体再结晶的抑制作用比较弱，所以碳-锰钢的未再结晶温度范围比较小，难以进行未再结晶区控制轧制。但在控制冷却方面，由于锰能够稳定奥氏体，降低相变点，因而在组织强化方面能够起到非常重要的作用。在钢的以降低生产成本为目的的减量化轧制生产技术与装备的研究开发方面，锰元素以另外一个角色促进了钢铁工业的技术进步，这些减量化的轧制技术大部分是以减少锰的添加量从而降低合金成本为目的的。

1.1.3　高锰钢及其产品

锰对铁碳合金热力学影响的一个重要特征，是它可以扩大奥氏体区，也就是锰是很强的奥氏体稳定化元素，而且价格低廉。人们利用这一特性开发得比较早且非常成熟的产品是含锰 13% 的高锰耐磨钢，这种高锰钢常用于制造在承受冲击载荷条件下服役的零部件，如矿山机械等。由于这种高锰钢含有 1% 左右的碳和 13% 左右的锰，所以经过水韧处理后室温组织为奥氏体。图 1-5 为高锰钢水韧处理后的奥氏体组织，由于冷却不足晶界有少量碳化物析出[2]。这种亚稳的奥氏体在受到冲击载荷作用后会转变为马氏体，因而在实际服役的条件下工件表层会由于不断的冲击变形而形成高强度的马氏体，而心部仍然是奥氏体，整个工件既有良好的耐磨性又有良好的韧性，所以非常适于在冲击载荷下服役。

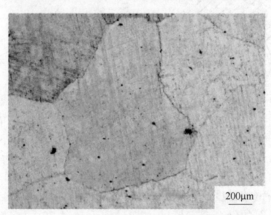

图 1-5　高锰钢水韧处理后金相组织

学术界通常把锰含量（质量分数）在 13% 以上的钢材称为高锰钢。当锰的含量进一步增加，例如增加到 20% 左右，甚至 30% 时，奥氏体的稳定性也随之增强。Grässel 等人[3]在 1997 年进行试验研究 Fe-Mn-Al-Si 系 TRIP 钢时发现，当锰质量分数达到 25%、铝超过 3%、硅在 2%~3% 时，其基体显微组织为全奥氏体相，伸长率高达 95%，强塑积高于 50GPa·%，是高强韧性 TRIP 钢的两倍。由于该类合金的高强韧性主要是由于形变中孪晶的形成而并非 TRIP 钢中的相变，因此被命名为孪生诱发塑性钢，即 TWIP 钢。因其在形变中产生大量的形变孪晶，从而推迟缩颈的形成，而具有优良的强塑性、较高的应变硬化能力及高能量吸收能力（在 20℃ 时即能达到 0.5J/mm³），因此成为目前先进高强度钢的研究热点。因此，高锰 TRIP 或 TWIP 钢，追求的是高强度和高塑性，强塑积是衡量其性能优劣的重要指标，应用的目标领域是汽车制造。

此外，这种高锰的成分设计还被用来开发低温容器用钢，储氢用奥氏体不锈钢，无磁钢以及高阻尼钢等，这样可以大大节省贵重元素镍的用量，从而降低钢材的制造成本[4-6]。这些高锰 TRIP 钢、TWIP 钢以及大部分的板材目前均处于研究阶段，还没有实现工业化应用。

1.1.4 中锰钢及其产品

锰含量在 3%~12% 的钢称为中锰钢。这类中锰钢组织性能及其机制既不同于低合金钢也不同于高锰钢，它的室温组织不能够是完全的奥氏体，也不容易获得铁素体/珠光体或者调质态的组织，但是可以通过工艺控制获得具有一定数量亚稳奥氏体（通常称逆转变奥氏体）的复相组织，从而获得或者高强塑性，或者高强韧性的钢材。这其中代表性的便是追求适当强塑积和低成本的第三代汽车用钢，其产品可以是冷轧带钢或热轧带钢，已经实现工业化生产和应用的是董瀚[7-9]教授按照其提出的 M³ 即亚稳（Metastable）、多相（Multi-phase）和多尺寸（Multiscale）的组织调控思路研究开发的系列产品。

曹文全、董瀚等系统研究了锰含量（质量分数）在 3.5%~9%，碳含量（质量分数）在 0.003%~0.4% 范围内的中锰钢热轧和冷轧退火后的组织演变和元素配分行为，阐明了中锰钢在临界区退火时高效锰配分的科学原理，并获得了抗拉强度在 0.8~1.6GPa、断后伸长率为 30%~45% 的优良力学性能，材料的强塑积介于 30~48GPa·%。图 1-6 是中锰钢热轧退火和冷轧退火后的组织图片，可以看到热轧退火后组织由相间排列的铁素体和奥氏体板条组成，而冷轧退火铁素体和奥氏体基本上都演变成等轴状[10-12]。

具有铁素体+亚稳奥氏体双相组织的中锰钢的加工硬化率呈三阶段硬化特征，即随着应变量的增加，加工硬化率先降低，然后增加最后再降低，如图 1-7 所示。第一阶段加工硬化率的降低主要由钢的位错强化机制控制，第二阶段加工硬化率的提高与钢中亚稳奥氏体转变成马氏体的 TRIP 效应有关，第三阶段随着奥氏体含量的减少，持续提供加工硬化率的能力降低。这种三阶段的加工硬化行为，推迟了钢的颈缩行为，提高了钢的均匀伸长率，从而提高了钢的塑性。此外，钢铁研究总院和太钢合作，成功生产了第三代中锰汽车钢原型钢的热轧

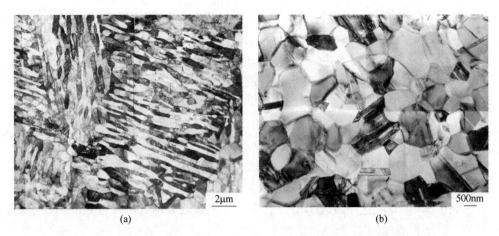

(a)   (b)

图 1-6 中锰钢热轧退火（a）和冷轧退火（b）后的组织形貌

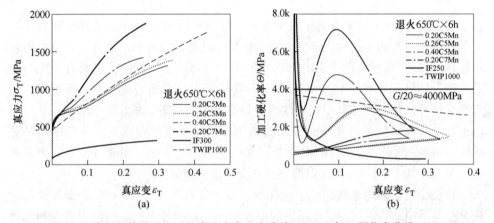

(a)   (b)

图 1-7 中锰钢热轧退火后的真应力真应变曲线（a）和加工硬化率曲线（b）

卷（厚度 1.9~14mm）和冷轧卷（厚度 1.0~2.0mm）产品。热轧产品抗拉强度在 650~850MPa 范围内，强塑积可达 30GPa·%；冷轧产品抗拉强度为 750MPa级，强塑积也可达到 30GPa·%。工业生产结果充分验证了 M^3 组织调控思路的可行性。

这类以调控强塑积为主要目的的中锰钢可以通过化学成分的调整获得不同的组织形态和奥氏体堆垛层错能（Stacking Fault Energy，SFE）。研究发现，中锰钢的变形机制和奥氏体的 SFE 密切相关：当 SFE 小于 $15mJ/m^2$ 时，奥氏体发生马氏体相变（TRIP 效应）是主要变形机制；当 SFE 在 $15~20mJ/m^2$ 时，TRIP 和 TWIP（Twinning Induced Plasticity，TWIP）效应会同时发生。

TRIP 型中锰钢是常规中锰钢类型，它主要由铁素体和亚稳态奥氏体组成，如 0.2C-5Mn、0.12C-5Mn-1Al 等。根据中锰钢中碳、锰含量的不同，TRIP 型中锰钢的逆转变奥氏体含量（质量分数）一般在 20%~40%。在变形初期，铁素体基体的强度是决定 TRIP 型中锰钢屈服强度的主要因素，逆转变奥氏体发生 TRIP 效应的转变量则是该类型中锰钢抗拉强度的决定因素。TRIP 型中锰钢的抗拉强度一般为 750~950MPa，断后伸长率为 30%~50%。有限的奥氏体含量很难提供更高的强塑性能，研究学者在 TRIP 型中锰钢的基础上研发了强塑性能更为优异的 TRIP+TWIP 型中锰钢。

TRIP+TWIP 型中锰钢是在 TRIP 型中锰钢基础上添加高含量的碳、锰及铝等合金元素，使奥氏体的 SFE 增大，确保该类型中锰钢可以发生 TWIP 效应。TRIP+TWIP 型中锰钢的组织为铁素体、马氏体及部分奥氏体，在变形过程中，TRIP 和 TWIP 连续交替发生。在变形初期，粗大的逆转变奥氏体首先发生 TRIP 效应，而尺寸较小的逆转变奥氏体因其较高的 SFE，在变形过程中发生 TWIP 效应，在奥氏体中形成大量的孪晶并与位错及晶界相互作用形成额外的马氏体形核点。随着变形的持续进行，部分孪晶奥氏体相变成马氏体，进一步提升强塑性能。

在上述研究工作的基础上，人们又开展了超高强高塑性中锰钢的探索性研究并取得了重要进展。Lee 等[13-16]以中锰钢及含钒中锰钢为研究对象，经 400℃ 退火后，获得 20% 的亚稳态奥氏体和强度较高的马氏体组织，同时细小的 VC 产生析出强化作用，实验钢获得了抗拉强度 1600MPa 和伸长率 20.7% 的力学性能。He[17] 等以 4mm 厚的 10Mn-0.47C-2Al-0.7V 中锰钢为研究对象，通过温轧+退火+冷轧+低温退火的复杂工艺，获得了高位错密度马氏体基体和 15% 的形变残余奥氏体的双相组织，中锰钢的屈服强度和抗拉强度分别达到了令人惊叹的 2.21GPa 和 2.4GPa，这也是中锰钢抗拉强度首次超过 2GPa。

中锰钢的另外一类产品是具有高的强韧性，同时具有优良的焊接性和成形性的中厚板和特厚板产品。传统高韧性的中厚板和特厚板通常采取添加大量贵重合金元素镍钼以及多次调质等复杂热处理工艺，因而成本很高，性能不稳定，而且存在厚度方向组织性能不均匀以及屈强比过高等问题[18-21]。利用中锰的技术思路开发高韧性的中厚板和特厚板，其原理在于中锰的成分设计可以使材料具有极高的淬透性，因而可以改善钢板厚度方向的组织均匀性；中锰的成分设计还可以降低相变点，使得比较容易通过两相区退火获得逆转变奥氏体，进而利用逆转变奥氏体的特性进行组织性能控制[22,23]。目前，在高强韧性中厚板和特厚板研究开发方面，由本书作者承担并已完成的国家"863"计划重大课题"海洋平台用高锰高强韧中厚板及钛/钢复合板研究与生产技术开发"开展了系统的研究工作，取得了大量的研究成果，本书便是在国家"863"计划重大课题研究成果的基础上撰写的。

1.2 中锰钢物理冶金学

1.2.1 Fe-Mn-C 三元合金平衡态组织

在高强韧性钢材的设计和制备过程中，常需要引入适量亚稳态奥氏体组织，因此需要添加一些奥氏体稳定元素，这些添加的合金元素应满足以下条件：

（1）合金元素应具有面心立方的晶格结构；

（2）元素半径应和铁的原子半径相近；

（3）合金元素原子和铁原子之间应有较强的金属键的作用。

锰元素属于周期表中第四周期的Ⅶ族，3d 层电子不满，3s 和 3d 层能量与铁元素相近，因此可在较宽的成分范围形成内性能稳定的奥氏体组织，且作为一种廉价的奥氏体稳定元素，可大量使用，其合金相图如图 1-8 所示[24,25]。由图可以看出，常温条件下，锰含量（质量分数）接近 20%即可使奥氏体组织在室温下保留，随着锰含量的增加，可获得室温下单一的奥氏体组织，但由于此种二元合金的奥氏体稳定性较低，并没有发挥出奥氏体相的使用价值。

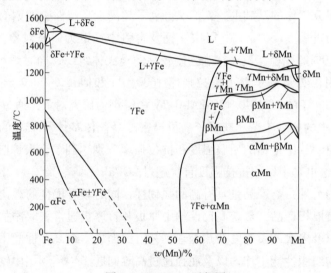

图 1-8　Fe-Mn 二元相图

图 1-9 为 13%Mn 添加的三元相图截面，从中可以看出锰元素的添加使临界点 E 和共析点 S 均明显左移，且温度也有所下降，可知锰元素可以明显扩大 γ 相区。当具有临界点 E 成分的 Fe-C-13%Mn 三元合金钢结晶时，首先从液相金属中有 γ 相形核，伴随着奥氏体的长大，γ 相和液相成分都在变化，开始形成的 γ 相碳含量较低，液相中锰含量较高。由于结晶温度较高，液相和固相中均存在元素的扩散，当温度降低至 E 点温度时所得到的是单相的奥氏体组织。由碳在奥氏体中的溶解度公式可知，其溶解度随温度的降低而下降。

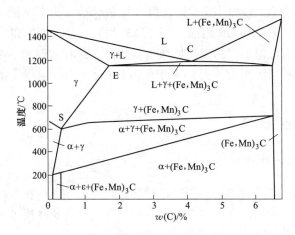

图 1-9　13%Mn 元素添加的三元相图截面图

当该合金钢冷却至 ES 线时，钢中开始析出碳化物，其析出温度与碳含量有关，碳含量越高，其析出温度越高。当冷速较快时，碳化物的析出温度可能降低，与其析出的驱动力相关。当冷速降低，逐渐接近于平衡状态，碳化物析出数量较多。随着温度的降低，奥氏体中不断析出碳化物，奥氏体中碳含量不断降低。当达到 A_1 时发生共析分解，得到 α 和碳化物（Fe,Mn)₃C。Fe-C-Mn 三元合金的共析分解过程在一个较宽的温度范围内进行，也存在一个 γ+α+渗碳体的三相区，当碳含量一定时，此温度间随着锰含量的增加而扩大；当锰含量一定时，此温度间隔将随着碳含量的增加而减小。

Fe-Mn-C 三元合金相图在 600℃ 及 650℃ 时，其各相分布及元素含量的关系如图 1-10 所示。冷却条件决定了共析转变的程度，当冷速接近于平衡状态时，对

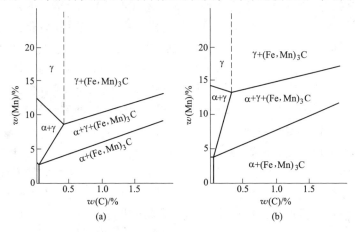

图 1-10　Fe-Mn-C 三元相图的等温截面

(a) 600℃；(b) 650℃

于碳含量（质量分数）为 1.3%、锰含量（质量分数）为 13% 的锰钢，其室温组织由 α 和碳化物（Fe,Mn）$_3$C 组成。当冷速较快时，则会有一部分奥氏体保留至室温，且冷速越快保留下来的奥氏体数量就越多。此时锰钢的室温组织将由奥氏体、碳化物和共析组织组成。另外对于 13%Mn 钢，当碳含量很低时，组织会出现 ε 相。

1.2.2　中锰钢的相变

1.2.2.1　马氏体相变

Fe-C 合金马氏体为铁素体过饱和间隙固溶碳原子的固溶体，中锰钢由于加入较多的淬透性元素，在降温过程中能够在较宽的厚度及冷速范围内发生马氏体转变。有研究表明含锰量（质量分数）为 5% 的中锰钢在 0.1~60℃/s 的冷却速率下，仅发生马氏体相变，对获得厚度方向组织均匀的特厚板具有关键作用，在较宽的冷却工艺窗口下能获得均匀统一的组织性能，保证特厚板淬火后几乎无厚度效应[26,27]。随着冷却速率的降低，中锰钢静态 CCT 马氏体相变开始点和结束点总趋势都存在一定程度的降低。当钢板厚度增加后通常会引发钢板组织性能均匀性差、热处理工艺复杂、内应力大及开裂等问题。中锰钢特厚板在淬火过程由于中锰成分设计，钢板的淬透性较强，当中厚板厚度达到 60~100mm 后，淬火过程中内应力大，特厚板的裂纹敏感性较高，容易发生开裂现象。因此可通过微合金化成分设计，利用合理的工艺控制，得到细小弥散分布的第二相，引入细化奥氏体晶粒及钉扎晶界的作用，解决此类问题。

马氏体组织中碳元素处于过饱和状态，引起周围晶格畸变较大，因此具有较高的位错密度，在变形过程中位错相互作用，使其具有较高的强度，但塑韧性极差。目前中锰钢的主要制备工艺有逆相变工艺（ART）和 Q&P 工艺，都与马氏体相变有密切的关系。逆转变工艺中，薄规格钢板经室温冷轧后获得单相的变形马氏体组织，而中厚板则主要采用高温奥氏体化+控轧控冷获得淬火马氏体+少量残余奥氏体组织。随后经过两相区回火，获得亚微米级回火马氏体和薄膜状逆转变奥氏体复合层状组织。在变形过程中，残余奥氏体部分或者全部发生应变诱导马氏体相变（TRIP 效应），TRIP 效应可以延迟颈缩，使其伸长率大幅度上升，生成的新相马氏体提高材料强度，所以中锰钢强塑积很高[28,29]。位错密度的升高和相界面的增加可提高材料的强度，中锰钢变形过程位错密度提升主要来源于马氏体，马氏体则来源于变形过程中奥氏体的相变，且相变后的新界面也会提升强度，因此增加奥氏体含量和细化晶粒可以提高中锰钢的力学性能。残余奥氏体的含量及其稳定性很重要，稳定性的影响因素包括晶粒尺寸、化学成分、显微组织形貌，也与服役温度有关[30,31]。

Q&P 工艺目前在薄规格钢板的制备领域应用较为广泛。中锰钢经冷轧后获得单相的变形马氏体组织，升温至 A_{c3} 温度以上，保温实现完全奥氏体化，此时奥氏体中碳元素含量与钢成分一致。随后淬火至 $M_s \sim M_f$，在此过程中部分热稳定性较差的奥氏体已转变为马氏体组织，此时未转变奥氏体与一次马氏体中碳元素含量也与钢成分一致。随后进行配分工艺，升温至配分温度后保温，由于配分温度相对较低，大部分元素无法进行扩散，碳元素原子体积较小，作为间隙原子活跃度较高，且在奥氏体中的溶解度远大于铁素体组织，因此在配分过程中主要发生碳原子由铁素体向奥氏体中配分的行为。最终奥氏体因碳元素富集可在室温下保留，并在后续变形过程中发挥作用。该工艺下最终奥氏体含量与淬火温度和配分工艺有直接关系。淬火温度决定一次马氏体含量，若温度过高，则未转变奥氏体含量较多，在后续的配分过程中，碳元素平均配分至奥氏体中，使其平均含碳量较低，在冷却过程中转变二次马氏体较多，无法获得大量残余奥氏体；如果淬火温度过低，则一次马氏体含量较高，仅有稍微未转变奥氏体参与配分，也无法获得大量残余奥氏体。因此其淬火温度、配分工艺需进行合理的设计，最终获得最优工艺窗口。

1.2.2.2　贝氏体相变

由于中锰 $[w(Mn) = 3\% \sim 12\%]$ 成分设计，使得中锰钢在连续冷却相变过程中极难发生贝氏体转变，然而在贝氏体温度区间进行等温相变，中锰钢也可实现贝氏体转变。在相变前可通过降低终轧温度、增大变形量、提高冷却速度等工艺使奥氏体稳定性下降，在贝氏体区保温初期，部分稳定性较差的奥氏体首先发生相变。随后碳元素从贝氏体向未转变的奥氏体中扩散，使其稳定性提高，在冷却过程中难以发生马氏体相变，从而保存至室温。贝氏体等温温度和等温时间不仅会影响贝氏体的形貌，而且还会影响残余奥氏体的体积分数、分布、微观结构和碳浓度。较低等温温度限制了碳和锰的扩散行为，导致残余奥氏体的含量较低，不利于获得高强塑性。较高的等温淬火温度增强了碳和锰从贝氏体铁素体向 RA 的扩散（由于较高的扩散率），从而增加了残余奥氏体的稳定性，随着等温淬火温度和保温时间的延长，贝氏体中的碳含量降低，部分层状贝氏体组织转变为粒状贝氏体。块状残余奥氏体由于中心区域碳浓度较低，其稳定性不如片层状残余奥氏体。

有研究表明[32]，Fe-0.07C-7.9Mn 中锰钢经温轧-两相区回火-贝氏体区等温热处理，获得纳米级贝氏体与残余奥氏体层状组织。变形过程中，贝氏体基体作为韧性相，具有良好的抗冲击能力。由含碳量（质量分数约为 1.75%）较高的亚稳奥氏体在变形过程中转变形成新马氏体提供高强度，且同取向的贝氏体组织可以通过改变裂纹扩展路径有效地提高研究钢的韧性，使其实验钢具有抗拉强度 1130MPa，强塑积 70GPa·% 的高强塑韧性匹配。

1.2.2.3 退火过程马氏体/奥氏体逆相变

中锰钢组织中的奥氏体是在淬火形成的完全马氏体或部分马氏体组织基础上，通过随后的退火过程形成的。这种获得包含奥氏体的多相组织的工艺，称为奥氏体逆相变法。该过程要求的合金化元素是具有奥氏体扩大化和稳定化，同时扩散速率相对慢的元素，以保证亚稳奥氏体形成及基体的超细化。在元素周期表中，碳、氮和锰既是奥氏体扩大化元素又是基体强化元素，为了获得超细晶基体，必须抑制奥氏体逆转变退火过程中马氏体板条的过分粗大，应该选用置换原子而不是纯粹的间隙原子来进行合金化设计。同时为了保证亚稳奥氏体的稳定性，碳元素也应该成为合金化必备的元素。在两相区（α+γ）退火过程中，由于合金元素在 α 相和 γ 相中固溶度不同，α 相中过饱和的碳及锰、铝、硅等元素会向 γ 相中扩散，使得奥氏体稳定元素在 γ 相中富集，提高了 γ 相的稳定性，从而在随后的冷却过程中部分 γ 相得以保留至室温。

钢铁研究总院的研究工作表明[7-9]，利用奥氏体逆转变退火实现了中锰钢中马氏体板条间的片状奥氏体形核与长大，不但获得了体积分数在 30% 左右的亚稳奥氏体相，而且获得了亚微米尺寸的基体组织。研究认为，中锰钢退火过程锰的置换扩散与配分和奥氏体逆转变是最终以多相和亚微米尺度为特点的马/奥复合组织形成的关键。

1.2.3 中锰钢的合金元素

对于中锰钢而言，锰元素是重要的稳定奥氏体合金元素。图 1-11 为 0.06C 超低碳中锰钢的 Thermo-calc 热力学计算结果，结果表明锰含量越高，BCC 相与

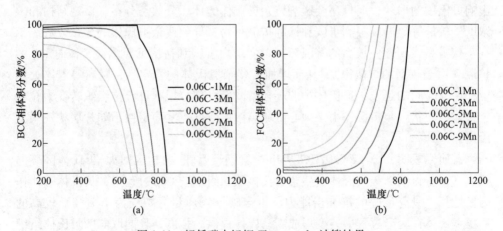

图 1-11 超低碳中锰钢 Thermo-calc 计算结果

（a）锰含量不同时 BCC 相体积分数；（b）锰含量不同时 FCC 相体积分数

FCC 相共存的温度区间越向低温侧偏移，成分为 0.06C-1Mn 时其两相共存的温度区间约为 700~837℃，而成分为 0.06C-9Mn 时其两相共存的温度区间约为 300~652℃。锰作为扩大奥氏体相区元素，含量较高时可使 A_{c1}、A_{c3} 温度降低，使奥氏体在较低的温度下仍能大量保留[33]。

碳是最主要的奥氏体稳定化元素，且在奥氏体中的固溶度积均大于铁素体，因此在热处理过程随着钢板温度的升高，可通过扩散富集于奥氏体中，显著提高其稳定性，降低其转变温度，使热轧中锰钢基体能够保留部分残余或逆转变奥氏体。碳含量在中锰钢设计时需要考虑的另外一方面是焊接性，碳含量过高会恶化中锰钢的焊接性能。

硅是重要的铁素体形成元素，主要以固溶强化的形式来提高铁素体的强度和硬度。对于中锰钢而言，硅元素不但可以提高奥氏体的转变温度和扩大两相区间，同时还可以抑制中锰钢在退火过程中碳化物析出，提高铁素体中碳原子活度，从而加快碳元素向奥氏体扩散，促进逆转变奥氏体的形成并提高其稳定性。赵晖等对 Fe-5Mn-0.2C 和 Fe-5Mn-0.2C-1.8Si 进行了对比研究，发现硅元素的添加不但可以提高奥氏体含量，同时也会显著提高实验钢的抗拉强度和伸长率。但是过高的硅含量会导致热轧钢板的强度过高，加大冷轧轧机的工作载荷，同时也会恶化钢板的韧性、焊接性能，甚至影响钢板的表面质量，导致后续的涂镀性能不理想。因此，合理控制中锰钢中硅含量和添加替代硅的合金元素是未来中锰钢成分设计的重点。

铝元素和硅元素作用相似，具有很强的稳定铁素体能力，而且对钢材表面质量没有影响。由于铝原子相对密度较小，添加铝元素还可以降低钢材密度，满足当今高强钢的"增强减薄"发展理念。对于中锰钢而言，铝元素的添加可以明显提高两相区的退火温度，有效缓解逆转变奥氏体形核和铁素体再结晶的竞争关系。同时，铝元素还可以提高中锰钢中的碳化物形核温度，抑制渗碳体的析出，从而促进碳、锰原子向奥氏体中扩散，提高奥氏体的含量及其稳定性。但是铝元素又会提高马氏体相变点，降低奥氏体的稳定性。由此可见，铝元素对中锰钢的奥氏体稳定性具有双重作用。值得注意的是，当铝元素达到一定量时，中锰钢的显微组织中会出现粗大、长条状的 δ 铁素体。由于 δ 铁素体是在高温铸造凝固过程中形成的组织，因此也称为高温铁素体，而且该组织在轧制和热处理过程中很难被消除。

铜元素是扩大奥氏体相区的元素，对临界温度和淬透性的影响与镍相似，因此可用来代替一部分镍。但是过量的铜元素容易在高温下发生选择性氧化，造成铜富集并沿晶界分布、扩散，从而导致铜脆。对于中锰钢而言，铜元素除了可以稳定奥氏体之外，还可以通过析出强化提高钢的强度。Zou 等的研究结果表明，添加铜的 0.05C-5Mn-1.2Cu 中锰钢强塑性能在所有的退火工艺条件下均优于不添加铜的 0.05C-5Mn 钢，尤其是当退火温度为 600℃时，0.05C-5Mn-1.2Cu 的强塑积高达 26GPa·%。这主要源于富铜相析出和奥氏体塑韧化的耦合导致其抗拉强度和伸长率明显提高。铜元素的添加不但可以提高中锰钢的强度，同时还可以与其他合金元素产生协同控制作用，降低腐蚀速率。

微合金元素铌、钒、钛在钢中的作用，主要通过溶质拖曳和析出相钉扎晶界的形式来提高钢的强度，但是它们的作用机理及强化程度不同。铌元素对钢的细晶强化作用显著，钒则具有最优的沉淀强化效果，钛的作用则介于两者之间。铌在高温奥氏体中可以充分溶解而且容易在位错线上偏聚，对位错移动起到强烈的拖曳作用，从而提高奥氏体再结晶温度，为热轧提供充足的工艺窗口。同时铌元素和碳、氮元素具有较高的亲和力，在高温变形阶段可以形成微细的碳、氮化合物并钉扎在位错附近，起到细化晶粒的作用。对于中锰钢，铌元素的添加可以细化奥氏体晶粒和退火前的热轧初始组织，对逆转变奥氏体的形核和长大会有一定的影响。钒元素在奥氏体中的固溶度比铌元素大，但是在奥氏体中的析出数量有限，因此钒元素对细化奥氏体晶粒方面的影响较小，钒元素主要在铁素体中以碳化钒析出相的形式出现。钛元素是这三种微合金中最廉价的合金元素，其主要的作用是 TiN 能够抑制加热时奥氏体晶粒长大，同时轧制和热处理过程析出的 TiC 可以起到沉淀强化作用，因此在中锰钢的研究开发中已经得到研究者的关注。

1.3　中厚板钢材生产工艺流程及中锰钢板材的研究开发

1.3.1　中厚板钢材的生产工艺流程及工艺要点

钢板是钢材中用途最为广泛的品种，按照其厚度钢板可以分为薄板、中板、厚板和特厚板，其中中板和厚板通常称为中厚板，厚度一般在 4~60mm。在学术界，中厚板也常常指利用中厚板生产线生产的板材产品。生产中厚板的轧机按照轧辊辊面的宽度可以分为不同的级别，其中辊面宽度超过 2800mm 的轧机称为宽厚板轧机，相应的产线称为宽厚板生产线，而厚度大于 8mm、宽度大于 3000mm 的钢板称为宽厚板。

宽厚板生产线的原料一般是连铸坯，对于一些特厚规格的产品有时也需要采用大厚度规格的钢锭。宽厚板生产线一般由钢坯加热、高压水除鳞、粗轧、精轧、轧后冷却及矫直等主要工艺环节组成，大部分的产线还装备有离线的热处理生产线。图 1-12 为某厂 5m 宽厚板产线流程和装备布置示意图。

铸坯质量是影响最终产品性能和质量的关键因素。对于强韧性要求较高以及厚度规格较大的产品，铸坯的内部偏析、内部裂纹、疏松等均有严格的要求，所以良好的铸坯质量是生产高性能和高质量中厚板产品的前提。在中厚板生产的工艺流程当中，板坯加热工艺、轧制工艺、轧后冷却工艺及热处理工艺是影响产品性能和质量的关键环节。

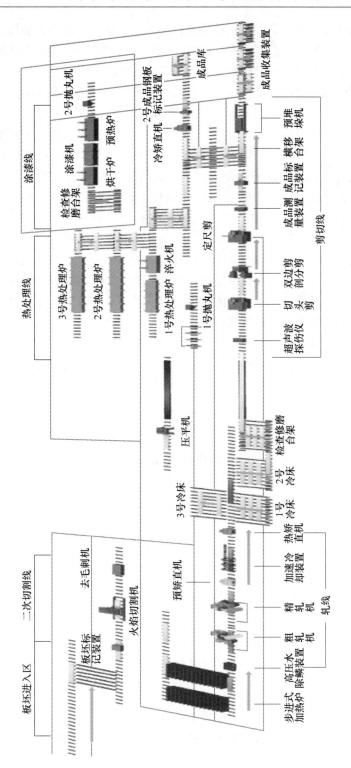

图 1-12 宽厚板生产流程图

在钢坯加热过程中，除了使钢坯具有较低的变形抗力和较好的塑性，以利于轧制变形之外，钢坯的加热温度和保温时间还对产品的组织性能及内部质量有很大影响，所以应该根据产品的化学成分、加热过程组织转变特点以及产品的性能要求制定合理的钢坯加热制度，这在广义的控制轧制的定义上也属于控制轧制的范畴之内。

控制轧制和控制冷却是中厚板产品生产中应用得最为普遍的工艺技术。早期的控制轧制一般指低温轧制，后来逐渐演变成从轧前的加热到最终轧制道次结束为止的整个轧制过程进行最佳控制。控制轧制所适用的钢种一般是低合金结构钢，特别是微合金钢[34,35]。但随着钢材轧制技术装备和工艺的不断进步，控制轧制所应用的钢材产品领域在不断扩大，某些合金钢（如轴承钢、弹簧钢等）也可以利用控制轧制和控制冷却技术进行某些方面的组织控制，如抑制网状碳化物、细化组织等。控制轧制和控制冷却已经是现代轧钢生产中不可或缺的重要技术，在钢材生产中发挥着越来越重要的作用。对于低合金结构钢，特别是微合金钢，轧制过程进行组织控制所依据的物理冶金学基础是高温变形过程中微观组织的演变规律，包括奥氏体的再结晶、微合金元素的析出、变形过程中的动态相变等。根据轧制过程微观组织变化的特点，控制轧制可以分为三个阶段，即奥氏体再结晶区控制轧制、奥氏体未再结晶区控制轧制以及两相区控制轧制，如图 1-13所示。

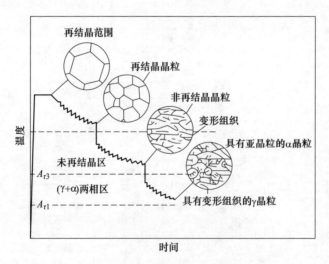

图 1-13　控制轧制的三个阶段

（1）奥氏体再结晶区控制轧制：奥氏体再结晶区控制轧制一般在温度比较高的区域进行，奥氏体变形过程可能发生动态再结晶，轧制道次之间还要发生静态再结晶，加热后粗大的初始奥氏体晶粒通过多道次轧制，奥氏体晶粒再结晶过程反复进行而得到细化。虽然不同的钢种奥氏体再结晶的温度范围有所不同，但是大多数低合金结构钢在950℃以上进行的轧制即属于再结晶区控制轧制。

（2）奥氏体未再结晶区控制轧制：奥氏体未再结晶区控制轧制一般在温度相对低的区域进行，由于温度比较低，所以奥氏体变形过程不发生动态再结晶，轧制道次之间的静态再结晶也不能够发生，奥氏体呈变形后的加工硬化状态，即奥氏体晶粒沿着轧制方向被拉长、压扁，晶界面积大大增加，晶界还会由于变形而形成凸阶，晶粒内部会出现大量变形带，并且位错、空位等缺陷密度也大大增加，这样增加了过冷奥氏体分解过程中铁素体相变的形核部位，从而使铁素体晶粒得到细化。奥氏体未再结晶区间一般在950℃ ~ A_{r3}。

（3）两相区控制轧制：当轧制温度降低至 A_{r3} 点附近及以下时，轧件的微观组织由奥氏体和铁素体组成，所以称为两相区控制轧制。此时未相变的奥氏体变形更加严重，已经相变的铁素体晶粒也同时发生变形，铁素体晶粒内部形成大量亚晶，还有可能发生少量再结晶。经两相区轧制后，室温下金相组织比较复杂，有极细小的等轴状铁素体，也有压扁的具有亚晶结构的变形铁素体，还有珠光体。两相区控制轧制可以在一定程度上提高强韧性，但是钢材组织和性能的各向异性比较严重。

在钢材的轧制生产过程中，对轧件进行轧后在线冷却，以细化晶粒，提高力学性能，这种技术称为控制冷却。早期的控制冷却一般指轧后加速冷却，随着社会经济的不断发展，对钢材的性能要求不断提高，在冶金生产技术不断进步的条件下，现在控制冷却概念更多的是强调对冷却路径的控制。控制冷却与控制轧制相配合效果更好，控轧控冷以及 TMCP（Thermo-mechanical Controlled Process）等专业术语指的就是控制轧制和控制冷却的配合使用。

对于大多数低合金铁素体/珠光体钢来说，控制轧制和控制冷却的目的是细化铁素体晶粒，提高钢材的强度和韧性。实际生产上应用得最为广泛的是未再结晶控制轧制和轧后加速冷却。图 1-14 为控制轧制和控制冷却过程中奥氏体和铁素体的组织变化示意图。可见，当在温度较低的奥氏体未再结晶区控制轧制时，奥氏体呈加工硬化状态，晶粒被拉长、压扁，晶界面积增加，晶粒内部会出现大量变形带，并且位错、空位等缺陷密度也大大增加，这样过冷奥氏体分解过程中铁素体相变的形核部位就得以增加，从而使铁素体晶粒得到细化。

对于含有微合金元素的微合金钢，如果在晶粒细化的基础上还需要利用析出相的沉淀强化，则在控制冷却过程中要考虑微合金第二相的析出。对于热轧带钢来说要将卷取温度控制在适合于析出的范围内，对于中厚板生产来说则是要控制终冷温度，以使微合金第二相能够充分析出。对于那些对强韧性要求比较高的钢材，如高级别的管线钢等，微观组织是针状铁素体或低碳贝氏体，则要求轧后进行较强的冷却，同时终冷温度也要求控制得较低，以保证获得针状铁素体和贝氏

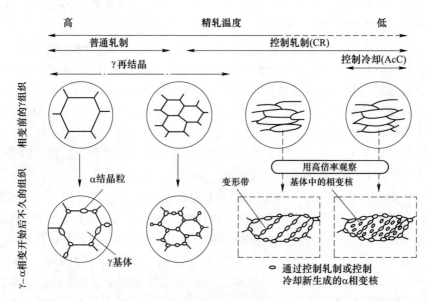

图 1-14　控制轧制和控制冷却奥氏体和铁素体的组织变化示意图

体等低温转变产物。对于强度要求更高的中厚板产品，可以在轧制后进行直接淬火，这样就省去了后续的离线再加热热处理工程，这同样要求冷却装置具有很强的冷却能力和较好的冷却均匀性。

　　当轧制生产线轧后冷却装置具有超快速的冷却能力时，相应的控制轧制和控制冷却的技术思路也有相应的变化，这被称作新一代的控轧控冷，即 NG-TMCP。图 1-15 为新一代控轧控冷与常规控轧控冷在一般品种钢生产上冷却方式区别的示意图。

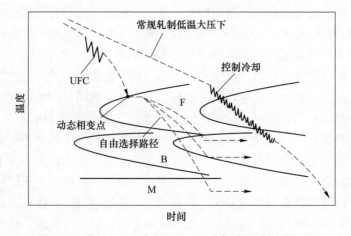

图 1-15　常规 TMCP 与 NG-TMCP 冷却路径对比示意图

新一代 TMCP 的核心思想主要体现在以下三方面：

（1）在奥氏体区可以不采用传统的"低温大压下"工艺，而是在适于变形的温度区间完成连续大变形和应变积累，得到能量状态较高的奥氏体组织状态。

（2）轧后立即进行超快冷，使轧件迅速冷却并保持奥氏体的高能量状态。

（3）在 γ-α 相变的动态相变点处终止快速冷却，后续冷却依照材料组织和性能的需要自由选择冷却途径。这样既可以保证在较高的终轧温度下轧制，又能保证轧后钢板的组织性能。

超快速冷却之后实施自由冷却策略，根据不同性能需要，选择不同冷却途径，可以得到不同的终冷组织，从而可以在更宽的范围内对材料力学性能进行控制。

在钢材强化机制的选择和实现上，新一代 TMCP 也有独特的技术优势。如在晶粒细化上，由于轧后实施超快速冷却，大大增加了相变的过冷度，所以可以获得更好的晶粒细化效果。在微合金析出相控制上，采用高温变形和超快速冷却避免碳氮化物在高温大量析出，使轧件迅速冷却至低温铁素体相变区，此时碳氮化物由于具有很大的析出驱动力而可以在铁素体晶内大量、弥散地析出，使铁素体基体得到强化。在相变强化上，采用超快速冷却可对终冷温度进行控制：若终冷温度处于铁素体相变温度区间，称为 UFC-F；若终冷温度处于贝氏体相变温度区间，称为 UFC-B；若终冷温度处于马氏体相变温度以下，称为（UFC+ACC）-M，或者称为 DQ。对于 UFC-F、UFC-B 和 DQ，后续还可以采用不同的热处理方式，可以通过对加热速率、加热温度以及冷却速率等热处理参数的调整，得到不同的微观组织和力学性能。

1.3.2　中锰钢板材研究开发的背景和意义

石油和天然气是支撑现代工业和社会的重要能源基础。尽管随着各种新能源的不断开发利用，以及某些突发事件和政治因素对石油天然气市场的影响，社会的能源结构会发生一定程度的变化，但是石油和天然气作为主要能源在国民经济中的重要地位无疑将会持续相当长的时间。因此，海上石油和天然气开采是我国海洋发展战略的重要内容。

全球陆地石油及天然气资源已远远满足不了社会发展的需求，而海洋周围储存着丰富的未开发的石油与天然气资源，海洋资源开发显得日益重要。但是世界上除了少数海域以外大部分地区的近海油气资源已日趋减少，而目前已探明的世界海洋石油、天然气储量的 80% 以上在水深 500m 以下的深海区域，且全部海洋面积的 90% 以上水深在 200~6000m，其中北极地区拥有约 900 亿桶原油储量和超过 47 万亿立方米的天然气储量，分别占全球未探明石油储量的 13% 和未开采天然气储量的 30%，但大部分位于 500m 以下深水区。

海洋平台是海洋资源开发工程中的标志性设施，是超大的焊接钢结构。海洋平台用钢作为工程结构用钢在保证海洋设施安全方面起着非常重要的作用。海洋平台应用在波浪、海潮、风暴及极寒流冰等严峻的海洋工作环境中，支撑总质量超过数百吨的钻井设备。这些使用特征决定了海洋平台用钢必须具有高强度、高韧性、抗疲劳、抗层状撕裂、良好的可焊性和冷加工性以及耐海水腐蚀等性能指标，这对于保证操作人员生命安全、提高海洋平台用钢使用寿命以及开发海洋资源具有重要意义。同时，为了提高海洋平台用钢的安全性及可移动性，高强、高韧钢的使用比例逐年增加。例如，自升式钻井平台中高强钢占55%~60%，半潜式钻井平台中高强钢占90%~97.5%，其中平台用的桩腿、悬臂梁及齿条机构等需要460~690MPa级别及690MPa以上级别的高强度或特大厚度（最大厚度达到259mm）等专用钢。

海洋平台结构是超大型焊接结构，对钢的焊接性能有更严格的要求，因此相关标准规定高强及超高强海工钢的Mn含量（质量分数）上限一般为1.60%[36]。目前，690MPa级等超高强海洋平台结构用钢一般采用低C、低Mn成分基础上添加大量Ni、Cr、Mo、Cu的成分设计思路，通过"淬火+回火"工艺形成以回火马氏体为主的强韧化显微组织。这类传统调质钢不仅合金原料成本高，而且因存在具有脆性裂纹源的渗碳体而难以保证低温冲击韧性、延性较差且屈强比普遍高于0.90，限制了超高强钢在海洋平台结构中的推广应用。由于深海区和极地海洋平台经受更加强烈的海浪、飓风或低温冰层的冲击，除要求关键结构用钢具有高强韧性能外，还必须具有较低的屈强比以满足安全设计要求。所以，为了满足未来深海和极地海洋平台发展对关键材料的安全性要求，必须创新钢铁材料新产品设计和开发思路。

Mn和C都是强烈的奥氏体稳定合金元素，可以显著降低钢的A_3相变点。高碳高锰的"Mn/C"合金化钢作为耐磨钢已有百年历史，其室温组织为单相奥氏体，在冲击载荷下表层奥氏体发生强烈的加工硬化，使表面硬度迅速提高，从而达到耐磨效果。随着人们对钢铁材料微观结构与宏观功能认识逐渐深化，高锰钢作为工程结构用钢近10年才逐渐成为科研热点，并引起了企业界的广泛关注。Mn对钢的显微组织和相变行为有着与Ni相似的作用，而成本只有Ni的1/10左右。

早期在"以Mn代Ni"提高钢的低温韧性研究中发现Mn含量（质量分数）为18%~25%的奥氏体钢具有非常优异的低温韧性，但强度相对较低。Niikura和Morris等人研究表明5Mn钢经过热处理细化晶粒和提高奥氏体稳定性获得了-196℃下的优异冲击韧性[37]。Wei等人通过Fe-0.1C-3Mn-1.5Si钢淬火和两相区退火在马氏体板条间形成富Mn奥氏体相[38]。Nakada等人用0.15C-5Mn钢马氏体在T_0温度回火形成了稳定的板条间回转奥氏体[39]。这些Fe-Mn-C合金相变与变形机制的基础理论研究使"Mn/C"合金化中厚板钢种开发和制造瓶颈突破的技术路线逐渐明朗化。

通过"Mn/C"合金化和热处理工艺优化来增加钢中奥氏体含量及稳定性，使钢的室温组织为"马氏体+残余奥氏体"，在形变过程中奥氏体发生 TRIP 甚至 TWIP 效应，在保证强度的同时，极大地提高了应变硬化能力、抗拉强度和低温韧性，也保证了较低的屈强比，这正是常规低合金钢中厚板产品所不具备的。因此"Mn/C"合金化钢独特的性能优势可以更好满足深海和极地海洋平台的安全性要求，是海洋平台用钢的重要发展方向。

参 考 文 献

[1] 余克章. 锰（Mn）金属在现代军事上的应用 [J]. 金属世界, 1995 (4)：20-21.

[2] 王琳, 马华, 陈晨, 等. 高锰铸钢的高温形变热处理及其组织和力学性能 [J]. 上海金属, 2019 (4)：40-44.

[3] Grässel O, Frommeyer G, Derder C, et al. Phase transformations and mechanical properties of Fe-Mn-Si-Al TRIP steels [J]. J. Phys. Ⅳ France, 1997, 3：383-388.

[4] He B B, Luo H W, Huang M X. Experimental investigation on a novel medium Mn steel combining transformation-induced plasticity and twinning induced plasticity effects [J]. International Journal of Plasticity, 2016, 78：173-186.

[5] Niikura M, Morris J W. Thermal processing of ferritic 5Mn steel for toughness at cryogenic temperatures [J]. Metallurgical Transactions A, 1980, 11 (9)：1531-1540.

[6] 李员妹. 节 Ni 低温钢组织性能及亚稳奥氏体稳定性影响因素的研究 [D]. 昆明：昆明理工大学, 2015.

[7] 董瀚, 孙新军, 刘清友, 等. 变形诱导铁素体相变——现象与理论 [J]. 钢铁, 2003, 38 (10)：56-67.

[8] Xu H F, Zhao J, Cao W Q, et al. Heat treatment effects on the microstructure and mechanical properties of a medium manganese steel (0.2C-5Mn) [J]. Materials Science and Engineering：A, 2012, 532A：435-442.

[9] 董瀚, 王毛球, 翁宇庆. 高性能钢的 M~3 组织调控理论与技术 [J]. 钢铁, 2010, 45：1-7.

[10] Cao W Q, Wang W, Wang C Y, et al. Microstructures and mechanical properties of the third generation automobile steels fabricated by ART-annealing [J]. Science China Technological Sciences, 2012, 55 (7)：1814-1822.

[11] Wang C, Cao W Q, Shi J, et al. Deformation microstructures and strengthening mechanisms of an ultrafine grained duplex medium-Mn steel [J]. Materials Science and Engineering：A, 2013, 562A：89-95.

[12] Wang C, Shi J, Wang C Y, et al. Development of ultrafine lamellar ferrite and austenite duplex

structure in 0. 2C5Mn steel during ART-annealing ［J］. ISIJ International, 2011, 51 （4）: 651-656.

［13］ Lee S, Estrin Y, De Cooman B C. Constitutive modeling of the mechanical properties of V-added medium manganese TRIP steel ［J］. Metallurgical and Materials Transactions A, 2013, 44 （7）: 3136-3146.

［14］ Lee S, De Cooman B C. Tensile behavior of intercritically annealed 10 pct Mn multi-phase steel ［J］. Metallurgical and Materials Transactions, 2014, 45: 709.

［15］ Lee S, De Cooman B C. Effect of the intercritical annealing temperature on the mechanical properties of 10 pct Mn multi-phase steel ［J］. Metallurgical and Materials Transactions, 2014, 45: 5009.

［16］ Lee H S, Jo M C, Sohn S S, et al. Novel medium-Mn (austenite-martensite) duplex hot-rolled steel achieving 1. 6GPa strength with 20% ductility by Mn-segregation induced TRIP mechanism ［J］. Acta Materialia, 2018, 147: 247-260.

［17］ He B B, Hu B, Yen H W, et al. High dislocation density-induced large ductility in deformed and partitioned steels ［J］. Science, 2017, 357 （6355）: 1029-1032.

［18］ 刘振宇, 唐帅, 陈俊, 等. 海洋平台用钢的研发生产现状与发展趋势 ［J］. 鞍钢技术, 2015 （1）: 1-7.

［19］ Liu D S, Li Q L, Emi T. Microstructure and mechanical properties in hot-rolled extra high-yield-strength steel plates for offshore structure and shipbuilding ［J］. Metallurgical and Materials Transactions A, 2011, 42 （5）: 1349-1361.

［20］ Nie Y, Shang C J, Song X, et al. Properties and homogeneity of 550MPa grade TMCP steel for ship hull ［J］. International Journal of Minerals, Metallurgy, and Materials, 2010, 17 （2）: 179-184.

［21］ 刘海宽, 胡建国, 张军. 特厚钢板探伤不合的原因分析及对策 ［J］. 宽厚板, 2014, 20 （1）: 36-38.

［22］ Chen L Q, Zhao Y, Qin X M. Some aspects of high manganese twinning-induced plasticity (TWIP) steel, a review ［J］. Acta Metallurgica Sinica (English Letters), 26 （1）: 1-15.

［23］ Lee S J, Lee S, De Cooman B C. Mn partitioning during the intercritical annealing of ultrafine-grained 6% Mn transformation-induced plasticity steel ［J］. Scripta Materialia, 2011, 64 （7）: 649-652.

［24］ 张增志. 耐磨高锰钢 ［M］. 北京: 冶金工业出版社, 2002.

［25］ 林范. 高锰钢 ［M］. 北京: 冶金工业出版社, 1960.

［26］ 刘浩. 海洋平台用高强韧特厚板组织性能均匀性控制研究 ［D］. 沈阳: 东北大学, 2016.

［27］ 齐祥羽. 高强中锰钢焊接热循环下的组织性能与断裂行为 ［D］. 沈阳: 东北大学, 2019.

［28］ 李振, 赵爱民, 曹佳丽, 等. 高强中锰 Trip 钢的残余奥氏体含量及其稳定性 ［J］. 机械工程材料, 2012 （1）: 62-64, 80.

［29］ Suh D W, Ryu J H, Joo M S, et al. Medium-alloy manganese-rich transformation-induced plasticity steels ［J］. Metallurgical and Materials Transactions A, 2013, 44 （1）: 286-293.

［30］江海涛，代乐乐，等. 两相区退火对中锰钢热轧板组织和性能的影响［J］. 材料热处理学报，2013（7）：100-105.

［31］Chang W, Cao W, Yun H, et al. Influences of austenization temperature and annealing time on duplex ultrafine microstructure and mechanical properties of medium Mn steel［J］. Journal of Iron and Steel Research, International, 2015, 22（1）：42-47.

［32］Zhou Y X, Song X T, Liang J W, et al. Innovative processing of obtaining nanostructured bainite with high strength-high ductility combination in low-carbon-medium-Mn steel：Process-structure-property relationship［J］. Materials ence and Engineering, 2018, 718（7）：267-276.

［33］张加美. 超低碳中锰钢组织亚微米化机理及强塑性控制［D］. 沈阳：东北大学，2017.

［34］小指军夫. 控制轧制·控制冷却：改善材质的轧制技术发展［M］. 北京：冶金工业出版社，2002.

［35］王国栋. 新一代控制轧制和控制冷却技术与创新的热轧过程［J］. 东北大学学报（自然科学版），2009, 30（7）：913-922.

［36］王占学. 塑性加工金属学［M］. 北京：冶金工业出版社，1991.

［37］Niikura M, Morris J W J. Thermal processing of ferritic 5Mn steel for toughness at cryogenic temperatures［J］. Metallurgical and Materials Transactions A-physical Metallurgy and Materials Science, 1980, 11（9）：1531-1540.

［38］Wei R, Enomoto M, Hadian R, et al. Growth of austenite from as-quenched martensite during intercritical annealing in an Fe-0. 1C-3Mn-1. 5Si alloy［J］. Acta Materialia, 2013, 61（2）：697-707.

［39］Nakada N, Mizutani K, Tsuchiyama T, et al. Difference in transformation behavior between ferrite and austenite formations in medium manganese steel［J］. Acta Materialia, 2014, 65：251-258.

2　中锰钢加热过程的组织演变

　　钢在奥氏体区域进行加热是热加工过程的一个重要环节,其目的是实现成分和组织的均匀化。通常情况下,加热温度越高、保温时间越长,化学元素扩散越充分,经加热所形成奥氏体的化学成分和晶粒尺寸就越均匀,越有利于提高钢材冷却后的组织均匀性。钢铁在高温状态下不可避免地发生氧化反应,在其表面会形成氧化铁皮。钢板在高温状态下,氧化铁皮的强度高于钢板基体,在轧制过程中氧化铁皮被轧制带进钢板基体内部,严重影响钢板表面质量。此外,残留的氧化铁皮不仅会加速轧辊磨损,同时也会提高酸洗难度,增加酸耗。因此,在保证除鳞设备能力的前提下,控制氧化铁皮的厚度和疏松程度可以有效将氧化铁皮和母材剥离。

2.1　中锰钢加热过程的表面氧化行为

　　图 2-1 为纯铁在加热温度 570℃ 以上的氧化层结构和生长机理示意图,图中表明了氧化层中不同氧化层界面(Ⅰ~Ⅳ)和相应的离子扩散过程[1]。

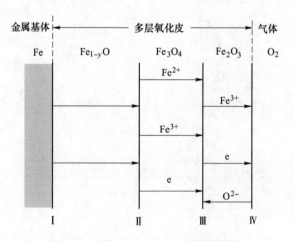

图 2-1　纯铁在 570℃ 以上氧化层结构

　　在 Fe/FeO 相界面,铁丢失电子,按照式(2-1)离化:

$$Fe == Fe^{2+} + 2e \tag{2-1}$$

Fe^{2+} 与 e 分别经铁离子空位与电子空穴向外扩散，Fe_3O_4 被 Fe^{2+} 与电子还原成 FeO：

$$Fe^{2+} + 2e + Fe_3O_4 \rule[0.5ex]{2em}{0.4pt} 4FeO \tag{2-2}$$

剩余的 Fe^{2+} 经 Fe_3O_4 层四面体与八面体空位扩散，电子经空穴迁移，在 Fe_3O_4/Fe_2O_3 界面处形成 Fe_3O_4：

$$Fe^{n+} + ne + 4Fe_2O_3 \rule[0.5ex]{2em}{0.4pt} 3Fe_3O_4 \tag{2-3}$$

式（2-3）中的 n 值为 2 或者 3，其相对应的为 Fe^{3+} 或者 Fe^{2+}。若 Fe_2O_3 层中 Fe^{3+} 离子是可迁移的，则通过 Fe_2O_3 层中铁离子空位和电子可以一起输出，在 Fe_2O_3 和气体界面处形成新的 Fe_2O_3，见式（2-4）：

$$2Fe^{3+} + 6e + \frac{2}{3}O_2 \rule[0.5ex]{2em}{0.4pt} Fe_2O_3 \tag{2-4}$$

在此过程中也发生氧的离子化，见式（2-5）：

$$\frac{1}{2}O_2 + 2e \rule[0.5ex]{2em}{0.4pt} O^{2-} \tag{2-5}$$

若 Fe_2O_3 层中存在可迁移氧离子，Fe_2O_3 则被还原成 Fe_3O_4，剩余的铁离子和电子会形成新的 Fe_2O_3，见式（2-6）：

$$2Fe^{3+} + 3O^{2-} \rule[0.5ex]{2em}{0.4pt} Fe_2O_3 \tag{2-6}$$

对于钢而言，其氧化速度通常比纯铁慢，并且温度越高，差别越明显。对于短时间氧化，氧化层附着在钢的表面，氧化过程遵从抛物线规律，且氧化层结构与纯铁相似。钢的氧化动力主要源于已形成氧化层表面的内表层和外表层之间的化学差和电势差，在二者的综合作用下，使铁、氧离子与电子发生迁移，从而使钢表面继续氧化[2]。另外，钢中的化学成分也对钢的氧化层有着较为明显的影响。例如当 C 扩散到氧化铁皮与基体钢的界面处形成 CO，CO 与钢发生化学反应生成 FeO。当氧化铁皮与基体钢界面存在 CO 时，氧化铁皮与基体钢之间形成较大的间隙，从而降低氧化铁皮的黏附力，容易造成氧化铁皮开裂，同时也会降低氧化速率。但是在高温和高碳条件下，间隙中的气体压力会引起氧化铁皮产生粗大裂纹，增加了钢与炉气的接触面积，从而增大了氧化速率[3]。但是由于低碳中锰钢具有较低 C 含量和较高 Mn 含量的化学成分特点，其氧化物结构随着温度的变化会与传统钢材有所不同。

图 2-2 为低碳中锰钢在加热温度 1000～1250℃条件下的增重曲线。由图可知，随着加热温度的升高，单位面积上氧化量逐渐增大。当加热温度为 1000℃和 1100℃时，氧化增重曲线均为抛物线形，表明单位面积上的氧化增重量相对较小，氧化速率较为缓慢。当氧化温度为 1200℃和 1250℃时，增重曲线出现拐点，增重曲线在氧化初期为直线，后期呈抛物线式增长。这是由于氧化温度升高，金属原子向外扩散速率增大，氧分子与金属基体表面产生更为剧烈的碰撞行为，导

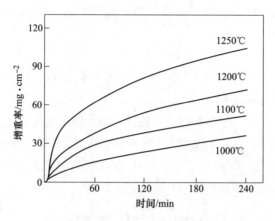

图 2-2　低碳中锰钢在不同温度下的增重曲线

致氧化增重几乎以恒速增长，在较短的时间内快速形成氧化层。随着保温时间的延长，氧化层逐渐增厚，氧气需要通过氧化铁皮传播介质才能与基体发生氧化反应，因此氧化增重速率减小，增重曲线由直线型转变为抛物线型。

氧化铁皮的生长规律符合抛物线方程[4]，根据 Kofstad 公式建立氧化动力学模型[5]：

$$\Delta W^2 = K_p \cdot t \tag{2-7}$$

式中　K_p——氧化速率常数；

　　ΔW——质量增重；

　　　t——时间，min。

K_p 可以用 Arrhenius 等式表示如下：

$$K_p = A \cdot \exp\left(-\frac{Q}{RT}\right) \tag{2-8}$$

式中　Q——氧化激活能，J/mol；

　　R——气体常数，8.314J/(mol·K)；

　　T——氧化温度，K；

　　A——模型常数。

对式（2-8）两边取对数，可得：

$$\ln K_p = \ln K_0 + \left(-\frac{Q}{R}\right) \cdot \frac{1}{T} \tag{2-9}$$

通过氧化动力学实验结果，根据式（2-7）得出特定温度和时间下的氧化速率常数 K_p，见表 2-1。将 K_p 代入式（2-9），拟合出以 $\ln K_p$ 为变量和 $1/T$ 为自变量的直线，如图 2-3 所示，通过线性回归得出氧化激活能 $Q = 93.3$kJ/mol。

表 2-1　不同温度下的氧化速率常数

温度/℃	时间/min	增重率/mg·cm^{-2}	K_p/mg^2·cm^{-4}·min^{-1}
1000	240	35.6	5.28
1100	240	54.6	12.42
1200	240	72.2	21.72
1250	240	104.1	45.15

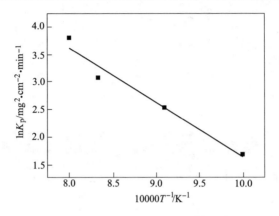

图 2-3　$\ln K_p$ 和 $1/T$ 曲线关系

图 2-4 为低碳中锰钢在 1000℃和 1200℃条件下保温 240min 的氧化层截面形貌及其元素分布。由图可知，当氧化温度由 1000℃升高至 1100℃时，氧化层厚度及结构均发生变化。如图 2-4（a）所示，当氧化温度为 1000℃时，氧化层厚度约为 280μm 且较为致密，通过元素分布分析可知氧化层内的 Fe、Mn 元素含量较少，这表明氧化形成的 Fe、Mn 产物有限。这是由于中锰钢在氧化初始阶段会在金属表面形成致密的 Al 和 Cr 的氧化层，有效阻碍金属离子和氧分子反应，影响了氧化层生长速率[6]。当氧化温度升高至 1200℃时，如图 2-4（b）所示，氧化层厚度明显增大，增大至 450μm。这是由于钢中的 Si 元素为选择性氧化，在 FeO 与基体钢的界面上形成 Fe$_2$SiO$_4$（硅橄榄石），由于硅橄榄石熔点低（1173℃），形成熔融态便会以楔形浸入氧化铁皮与基体之间，这样氧化铁皮与基体的界面就形成了错综复杂的氧化铁皮结构，从而生成了更多的氧化铁皮[7]。此外，中锰钢的氧化层表面结构变得疏松，层内大量裂纹相互交织形成裂纹网，将氧化层分割成多个"单元"结构，氧化层中的 Fe、Mn 元素含量明显增多。这是由于氧化层表面的疏松导致 Al、Cr 氧化层撕裂，大量氧分子沿着裂纹快速向层内和基体扩散，加快了金属离子和氧分子的反应进程，导致氧化层内 Fe、Mn 等元素的增多和氧化增重速率的增大，导致氧化铁皮厚度增大。较为疏松的氧化层在碰到高压水后，会因为热应力而开裂，裂纹会向着钢基体界面扩展，从而提高氧化铁皮除鳞的效果。

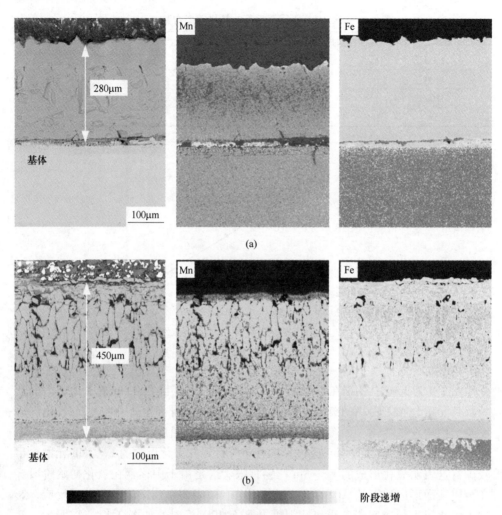

图 2-4　氧化层在不同温度下的元素分布
（a）氧化层形貌 1；（b）氧化层形貌 2

2.2　中锰钢加热过程奥氏体的晶粒长大动力学

2.2.1　中锰钢加热过程的相转变

　　根据低碳中锰钢的化学成分，利用 Thermo-Calc 软件对 0.05C-5.5Mn-0.4Cr 的中锰钢进行平衡相图模拟计算，结果如图 2-5 所示。由图 2-5（a）可知，奥氏体和铁素体的两相区温度区间为 420~720℃，而且随着两相区温度的升高，中锰钢的相组成也有所变化。当加热温度为 420~590℃时，实验钢由奥氏体、铁素体和渗碳体组成，当加热温度为 590~720℃时，渗碳体消失，中锰钢由铁素体和奥氏体两相组成。图2-5（b）为奥氏体中C含量在两相温度区间的平衡状态。由图可知，奥氏体中的C含量随着温度的升高逐渐增大，当温度达到590℃时，奥氏体中的C含量（质量分数）达到峰值0.22%，随后逐渐降低。这是由于渗碳体随着温度的升高逐渐溶解，使更多的C元素向奥氏体中富集，当温度达到590℃时，渗碳体完全溶解，此时奥氏体中的C含量达到峰值。但是由于奥氏体体积分数随着温度的升高不断增大，导致其富C程度逐渐降低。奥氏体中的Mn含量则随着温度的升高逐渐降低且趋于平衡。这是由于随着温度的升高，Mn原子扩散能力增强致使奥氏体体积分数增大，由于锰元素有限导致奥氏体中Mn元素含量减小，逐渐趋于平衡。

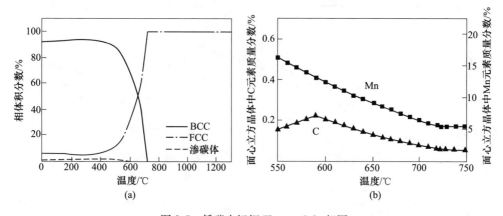

图2-5 低碳中锰钢 Thermo-Calc 相图

（a）钢中铁素体、奥氏体及渗碳体的体积分数随温度的变化规律；

（b）奥氏体中C、Mn元素含量在两相温度区间随温度的变化规律

　　利用 DIL805A/D 全自动相变仪测得低碳中锰钢的奥氏体开始转变温度（A_{c1}）和转变结束温度（A_{c3}）分别为566℃和743℃，如图2-6所示。与传统低

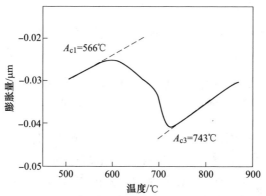

图2-6 低碳中锰钢在加热过程中的相变曲线

合金高强钢相比，中锰钢的奥氏体开始转变温度明显降低，这是由于添加了大量的锰元素，不但可以提高淬透性，同时也会提高奥氏体的稳定性，从而显著降低奥氏体的转变温度。

2.2.2 加热温度对奥氏体晶粒长大的影响

图 2-7 为平均奥氏体晶粒尺寸随加热温度变化曲线。由图可知，奥氏体晶粒在不同保温条件下，随着加热温度的升高以不同的长大速率增大，它们具有相同的变化特征，即当加热温度在 950~1100℃ 区间时，奥氏体晶粒长大相对缓慢，当加热温度由 1100℃ 升高至 1150℃ 时，奥氏体长大速率明显增大。

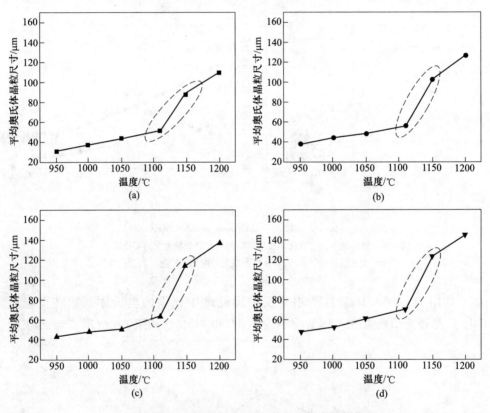

图 2-7　奥氏体晶粒尺寸随加热温度的变化规律
(a) 15min；(b) 30min；(c) 60min；(d) 120min

图 2-8 为低碳中锰钢在加热温度 950~1270℃ 条件下保温 120min 的显微组织。由图可知，奥氏体晶粒的平均尺寸随着加热温度的升高逐渐增大。当加热温度为950℃ 时，如图 2-8（a）所示，微观组织主要由大量细小等轴晶粒和少量尺寸较大的晶粒组成，其平均晶粒尺寸为 46.5μm。这是由于在较低温度条件下，新形

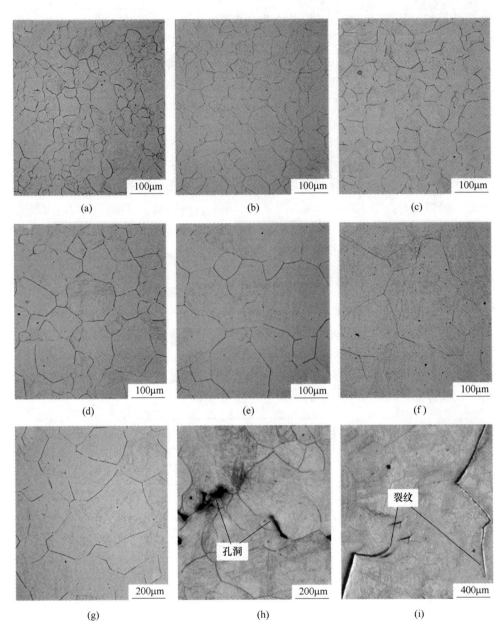

图 2-8 低碳中锰钢不同加热温度条件下的原奥氏体形貌

(a) 950℃；(b) 1000℃；(c) 1050℃；(d) 1100℃；(e) 1150℃；(f) 1200℃；

(g) 1250℃；(h) 1270℃缺陷 1；(i) 1270℃缺陷 2

成的再结晶晶核优先在最大畸变处或缺陷处形成，晶界向畸变区域推进，导致晶粒尺寸差异化。随着加热温度升高至 1000~1100℃时，如图 2-8（b）~（d）所示，奥氏体晶粒开始缓慢长大，晶粒尺寸差异逐渐减小。当加热温度为1150℃时，如图2-8（e）所示，细小晶粒的数量明显减少，粗大奥氏体晶粒明显增多，平均奥氏体晶粒尺寸增大到68.9μm。这表明奥氏体主要通过大晶粒"吞并"小晶粒的方式长大。当加热温度为1200℃时，如图2-8（f）所示，奥氏体晶粒进一步粗化，平均晶粒尺寸增大至114.5μm。由以上分析可知，当加热温度在950～1100℃区间时，奥氏体晶粒长大缓慢，晶界分布均匀，奥氏体呈现良好的抗晶粒粗化能力；当加热温度升高至1150～1200℃时，奥氏体晶界趋于平直化，晶界之间的夹角大约为120°，表明奥氏体晶粒处于平衡状态。当温度升至1250℃时，如图2-8（g）所示，奥氏体晶粒尺寸进一步粗化，但是并未发现晶界烧损和裂纹现象。当温度升高至1270℃，如图2-8（h）和（i）所示，显微组织中均出现黑色晶界孔洞和不规则裂纹，表明实验钢发生过烧现象。因此在实际加热过程中，加热温度超过1250℃有可能存在过热、过烧的风险。

2.2.3　保温时间对奥氏体晶粒长大的影响

加热温度对奥氏体晶粒长大行为影响显著，在同一温度下的保温时间也对晶粒长大行为有重要影响。图2-9为奥氏体晶粒尺寸随保温时间变化曲线，由图可知，当加热温度低于1100℃时，随着保温时间的延长，奥氏体晶粒大小未发生明显变化，表明实验钢具有良好的抗晶粒粗化能力。但是当加热温度升高至1150℃时，奥氏体晶粒随着保温时间的延长明显长大。

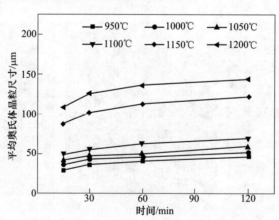

图 2-9　奥氏体晶粒尺寸随保温时间的变化规律

在等温条件下，奥氏体晶粒尺寸与保温时间之间的关系可以由 Beck 方程表达[8,9]：

$$D - D_0 = Kt^n \qquad (2\text{-}10)$$

式中　D——奥氏体晶粒长大后的平均晶粒尺寸，μm；

D_0——原始奥氏体平均晶粒尺寸，μm；

K，n——分别为晶粒生长速率和长大指数，均是温度的函数；

t——保温时间，s。

由于原始奥氏体晶粒尺寸远远小于保温后的奥氏体晶粒尺寸，因此 D_0 的影响可忽略不计，式（2-10）可简化为：

$$D = Kt^n \tag{2-11}$$

对式（2-11）两边取对数可得：

$$\ln D = \ln K + n\ln t \tag{2-12}$$

将实验数据进行线性回归，$\ln D$ 与 $\ln t$ 关系如图 2-10 所示，由图可知，当加热温度为 950~1200℃时，$\ln D$ 和 $\ln t$ 保持良好线性关系，这表明奥氏体晶粒长大规律符合 Beck 方程。

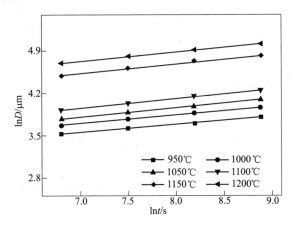

图 2-10　不同加热条件下 $\ln D$ 和 $\ln t$ 之间的关系

图 2-10 中各条直线的斜率分别代表不同加热温度条件下的晶粒长大指数 n，直线截距为 $\ln K$，计算结果见表 2-2。由表可知，当加热温度在 950~1050℃时，奥氏体晶粒长大指数 n 和生长速率 K 波动幅度较小，其平均值分别为 $n = 0.143$ 和 $K = 15.59$，这表明奥氏体晶粒在此加热区间不随着保温时间的延长而发生明显长大，具有良好的抗粗化能力。当温度升至 1100~1200℃时，长大指数 n 没有发生明显变化，但是平均晶粒生长速率 K 则增大至 36.57，这表明奥氏体晶粒在加热温度 1100~1200℃区间容易快速长大。因此，实验钢在 950~1100℃和 1150~1200℃的 Beck 方程分别为：

$$D - D_0 = 15.59t^{0.143} \tag{2-13}$$

$$D - D_0 = 36.57t^{0.149} \tag{2-14}$$

表 2-2　奥氏体晶粒在不同温度条件下的长大规律

温度/℃	950	1000	1050	1100	1150	1200
n	0.127	0.134	0.153	0.158	0.154	0.143
K	14.26	15.78	15.30	17.02	31.40	41.73

2.2.4　奥氏体晶粒长大动力学方程

奥氏体晶粒长大是晶界向外迁移的过程，其能量主要来源于界面能的下降，与晶粒长大激活能密切相关。在加热过程中，C-Mn 钢中的奥氏体晶粒长大模型通常采用 Sellars 模型方程[10]：

$$D^k - D_0^k = At\exp\left(-\frac{Q}{RT}\right) \tag{2-15}$$

式中　D——奥氏体晶粒长大后的平均晶粒尺寸，μm；

D_0——原始奥氏体平均晶粒尺寸，μm；

T——加热温度，K；

t——保温时间，s；

R——气体常数，其值为 8.134J/(mol·K)；

Q——奥氏体晶粒长大激活能，J/mol；

A，k——材料常数。

由于原始奥氏体晶粒远远小于长大后的奥氏体晶粒，因此 D_0 的影响可忽略不计，式（2-15）可简化为：

$$D^k = At\exp\left(-\frac{Q}{RT}\right) \tag{2-16}$$

对式（2-16）两边取对数，可得：

$$\ln D = \frac{\ln A}{k} + \frac{\ln t}{k} - \frac{Q}{kRT} \tag{2-17}$$

将实验数据进行线性回归，如图 2-11 所示。计算求得 $k = 6.84$、$Q = 467.209 \times 10^3$kJ/mol 和 $A = 2.75 \times 10^{30}$。最后将计算所得数值代入式（2-15），建立实验钢在 900~1200℃ 的奥氏体晶粒长大模型：

$$D^{6.84} - D_0^{6.84} = 2.75 \times 10^{30}t\exp\left(-\frac{467209}{RT}\right) \tag{2-18}$$

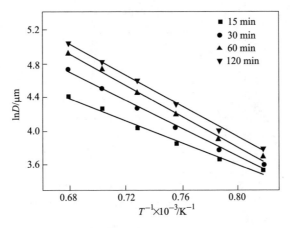

图 2-11　不同加热条件下 $\ln D$ 和 T^{-1} 之间的关系

2.3　钛元素对奥氏体晶粒长大行为的影响

实验钢为三种不同钛含量低碳中锰钢，其化学成分见表 2-3。在厚度为 10mm 规格的坯料上制备共聚焦试样，试样尺寸为 ϕ7mm×3mm 的圆柱，经砂纸研磨和机械抛光后利用超声波清洗仪清理试样各表面油污，保证试样清洁。另外应保证试样上下表面的平行度，确保在高倍数下显微镜观察的表面具有较高的清晰度。将试样放入 Al_2O_3 坩埚中，在真空状态下通入氩气，防止加热过程中试样表面被氧化。其实验工艺如图 2-12 所示，将试样以 10℃/s 的升温速度分别加热到 1050℃、1100℃、1150℃、1200℃、1250℃，保温 10min，实验过程中采用 2 张/s 的速度，记录保温过程中奥氏体的形态及长大规律。

表 2-3　含钛中锰钢化学成分（质量分数）　　　　（%）

钢号	C	Si	Mn	Al	Ti	O	N	P	S	Cr+Ni+Mo+Cu
A	0.02~0.08	0.22	3.0~8.0	0.02	0.014	0.002	0.0035	0.003	0.002	微量
B	0.02~0.08	0.20	3.0~8.0	0.02	0.032	0.002	0.0033	0.002	0.002	微量
C	0.02~0.08	0.21	3.0~8.0	0.02	0.053	0.002	0.0035	0.003	0.002	微量

2.3.1　保温温度的影响

试样制备完成后放入 Al_2O_3 坩埚中，将设备抽至真空，其真空度可达 10^{-2}Pa，防止加热过程中试样表面出现氧化变黑。按照图 2-12 中的工艺将三种不同钛含量的微合金中锰钢加热至 1050℃、1100℃、1150℃、1200℃、1250℃，选取 B 钢保温 10min 时高温奥氏体组织如图 2-13 所示。由图可知，随着加热温度的升高，其晶粒尺寸不断增大，可以清晰地看到晶粒合并及晶界迁移、消失的痕迹。

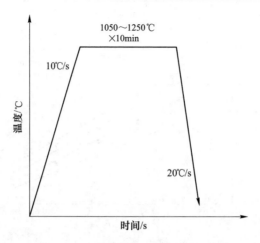

图 2-12 奥氏体长大过程实验工艺图

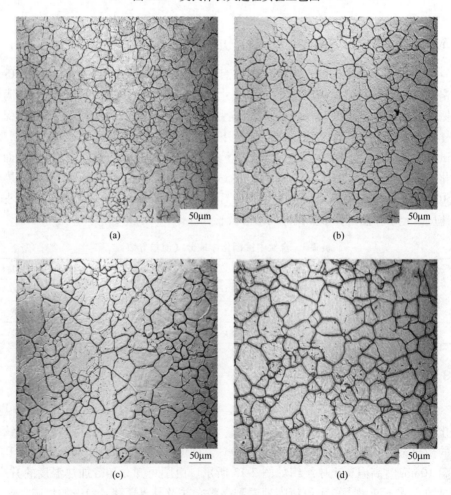

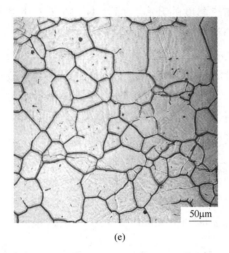

(e)

图 2-13 B 实验钢不同保温温度下奥氏体微观组织

(a) 1050℃; (b) 1100℃; (c) 1150℃; (d) 1200℃; (e) 1250℃

在 1250℃ 高温奥氏体化过程中晶粒长大行为较明显，但并未出现异常长大现象。另外随着加热温度的升高，奥氏体晶界出现明显的粗化现象，这与晶界处碳化物的溶解程度有关。为了保证实验结果的可靠性，运用 Nano Measurer 粒径分布计算工具对三种钢典型组织的晶粒尺寸进行统计，测量视野范围内所有奥氏体晶粒尺寸并取平均值，将所测尺寸数据与对应钛含量、加热温度绘制成图，如图 2-14 所示。由图可知，当保温时间为 10min 时，随着加热温度的升高，奥氏体晶粒尺寸逐渐增大。以 B 实验钢为例，在 1050~1150℃ 温度范围内，晶粒出现长大的趋势，其尺寸由 28.03μm 增加到 37.74μm，晶粒长大速率较低。主要是由于

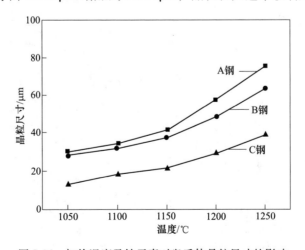

图 2-14 加热温度及钛元素对奥氏体晶粒尺寸的影响

在此温度区间，随着加热温度的升高，部分 TiC 粒子发生溶解行为，但尚未完全融入奥氏体内，TiN、TiC 粒子钉扎作用仍然较为强烈，抑制奥氏体晶界迁移。在高温区间，TiC 几乎完全融入奥氏体内，主要以 TiN 粒子起钉扎晶界的作用，其钉扎力有所减小，且温度的升高增加了原子的活跃度，故奥氏体晶粒出现较为明显的长大现象。在1250℃保温10min 时，奥氏体晶粒尺寸为63.54μm，晶粒大小分布较为均匀，说明 TiN 粒子的热稳定性较好，在1250℃钉扎力仍未消失，并未出现高温奥氏体化过程中晶粒异常长大的现象。

2.3.2　钛元素含量的影响

按照图 2-12 中工艺进行高温观察实验，选取不同钛含量实验钢，保温温度为1100℃、1200℃，保温时间为10min 状态下实验钢奥氏体的微观组织如图 2-15

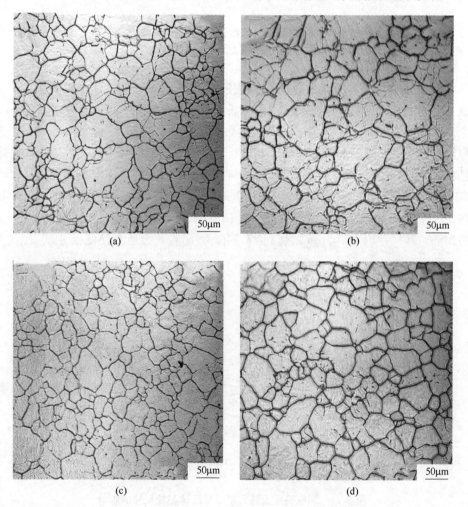

(a)　　　　　　　　　　　　　(b)

(c)　　　　　　　　　　　　　(d)

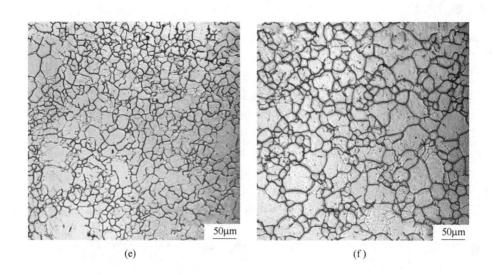

(e)　　　　　　　　　　　　　　　　(f)

图 2-15　实验钢不同钛含量奥氏体微观组织
(a) A 钢, 1100℃; (b) A 钢, 1200℃; (c) B 钢, 1100℃;
(d) B 钢, 1200℃; (e) C 钢, 1100℃; (f) C 钢, 1200℃

所示。分析可得, 随着钛含量的增加, 高温奥氏体晶粒尺寸明显得到细化。结合图 2-14 可知, 三种实验钢在 1250℃ 晶粒尺寸分别为 75.45μm、63.54μm、39.16μm, 碳钢的奥氏体晶粒尺寸最小, 且长大速率最低。这是因为随着钛含量的增加, 含钛的碳氮化物体积分数增多, 在奥氏体化过程中对晶界的钉扎作用更加明显。

另外从图 2-15 中可以看出, 在 1200~1250℃ 较高温度奥氏体化时, A 钢、B 钢、C 钢中晶粒长大速率都明显增大, 且在碳钢中也出现尺寸为 62.31μm 的大尺寸晶粒, 如图 2-15 (f) 所示。这是因为在此高温区间 TiC 粒子大量溶解, 而钢中氮元素含量几乎相同, 也即基体中高熔点的 TiN 粒子体积分数差别不大, 基于含钛第二相的钉扎作用差异有所减小, 故此时三种不同钛含量的实验钢都出现了较大的奥氏体晶粒。

对比含钛中锰钢和不含钛中锰钢加热过程奥氏体晶粒长大的研究结果, 可以发现中锰钢添加钛可以明显抑制高温奥氏体晶粒长大, 含钛中锰钢加热过程奥氏体晶粒粗化温度较不含钛的中锰钢提高约 100℃。因此, 在实际中锰钢生产过程中, 可以通过添加适量的钛元素来减小铸坯加热过程奥氏体晶粒的长大倾向, 以此适当扩大加热过程的工艺窗口。

参 考 文 献

［1］ Birks N, Meier G H. Introduction of high-temperature oxidation of metals ［M］. London：Edward Arnold, 1983.

［2］ 纪国富. 利用差热天平研究钢在高温下的氧化特性 ［J］. 分析仪, 2003, 2（2）：23-26.

［3］ 陈俊龙. 减少加热炉内氧化坯氧化铁皮的途径 ［J］. 宝钢技术, 1993, 5（4）：6-11.

［4］ Klaus Schwerdtfeger, Zhou Shunxin. Contribution to scale growth during hot rolling of steel ［J］. Metal Working, 2003, 2（9）：538-542.

［5］ Kofstad P. Low-pressure oxidation of tantalum at 1300-1800℃ ［J］. Journal of the Less Common Metals, 1964, 7（4）：241-266.

［6］ 袁晓云. Fe-Mn-Al-C-Cr-N 系高锰钢力学性能及耐蚀性研究 ［D］. 沈阳：东北大学, 2017.

［7］ Tomoki Fukagawa, Hikaru Okana, Hisao Fujikawa. Effect of P on hydraulic-descaling-ability in Si-added hot-rolled steel sheets ［J］. Steel and Iron, 1997, 83（5）：19-24.

［8］ 黄顺喆, 厉勇, 王春旭, 等. 9310 钢的奥氏体晶粒长大规律研究 ［J］. 热加工工艺, 2010, 39（18）：31-33.

［9］ 廉学魁, 厉勇, 刘宪民, 等. 二次硬化超高强度钢 AF1410 奥氏体晶粒长大行为 ［J］. 特殊钢, 2010, 31（5）：61-63.

［10］ Sellars C M, Whiteman C M. Recrystallization and grain growth in hot rolling ［J］. Metal Science, 1979, 13（3-4）：187-194.

3 中锰钢奥氏体再结晶行为及热加工图

金属材料在热变形过程中的流变行为是组织演变的外在反映,变形抗力的大小决定了材料在变形时所需的外部施加载荷。因此,研究钢的热变形行为对制定热加工工艺具有重要意义,目前钢在热变形行为方面的研究主要包括动态再结晶行为和静态再结晶行为。为了更好地优化金属材料的加工工艺,在由应变速率和变形温度构成的二维平面上,将功率耗散图和失稳图以等高线的形式叠加形成热加工图,以此显示金属材料发生塑性变形的稳定区域与失稳区域及其对应的加工参数,为制定合理的轧制工艺提供理论支撑,使材料达到可重复性生产且具有预期组织性能。

3.1 动态再结晶行为

采用单道次压缩实验模拟动态再结晶行为,研究低碳中锰钢在不同变形温度以及不同应变速率条件下的流变应力曲线变化特征,并分析热变形过程中的显微组织演变规律,揭示流变应力曲线与微观组织演变的对应关系,建立动态再结晶的热加工本构模型。

3.1.1 动态再结晶行为研究

图 3-1 (a) 显示了中锰钢在真应变为 0.8、应变速率为 $0.1s^{-1}$ 时各变形温度条件下的流变应力曲线。由图可知,应力均随着应变的增加迅速增大到峰值,随后逐渐减小至稳定状态,说明实验钢在这几个变形温度条件下均发生明显的动态再结晶行为。在热变形的初始阶段,随着变形量增加,位错密度迅速上升,位错间相互反应增强,导致相应的变形抗力快速升高,产生明显的加工硬化。随着变形量继续增加,位错通过滑移或者攀移相互抵消的速度与变形产生位错的速度达到动态平衡,此时在流变曲线上出现峰值。随着变形量进一步加大,位错湮灭速度远大于位错增殖速度,动态软化行为占主导地位,导致流变应力逐渐减小直至达到稳定的流变状态。此外,随着变形温度的增加,峰值应力所对应的峰值应变逐渐减小,这是由于变形温度的升高导致位错滑移及攀移的驱动力增大,动态再结晶行为更容易发生。图 3-1 (b) ~ (d) 分别显示了应变速率为 $1s^{-1}$、$5s^{-1}$ 和 $10s^{-1}$ 时不同变形温度条件下的流变曲线。由图可知,它们具有相似的特征,流变

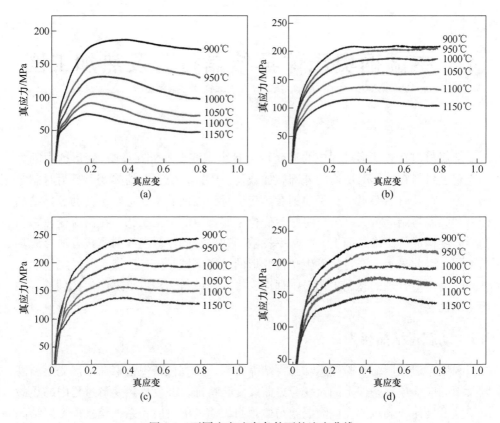

图 3-1　不同应变速率条件下的流变曲线

(a) $0.1s^{-1}$; (b) $1s^{-1}$; (c) $5s^{-1}$; (d) $10s^{-1}$

曲线由高温时的动态再结晶型向低温时的动态回复型转变。这是由于随着变形温度的降低，位错攀移和晶界迁移的驱动力下降，导致动态软化效果减弱、加工硬化行为增强的缘故。另外，对比不同应变速率条件下的流变曲线可知，应变速率对实验钢的热变形行为具有显著影响。在相同的变形温度条件下，随着应变速率的降低，峰值应力逐渐减小。这是由于随着应变速率的降低，晶界迁移和位错之间反应时间延长，有利于动态再结晶行为的发生。

3.1.2　热变形后的组织演变

图 3-2 为实验钢在变形温度为 900℃时不同应变速率条件下的显微组织。当应变速率为 $10s^{-1}$ 时，原始等轴晶粒沿着垂直于压缩方向拉长变形，形成饼状变形组织，如图 3-2（a）所示。由于压缩变形不均匀，相邻晶粒之间位错密度相差较大，导致晶界中的某一段向位错密度高的一侧弓出，奥氏体晶界通过"晶界弓出"机制形成锯齿状晶界，如图 3-2（a）中椭圆线内所示。同时，在部分原奥

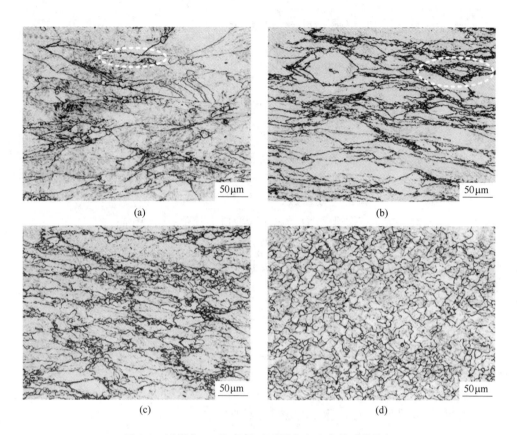

图 3-2 试样在 900℃ 条件下不同应变速率的显微组织

(a) $10s^{-1}$；(b) $5s^{-1}$；(c) $1s^{-1}$；(d) $0.1s^{-1}$

氏体晶界附近形成少量细小的再结晶晶粒，表明奥氏体开始发生动态再结晶行为。图 3-2（b）为应变速率降为 $5s^{-1}$ 时的显微组织，形变奥氏体的"锯齿状"晶界结构明显，大量细小晶粒呈串状分布在原奥氏体晶界处，形成"链状"结构，如图 3-2（b）中椭圆线内所示。当应变速率为 $1s^{-1}$ 时，如图 3-2（c）所示，再结晶数量明显增多，部分原奥氏体晶粒被新的等轴晶粒取代。这是因为应变速率的降低导致形变时间延长，新形成的再结晶晶粒继续通过"晶界弓出"机制将界面向畸变区域推进，形成更多的细小等轴晶粒。当应变速率为 $0.1s^{-1}$ 时，如图 3-2（d）所示，再结晶晶粒基本取代原奥氏体晶粒，表明动态再结晶已完成。

3.1.3 动态再结晶激活能及热变形本构方程

金属材料在热变形过程中的变形抗力、变形温度和应变速率之间的关系可以由 Arrhenius 方程表达[1]：

$$\dot{\varepsilon} = \begin{cases} A\sigma^{n_1}\exp\left(-\dfrac{Q}{RT}\right)\alpha & \sigma < 0.8 \\[2mm] A\exp(\beta\sigma)\exp\left(-\dfrac{Q}{RT}\right)\alpha & \sigma > 1.2 \\[2mm] A[\sinh(\alpha\sigma)]^n\exp\left(-\dfrac{Q}{RT}\right) & \text{所有}\ \sigma \end{cases} \tag{3-1}$$

式中　　　　　　R——气体常数，$R=8.314\text{J}/(\text{mol}\cdot\text{K})$；

　　　　　　　　T——变形时的绝对温度，K；

　　　　　　　　Q——热变形激活能，kJ/mol，它是反映材料热变形难易程度的重要参数；

　　　　　　　　σ——变形抗力，本实验取应力峰值 σ_p，MPa；

　　A，n_1，n，α，β——材料常数，其中 $\alpha=\beta/n_1$。

　　此外，变形温度和应变速率对热变形行为的影响也可以由 Zener-Hollomon 表达[2,3]：

$$Z = \dot{\varepsilon}\exp\left(\frac{Q}{RT}\right) = A[\sinh(\alpha\sigma)]^n \tag{3-2}$$

　　当 $\alpha\sigma < 0.8$ 时，流变应力和应变速率关系为：

$$\dot{\varepsilon} = A\sigma^{n_1}\exp\left(-\frac{Q}{RT}\right) = B\sigma^{n_1} \tag{3-3}$$

　　当 $\alpha\sigma > 1.2$ 时，流变应力和应变速率关系为：

$$\dot{\varepsilon} = A\exp(B\sigma)\exp\left(-\frac{Q}{RT}\right) = B'\exp(\beta\sigma) \tag{3-4}$$

式中，B 和 B' 均为材料常数。

　　对式（3-3）和式（3-4）两边取对数可得：

$$\ln\sigma = \frac{1}{n_1}\ln\dot{\varepsilon} - \frac{1}{n_1}\ln B \tag{3-5}$$

$$\sigma = \frac{1}{\beta}\ln\dot{\varepsilon} - \frac{1}{\beta}\ln B' \tag{3-6}$$

　　由式（3-5）可知，在相同的变形温度条件下，$\ln\sigma$ 与 $\ln\dot{\varepsilon}$ 之间满足线性关系，其斜率的倒数即为式（3-5）中的 n_1。将 $\ln\sigma$ 与 $\ln\dot{\varepsilon}$ 的实验数据进行线性回归，求得 $n_1=7.53$，如图 3-3（a）所示；由式（3-6）可知，在相同的变形温度条件下，σ 与 $\ln\dot{\varepsilon}$ 之间也满足线性关系，其斜率的倒数即为式（3-6）中的 β，将相应的实验数据进行线性回归，如图 3-3（b）所示，通过计算求得 $\beta=6.14\times10^{-2}$，$\alpha=\beta/n_1=8.16\times10^{-3}$。

　　对于全应力，由式（3-1）可转变为：

$$\ln[\sin(\alpha\sigma)] = \frac{\ln\dot{\varepsilon}}{n} + \frac{Q}{nRT} - \frac{\ln A}{n} \tag{3-7}$$

由式（3-7）可知，$\ln[\sin(\alpha\sigma)]$ 与 $\ln\dot{\varepsilon}$ 同样满足线性关系，其斜率的倒数为 n 值。将 $\ln[\sin(\alpha\sigma)]$ 与 $\ln\dot{\varepsilon}$ 实验数据进行线性回归，如图 3-3（c）所示，计算求得 $n = 5.6145$。

对式（3-7）两边求偏导可得：

$$Q = 10000nR\frac{\partial\{\ln[\sinh(\alpha\sigma)]\}}{\partial(10000/T)} \tag{3-8}$$

将 α、n 代入式（3-8）中，可得激活能 $Q = 315.87\text{kJ/mol}$。最后将 α、n、Q 数值代入式（3-7）中，可得到 $A = 3.41\times10^{11}$，则实验钢的热变形本构方程可以表示为：

$$\dot{\varepsilon} = 3.41\times10^{11}[\sinh(0.00816\sigma)]^{5.6145}\exp\left(\frac{-315870}{RT}\right) \tag{3-9}$$

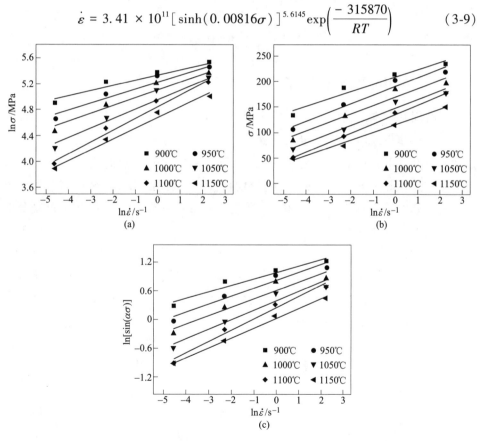

图 3-3 材料常数的确定方法
（a）n_1；（b）β；（c）n

根据式（3-2）可计算求得不同变形条件下的 Z 参数，将 $\ln[\sinh(\alpha\sigma)]$ 与

$\ln Z$ 进行线性回归，结果如图 3-4 所示，其线性相关系数 $R^2 = 0.986$。因此，实验钢在 $900 \sim 1150\,^\circ\mathrm{C}$ 范围内的热变形本构方程可由式（3-9）描述。

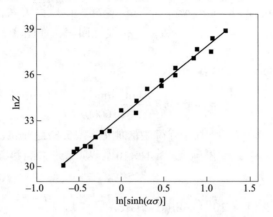

图 3-4　$\ln Z$ 与 $\ln[\sinh(\alpha\sigma)]$ 关系

3.1.4　动态再结晶临界应变确定

众所周知，动态再结晶的临界应变对制定热变形工艺和建立动态再结晶数学模型具有重要意义。以往采用经验公式 $\varepsilon_c = (0.60 \sim 0.85)\varepsilon_p$ 中的特定比值作为动态再结晶开始的临界应变量[4,5]，然而这种方法所确定的临界应变 ε_c 往往与实际临界值相差较大。因此，众多材料科研学者提出用数学模型来预测动态再结晶开始的临界应变，例如 Ryan 等人[6]和 Kocks 等人[7]根据动态再结晶和动态回复的应变硬化行为差异，将 θ-σ 曲线上 θ 和 σ 开始偏离线性关系时的应力定义为动态再结晶临界应力，其相对应的应变即为动态再结晶临界应变；Gottstein 等人[8]则认为动态再结晶是在微观组织结构不稳定性达到临界条件时才会启动，可以通过位错加工硬化模型预测动态再结晶开始的临界应变；Poliak 和 Jonas[9]则认为动态再结晶必须要满足最大储存能和最小耗散速率的动力学临界条件，由此推导出动态再结晶的临界应力及临界应变，并命名此方法为 P-J 法。由于 P-J 法从微观角度出发，根据热力学自由度的变化来确定临界应变，因此准确性相对较高。

本实验采用 P-J 法来确定临界应变，由于实际的流变曲线存在小幅度的波动，势必会影响数据分析的准确性。因此，首先将流变曲线进行多项式函数拟合，确保流变曲线光滑，然后再进行微分运算，典型结果如图 3-5 所示。

通过 P-J 法求得实验钢在不同变形条件下的临界应变 ε_c 和峰值应变 ε_p，具体实验结果见表 3-1。

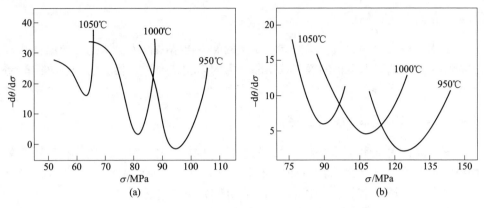

图 3-5　不同应变速率条件下的 $-d\theta/d\sigma$ 与 σ 的关系

（a）$0.01s^{-1}$；（b）$0.1s^{-1}$

表 3-1　不同变形条件下的临界应变 ε_c 和峰值应变 ε_p

温度/℃	$\dot{\varepsilon} = 0.01s^{-1}$		$\dot{\varepsilon} = 0.1s^{-1}$	
	ε_c	ε_p	ε_c	ε_p
950	0.129	0.270	0.121	0.352
1000	0.125	0.222	0.114	0.281
1050	0.113	0.165	0.103	0.242
1100	0.086	0.135	0.080	0.172

临界应变 ε_c、峰值应变 ε_p 和 Z 参数之间的关系如图 3-6 所示，线性回归得：

$$\varepsilon_c = 1.1108 \times Z^{4.705 \times 10^{-4}}$$

$$\varepsilon_p = 0.4805 \times Z^{3.740 \times 10^{-2}}$$

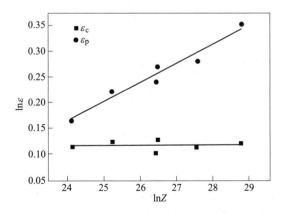

图 3-6　Z 参数与临界应变和峰值应变之间的关系

3.2　静态再结晶行为

采用双道次压缩实验模拟低碳中锰钢的静态再结晶行为，研究变形温度和道次间隔时间对低碳中锰钢的静态再结晶行为的影响，并建立相应的静态再结晶动力模型。

3.2.1　静态再结晶软化行为研究

测定双道次压缩变形中静态再结晶软化率的方法主要有后插法、补偿法、平均应力法等[10]。本实验采用后插法（即屈服应力所对应的塑形变形量为 0.2%）确定静态再结晶软化率，具体方法如下：分别在第一道次和第二道次的流变应力曲线上取应变 0.002，经该点做与流变应力曲线中弹性变形段的平行直线，该直线与流变应力曲线的交点即为不同道次屈服点。不同变形条件下的静态软化率可由式（3-10）求得[11, 12]：

$$X_s = \frac{\sigma_m - \sigma_2}{\sigma_m - \sigma_1} \tag{3-10}$$

式中　σ_m——第一道次加载结束时的应力，MPa；

$\quad\quad\sigma_1$——第一道次变形时的屈服应力，MPa；

$\quad\quad\sigma_2$——第二道次变形时的屈服应力，MPa。

通常认为奥氏体静态软化率达到 30% 时，静态再结晶开始发生；当奥氏体静态软化率大于 70% 时，则认为发生完全静态再结晶。根据实验数据及式（3-10），实验钢在不同变形温度和道次间隔时间条件下的静态软化率见表 3-2 和图 3-7。

表 3-2　不同变形温度条件下的软化率

温度/℃	软化率/%					
	3s	5s	10s	20s	50s	100s
900	11.99	15.63	23.72	30.48	48.84	78.27
950	15.10	21.11	28.24	49.60	70.10	88.92
1000	17.25	30.25	47.56	72.81	87.65	95.98
1050	19.28	41.94	62.29	82.80	91.20	96.58
1100	69.92	72.31	83.64	90.65	94.55	96.73
1150	72.32	79.59	88.73	90.82	94.90	96.77

由图 3-7 可知，静态软化率与变形温度和道次间隔时间密切相关，变形温度的升高和道次间隔时间的延长均可以提高静态软化率。以道次间隔时间 5s 为例，实验钢在变形温度为 900℃、950℃、1000℃、1050℃、1100℃ 和 1150℃ 时的软

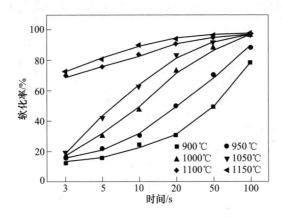

图 3-7　软化率与时间关系曲线

化率分别为 15.63%、21.11%、30.25%、41.94%、72.31% 和 79.59%。这是由于随着温度升高，金属原子热振动频率增大，偏离平衡位置的活动剧烈，有利于提高晶界和位错的迁移速率，从而促进再结晶行为发生，致使静态软化率提高。当变形温度为 900℃、道次间隔时间在 20s 以内时，软化率保持在 30% 以内，也就是说奥氏体处于未再结晶状态，这一结果与传统的普碳钢相比，再结晶区域明显提高，这可能是锰含量（质量分数）达到 5% 以上时，锰原子的溶质拖曳作用增强，抑制了再结晶的缘故，其详细机制还需要进一步研究。从工艺控制来说，想要获得未再结晶区域轧制的效果，终轧温度应该低于 900℃。间隔时间同样对软化率影响显著，以变形温度为 950℃ 为例，实验钢在间隔时间为 3s、5s、10s、20s、50s 和 100s 时的静态软化率分别为 15.10%、21.11%、28.24%、49.60%、70.10% 和 88.92%，静态软化率随着道次间隔时间的延长呈明显上升趋势。这是由于静态再结晶是形核和长大同时发生的过程，随着间隔时间的延长，给予原子移动充分时间，新生晶粒形核数量不断增加，同时再结晶晶粒也不断长大，致使静态软化率不断提高。

　　图 3-8 为实验钢在静态过程中的变形温度-间隔时间-软化率关系曲线。由图可知，当变形温度高于 1000℃ 并保持适当的道次间隔时间时，奥氏体容易发生完全再结晶行为。在实际轧制过程中，这种再结晶过程反复进行，从而使晶粒尺寸减小，达到细化晶粒的目的。当变形温度为 950℃ 且道次间隔时间较短时，在此阶段轧制可以获得未再结晶的效果，使奥氏体晶粒压扁、拉长。当变形温度低于 900℃ 时，形变奥氏体可以在较长的时间内保持未再结晶状态，从而获得良好的未再结晶轧制效果，形变奥氏体晶内产生大量的变形带和位错，使最终的显微组织显著细化。由上述可知，实验钢可以通过 1000℃ 以上轧制进行细化奥氏体晶粒，然后在 950℃ 以下轧制有效提高组织中的缺陷，同时较小的部分再结晶区域

又可以避免混晶现象的产生，所以这种实验钢有利于在轧制过程中实现控制轧制和控制冷却。

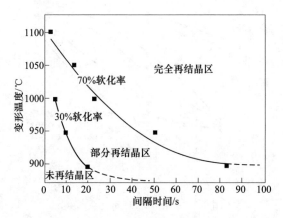

图 3-8   静态过程的变形温度-间隔时间-软化率关系曲线

3.2.2   静态再结晶激活能

钢的化学成分是影响静态再结晶行为的决定因素，主要通过改变再结晶激活能 Q 来实现。所以，通过判断激活能 Q 的大小就可以确定发生静态再结晶的难易程度。通常采用静态再结晶软化率达到 50% 的时间 $t_{0.5}$ 来确定静态再结晶激活能 Q。静态再结晶激活能 Q 与静态再结晶软化率达到 50% 的时间 $t_{0.5}$ 之间的关系可表达为：

$$t_{0.5} = A d_0^m \varepsilon^p \dot{\varepsilon}^q \exp\frac{Q}{RT} \tag{3-11}$$

式中 d_0——初始晶粒尺寸，μm；

ε——应变，$\dot{\varepsilon}$ 为应变速率，s^{-1}；

T——绝对温度，K；

R——气体常数，$R = 8.314 J/(mol \cdot K)$；

A, p, q, m——材料常数。

对式（3-11）两边取对数可得：

$$\ln t_{0.5} = \ln A + m\ln d_0 + p\ln\varepsilon + q\ln\dot{\varepsilon} + \frac{Q}{RT} \tag{3-12}$$

Medina 等人[13]研究结果表明，静态再结晶激活能 Q 主要与材料本身的化学成分相关，与变形条件（ε、$\dot{\varepsilon}$、T）基本无关。根据式（3-12）可知 $\ln t_{0.5}$ 与 $1/T$ 呈线性关系，其直线斜率为 Q/R。对数据进行线性回归，可得 $\ln t_{0.5}$ 与 $1/T$ 之间的曲线，如图 3-9 所示。

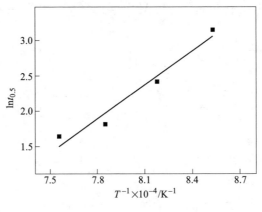

图 3-9　$\ln t_{0.5}$ 与 $1/T$ 关系

经计算可求得实验钢的静态激活能 $Q = 134.65\text{kJ/mol}$。Medina 等人[14]对大量低碳低合金钢的静态再结晶实验数据进行线性回归，得出静态再结晶激活能与钢中元素质量分数的经验关系式［见式（3-13）］：

$$Q = 124714 + 28385.68w[\text{Mn}] + 64716.68w[\text{Si}] + 72775.4w[\text{Mo}] +$$
$$76830.32w([\text{Ti}])^{0.12} + 76830.32w([\text{Nb}])^{0.10} \tag{3-13}$$

经计算，实验钢静态再结晶激活能理论值为 126.79kJ/mol，与实验结果接近，表明实验结果可靠。

3.2.3　静态再结晶动力学模型

静态再结晶动力学通常可由 Avrami 方程描述[15]：

$$X_s = 1 - \exp\left[-B \times \left(\frac{t}{t_F}\right)^n \right] \tag{3-14}$$

式中　X_s——静态再结晶体积分数，%；

　　　n——Avrami 指数；

　　　t_F——静态再结晶体积分数达到 F 时所对应时间，s；

　　　$B = -\ln(1-F)$。

通常情况下取 $F = 0.5$，简化式（3-14）可得：

$$X_s = 1 - \exp\left[-0.693 \times \left(\frac{t}{t_{0.5}}\right)^n \right] \tag{3-15}$$

对式（3-15）两边取双对数可得：

$$\ln\ln\left(\frac{1}{1 - X_s}\right) = \ln 0.693 + n\ln\frac{t}{t_{0.5}} \tag{3-16}$$

由式（3-16）可知，$\ln\ln[1/(1-X_s)]$ 与 $\ln(t/t_{0.5})$ 呈线性关系，其斜率即为

n 值。根据实验数据绘制 $\ln\ln[1/(1-X_s)]$ 与 $\ln(t/t_{0.5})$ 的关系曲线，如图 3-10 所示。

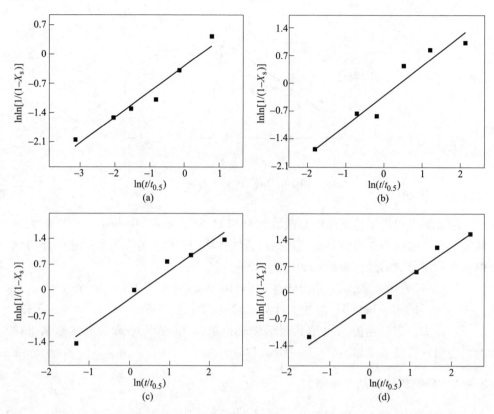

图 3-10　不同变形温度条件下 $\ln\ln[1/(1-X_s)]$ 与 $\ln(t/t_{0.5})$ 的线性关系

(a) 900℃；(b) 1000℃；(c) 1100℃；(d) 1150℃

通过线性回归可求得 n 在变形温度为 900℃、1000℃、1100℃ 和 1150℃ 的数值分别为 0.618、0.751、0.768 和 0.734，取其平均值 $n=0.733$。因此，实验钢的静态再结晶动力学方程可描述为：

$$X_s = 1 - \exp\left[-0.693 \times \left(\frac{t}{t_{0.5}}\right)^{0.733}\right]　　　　(3-17)$$

3.3　热加工图

基于 DMM（动态材料模型）的热加工图方法进行热加工图绘制，选定合适的失稳判据进行失稳判断，并结合典型工艺金相图，对实验钢加工失效区域时效特点进行分析。

3.3.1 热加工图绘制及其准则

在材料热变形过程中，最常见的变形机制包括动态回复、动态再结晶、楔形裂纹、超塑性、空穴、晶间裂纹、原始晶粒边界裂纹以及流变失稳等。不同变形机制功率耗散系数不同，例如动态回复和动态再结晶等较为安全的变形机制具有较高功率耗散系数，但是在功率耗散图中，并不是越大的功率耗散值代表材料加工性越好[16,17]，例如材料中断裂和空穴等变形机制也具有较高的功率耗散系数。因此，为了判定材料的具体稳定区域和失稳区域，国外专家提出了很多能够判断材料塑性变形是否稳定的判据。目前，这些失稳判据中应用较多的有两类，包括基于 Lyapunov 函数稳定准则的稳定性判据和基于 Ziiegler 塑性流变理论的稳定性判据。

基于 Lyapunov 函数稳定准则的判据：

（1）Gegel 稳定性判据。Gegel[18]结合连续介质力学、热力学、稳定性理论及 Lyapunov 函数 $L(m,s)$，提出了材料稳定判据：

$$0 < m \leqslant 1 \tag{3-18}$$

$$\frac{\partial \eta_{DMM}}{\partial \lg \dot{\varepsilon}} < 0 \tag{3-19}$$

$$s \geqslant 1 \tag{3-20}$$

$$\frac{\partial S}{\partial \lg \dot{\varepsilon}} < 0 \tag{3-21}$$

其中：

$$S = -\frac{1}{T} \frac{\partial \ln \sigma}{\partial (1/T)} \tag{3-22}$$

（2）Malas 稳定性判据。Malas[19]采用 Lyapunov 函数稳定准则，配合 Lyapunov 函数 $L(m,s)$，构造出相似于 Gegel 判据的另一种稳定性判据：

$$0 < m \leqslant 1 \tag{3-23}$$

$$\frac{\partial m}{\partial \lg \dot{\varepsilon}} < 0 \tag{3-24}$$

$$\frac{\partial S}{\partial \lg \dot{\varepsilon}} < 0 \tag{3-25}$$

其中：

$$S = -\frac{1}{T} \frac{\partial \ln \sigma}{\partial (1/T)} \tag{3-26}$$

基于 Ziegler 塑性流变理论的不稳定性判据：

（1）Prasad 失稳判据。Prasad[20]以 Ziegler 提出的适用于较大塑性流变的不可逆热力学极值原理为基础，假设动态本构方程中 m 值不变，建立了一种材料变形过程中塑性变形失稳性的判据。当满足式（3-27）时系统不稳定。

$$\frac{\mathrm{d}D}{\mathrm{d}\dot\varepsilon} < \frac{D}{\dot\varepsilon} \tag{3-27}$$

因为功率耗散协量 J 与具体的组织变化有关，故 Prasad 用 J 代替 D 得到：

$$\frac{\mathrm{d}J}{\mathrm{d}\dot\varepsilon} < \frac{J}{\dot\varepsilon} \tag{3-28}$$

因此：

$$\frac{\partial\ln J}{\partial\ln\dot\varepsilon} < 1 \tag{3-29}$$

当 m 为常数时：

$$J = \int_0^\sigma \dot\varepsilon\,\mathrm{d}\sigma = \frac{m\sigma\dot\varepsilon}{1+m} \tag{3-30}$$

对式（3-30）两端取对数，并对 $\ln\dot\varepsilon$ 求偏导得：

$$\frac{\partial\ln J}{\partial\ln\dot\varepsilon} = \frac{\partial\ln\dfrac{m}{1+m}}{\partial\ln\dot\varepsilon} + \frac{\partial\ln\sigma}{\partial\ln\dot\varepsilon} + 1 \tag{3-31}$$

联立式（3-29）和式（3-31）即可得出流变失稳准则为：

$$\xi_\mathrm{P}(\dot\varepsilon, T) = \frac{\partial\ln\dfrac{m}{1+m}}{\partial\ln\dot\varepsilon} + m < 0 \tag{3-32}$$

（2）Murty 失稳判据。Murty 在研究镍基超合金 IN718 和 6061-10% Al_2O_3 复合材料的热塑性变形时，推导出了一种基本适合所有应力-应变速率曲线的失稳判据[21,22]。

功率耗散协量 $J = \int_0^\sigma \dot\varepsilon\,\mathrm{d}\sigma$ 的微分形式：

$$\mathrm{d}J = \dot\varepsilon\,\mathrm{d}\sigma = \dot\varepsilon\frac{\mathrm{d}\sigma}{\mathrm{d}\dot\varepsilon}\mathrm{d}\dot\varepsilon = \frac{\dot\varepsilon}{\sigma}\cdot\frac{\mathrm{d}\sigma}{\mathrm{d}\dot\varepsilon}\sigma\mathrm{d}\dot\varepsilon = m\sigma\mathrm{d}\dot\varepsilon \tag{3-33}$$

失稳条件式（3-28）相对于任何应力-应变速率曲线可以写作：

$$\frac{\dot\varepsilon}{J}\cdot\frac{\partial J}{\partial\dot\varepsilon} < 1 \Rightarrow \frac{\dot\varepsilon}{J}m\sigma < 1 \Rightarrow \frac{P}{J}m < 1 \tag{3-34}$$

因为：

$$\eta = \frac{J}{J_{\max}} = \frac{2J}{P} \tag{3-35}$$

因此可得适合任何应力-应变速率曲线的失稳判据：

$$\xi_{M}(\dot{\varepsilon}, T) = \frac{P}{J}m - 1 = \frac{2m}{\eta} - 1 < 0 \qquad (3\text{-}36)$$

（3）Babu 失稳判据。Babu 等人[23]以 Murty 等人研究的失稳判据为基础，推导出了适合任意应力-应变速率曲线的失稳判据。

将 Murty 失稳判据写成如式（3-37）所示：

$$Pm - J < 0 \qquad (3\text{-}37)$$

将不等式两边同时对 $\dot{\varepsilon}$ 求偏导数，可得：

$$\frac{\partial m}{\partial \dot{\varepsilon}}\sigma \dot{\varepsilon} + m\frac{\partial \sigma}{\partial \dot{\varepsilon}}\dot{\varepsilon} + m\sigma - \frac{\partial J}{\partial \dot{\varepsilon}} < 0 \qquad (3\text{-}38)$$

根据式（3-37）和式（3-38）可以写为：

$$\frac{\partial m}{\partial \dot{\varepsilon}}\sigma \dot{\varepsilon} + m\frac{\partial \sigma}{\partial \dot{\varepsilon}}\dot{\varepsilon} + 0 < 0 \Rightarrow \frac{\partial m}{\partial \ln\dot{\varepsilon}}\sigma + m\frac{\partial \sigma}{\partial \ln\dot{\varepsilon}} < 0 \qquad (3\text{-}39)$$

不等式（3-28）两边同时除以 σ 可得：

$$\xi_{B}(\dot{\varepsilon}, T) = \frac{\partial m}{\partial \ln\dot{\varepsilon}} + m^2 < 0 \qquad (3\text{-}40)$$

由于实验钢属于超低碳低合金中锰钢，综合考虑，使用 Prasad 失稳判据进行失稳判断。

分别取不同变形温度不同变形速率的峰值应力。采用最小二乘法对不同工艺试样的峰值应力进行分析，并对一定温度和应变量下的 $\lg\sigma$ 与 $\lg\dot{\varepsilon}$ 进行一元线性回归分析。图 3-11 为真应变量为 0.6 和 0.8 时，$\lg\sigma$ 与 $\lg\dot{\varepsilon}$ 的关系图。

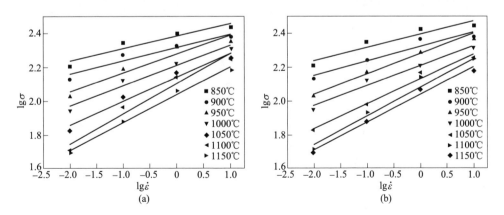

图 3-11 $\lg\sigma$ 与 $\lg\dot{\varepsilon}$ 关系图

（a）应变量 0.6；（b）应变量 0.8

由图 3-11 所示，应变量为 0.6 或 0.8 时，$\lg\sigma$ 与 $\lg\dot{\varepsilon}$ 线性相关系数都在 0.9 左右，线性关系显著，即实验钢加工流变行为服从幂指数方程，因此可用

Prasad、Gegel 等人提出的 DMM（动态材料模型）来完成实验钢热加工图的制作[24]。

从不同工艺下峰值应力中选取某一应变量不同变形温度和不同应变速率的应力值，采用式（3-41）所示的三次样条函数拟合 $\lg\sigma$ 与 $\lg\dot{\varepsilon}$ 的函数关系，通过 MATLAB 进行回归计算，求得常数 a、b、c 和 d 的具体数值。

$$\lg\sigma = a + b\lg\dot{\varepsilon} + c(\lg\dot{\varepsilon})^2 + d(\lg\dot{\varepsilon})^3 \tag{3-41}$$

式（3-41）两边同时对 $\lg\dot{\varepsilon}$ 求导，可得应变速率敏感系数 m：

$$m = \frac{\partial\lg\sigma}{\partial\lg\dot{\varepsilon}} = b + 2c\lg\dot{\varepsilon} + 3d(\lg\dot{\varepsilon})^2 \tag{3-42}$$

材料塑性变形过程中组织及结构的演化所耗散的能量与线性耗散的能量之比称为功率耗散系数 η[25]。η 在 DMM 中可以表现材料热加工过程中能量耗散特征及其与微观组织之间的关系，m 与 η 之间关系见式（3-43）：

$$\eta = \frac{2m}{m + 1} \tag{3-43}$$

在由温度和应变速率构成的二维平面内绘制出不同应变量下的功率耗散系数 η 的等值线图，所得即为功率耗散图。图 3-12 为实验钢的功率耗散图。

$$\xi_B(\dot{\varepsilon}) = \frac{\partial\ln\left(\frac{m}{m+1}\right)}{\partial\left(\frac{m}{m+1}\right)} \frac{\partial\left(\frac{m}{m+1}\right)}{\partial m} \frac{\partial m}{\partial\ln\dot{\varepsilon}} + m < 0 \tag{3-44}$$

将式（3-44）整理得：

$$\xi_B(\dot{\varepsilon}) = \frac{1}{2.3m(m+1)} \frac{\partial m}{\partial\ln\dot{\varepsilon}} + m < 0 \tag{3-45}$$

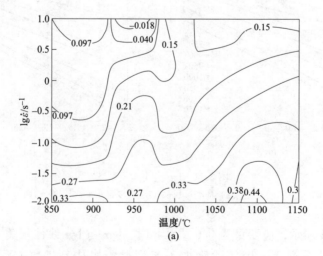

(a)

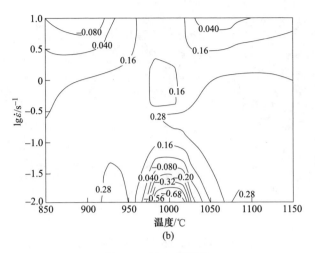

图 3-12 功率耗散图

(a) 应变量 0.6；(b) 应变量 0.8

式（3-42）方程两边对 $\lg\dot{\varepsilon}$ 求导：

$$\frac{\partial m}{\partial \lg\dot{\varepsilon}} = 2c + 6d\lg\dot{\varepsilon} \tag{3-46}$$

将式（3-42）回归求得的 c、d 结果代入式（3-46），结果结合式（3-45）可求得不同应变速率对应的 ξ 值。在温度和应变速率二维平面内绘出不同应变量下 ξ 的等值线图，在图中用阴影标出 ξ 值为负的区域，称为流变失稳区。所得图形即为流变失稳图，如图 3-13（a）和（c）所示。将同一应变量的功率耗散图与流变失稳图进行叠加，所得即为实验钢热加工图，如图 3-13（b）和（d）所示。

由图 3-13（b）和（d）可知，应变量为 0.6 和 0.8 的实验钢热加工图大体都可以分成 4 个部分，分别是高温高应变速率、低温低应变速率、高温低应变速率和低温高应变速率。应变量为 0.6 实验钢失稳区主要是低温低应变速率和高温高应变速率，两个失稳区随着温度和应变速率的正相关变化而互相连接。

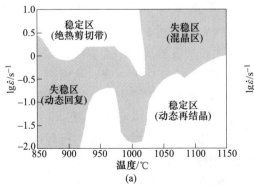

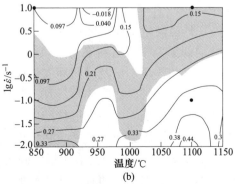

(a) (b)

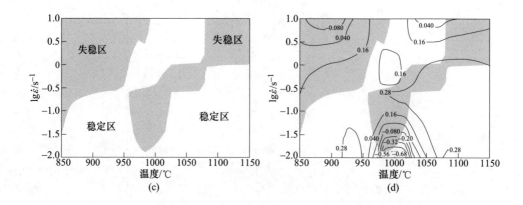

图 3-13   流变失稳图及热加工图
（a）应变量 0.6 流变失稳图；（b）应变量 0.6 热加工图；（c）应变量 0.8 流变失稳图；
（d）应变量 0.8 热加工图

3.3.2   中锰钢热加工图的分析

为了研究低碳中锰钢在应变量 0.8 热变形过程中失效区域组织变化过程，分别对应变量为 0.8 的 4 个典型区域进行金相表征，其相对应的工艺参数分别为 850℃/0.1s^{-1}、850℃/10s^{-1}、1100℃/0.1s^{-1}和 1100℃/10s^{-1}，如图 3-14 所示。

在低温低应变速率失稳区内，奥氏体晶粒严重拉长，但由于变形温度较低，未发生动态再结晶，组织软化机制主要以动态回复为主，如图 3-14（a）箭头所示。回复过程中，位错进行运动重排，此时原奥氏体晶界对位错的滑移及其晶界迁移起到一定阻碍作用，导致奥氏体变形不均匀，甚至发生剪切作用，形成微裂纹[26,27]，图 3-14（a）中箭头所指的就是穿晶裂纹。这一阶段，实验钢变形抗力随着变形量增大而增加，直到到达峰值。材料的加工硬化改变了奥氏体结构，塑性变形越严重，位错密度增大，此时奥氏体晶粒由等轴晶粒变为沿轧向伸长的晶粒。

在低温高应变速率区域内，虽然实验钢失稳参数 ξ 大于 0，但是功率耗散系数均低于 10%，材料在动态载荷下出现比较严重的局部塑性变形，部分塑性变形产生的热量不能及时向周围传递，造成局部流变应力下降，从而产生局部纵向绝热剪切带，如图 3-14（b）所示。剪切变形消耗了大部分能量，故其功率耗散系数较低。剪切变形带的局部剪切变形集中，通常是裂纹源，变形过程中微裂纹将沿着剪切带扩展，并且出现穿晶现象，导致材料热加工过程中的失稳，如图 3-14（b）中箭头所指圆圈区域。因此，虽然此区域失稳参数大于 0，但并不适合热加工。随着温度的增加及应变速率的下降，绝热剪切带逐渐减少

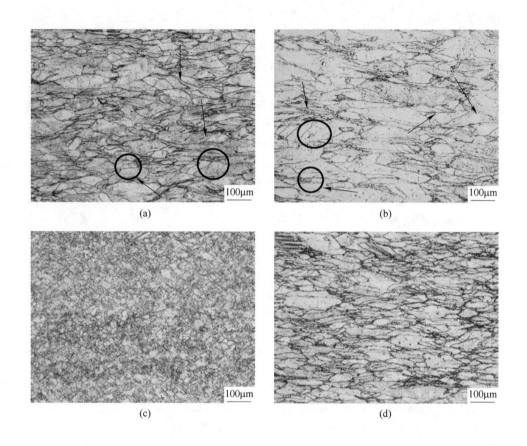

图 3-14 不同工艺区域金相组织

(a) 850℃/0.1s^{-1}; (b) 850℃/10s^{-1}; (c) 1100℃/0.1s^{-1}; (d) 1100℃/10s^{-1}

直至消失。

在高温低应变速率稳定区内进行热加工，中锰钢发生完全再结晶行为，此时晶粒较为细小，如图 3-14 (c) 所示。动态再结晶的产生大大降低了位错密度，使材料流动应力持续降低。随着热加工的进行，形变奥氏体内部再结晶核心不断形核、长大，直到再结晶完成，流动应力降低到最小值。在动态再结晶过程中，晶粒的形核与长大是同时发生的，新形成的晶粒马上又会发生破碎、变形，起到明显晶粒细化的作用，从而改善材料综合力学性能。但是在高温高应变速率失稳区内，动态再结晶不均匀、不完全，个别晶粒异常长大，从而形成了混晶组织。如图 3-14 (d) 所示，晶粒大小混杂，这会严重降低材料综合力学性能及承受蠕变载荷和交变应力的能力。故在指定相应热加工工艺时，应尽量避免上述 3 个加工失稳区。

参 考 文 献

［1］ Cao Y, Di H, Misra R D K, et al. On the hot deformation behavior of AISI 420 stainless steel based on constitutive analysis and CSL model ［J］. Materials Science and Engineering A, 2014, 593：111-119.

［2］ Zener C, Hollomon J H. Effect of strain rate upon plastic flow of steel ［J］. Journal of Applied Physics, 1994, 15 (1)：15-22.

［3］ Sellars C M, Motegart W J. On the mechanism of hot deformation ［J］. Acta Metall. , 1996, 14 (9)：1136-1138.

［4］ Fernandez A, Uranga P, Lopez B, et al. Dynamic recrystallization behavior covering a wide austenite grain size range in Nb and Nb-Ti microalloyed steels ［J］. Materials Science and Engineering A, 2003, 361 (1-2)：367-376.

［5］ Yue C X, Zhang L W, Liao S L, et al. Research on the dynamic recrystallization behavior of GCr15 steel ［J］. Materials Science and Engineering A, 2009, 499 (1-2)：177-181.

［6］ Ryan N D. Dynamic softening mechanisms in 304 austenitic stainless steel ［J］. Canadian Metallurgical Quarterly, 1990, 29 (2)：147-162.

［7］ Mecking H, Kocks U F. Kinetics of flow and strain-hardening ［J］. Acta Metall. , 1981, 29 (11)：1865-1875.

［8］ Gottstein G, Frommert M, Goerdeler M, et al. Prediction of the critical conditions for dynamic recrystallization in the austenitic steel 800H ［J］. Materials Science and Engineering A, 2004, 387-389：604-608.

［9］ Poliak E I, Jonas J J. A one-parameter approach to determining the critical conditions for the initiation of dynamic recrystallization ［J］. Acta Materialia, 1996, 44 (1)：127-136.

［10］ 刘佼, 王权, 刘莉, 等. 超低碳贝氏体钢形变奥氏体静态再结晶行为研究 ［J］. 内蒙古科技大学学报, 2014, 33 (2)：128-131.

［11］ 陈俊, 周砚磊, 唐帅, 等. Nb-Ti 微合金钢的静态再结晶行为 ［J］. 钢铁, 2012, 47 (5)：54-58.

［12］ 赵宝纯, 赵坦, 李桂艳, 等. 一种钒氮微合金钢的静态再结晶行为 ［J］. 钢铁研究学报, 2013, 25 (1)：54-58.

［13］ Medina S F, Mancilla J E. Influence of alloying elements in dolution on static recrystallization kinetics of hot deformed steels ［J］. ISIJ International, 1996, 36 (8)：1063-1069.

［14］ Medina S F. Improved model for static recrystallization kinetics of hot deformed austenite in low alloy and Nb/V microalloyed steels ［J］. ISIJ International, 2001, 41 (7)：774-781.

［15］ Laasraoui A, Jonas J J. Recrystallization of austenite after deformation at high temperatures and strain rates analysis and modeling ［J］. Metallurgical Transactions A, 1991, 22 (1)：151-160.

［16］ Malas J C. Methodology for design and control of thermomechanical process ［D］. Columbus：Ohio University, 1991：1-15.

［17］ 鞠泉, 李殿国, 刘国权. 15Cr-25Ni-Fe 基合金高温塑性变形行为的加工图 ［J］. 金属学报, 2006 (2)：218-224.

[18] Gegel H L, Malas J C, Doraivelu S M, et al. Metals handbook ninth edition [M]. ASM International, Materials Park, Ohio, 1987: 417-418.

[19] Malas J C, Seetharaman V. Using material behavior models to develop process control strategies [J]. JOM, 1992, 44 (6): 8-13.

[20] Prasad Y. Recent advances in the science of mechanical processing [J]. Indian Journal of Technology, 1990, 28 (6-8): 435-451.

[21] Murty S V S N, Rao B N. On the development of instability criteria during hot working with reference to IN718 [J]. Materials Science and Engineering A, 1998, 254 (1): 76-82.

[22] Murty S V S N, Rao B N. Instability map for hot working of 6061 Al-10vol% metal matrix composite [J]. Journal of Physics D: Applied Physics, 1998, 31 (22): 3306-3311.

[23] Babu N S, Tiwari S B, Nageswara R B. Modified instability condition for identification of unstable metal flow regions in processing maps of magnesium alloys [J]. Materials Science and Technology, 2005, 21 (8): 976-984.

[24] Prasad Y, Gegel H L, Doraivelu S M, et al. Modeling of dynamic material behavior in hot deformation: forging of Ti-6242 [J]. Metallurgical Transactions A, 1984, 15 (10): 1883-1892.

[25] Raj R. Development of a processing map for use in warm-forming and hot-forming processes [J]. Metallurgical Transactions A, 1981, 12 (6): 1089-1097.

[26] Beaudoin A J, Srinivasan R, Semiatin S L. Microstructure modeling and prediction during thermomechanical processing [J]. Journal of the Minerals, Metals and Materials Society, 2002, 54 (1): 25-29.

[27] 轧制技术及连轧自动化国家重点实验室（东北大学）. 高合金材料热加工图及组织演变 [M]. 北京：冶金工业出版社，2015.

4 低碳中锰钢板材的轧制及热处理

4.1 连续冷却过程相变与轧制及热处理工艺路线

4.1.1 连续冷却过程相变

钢的连续冷却相变（Continuous Cooling Transformation，CCT）是指实验钢奥氏体化后以不同的冷却速率连续冷却时过冷奥氏体发生的转变，系统地表示冷却速率对相变开始点、相变进行速度和组织转变的影响情况，直观地反映了钢在连续冷却条件下，不同冷速与奥氏体冷却转变温度以及转变产物之间的关系[1]。

低碳中锰钢板材的基本化学成分一般是碳含量（质量分数）在 0.1% 以下，锰含量（质量分数）在 5% 左右。根据服役条件对性能的要求，碳和锰的含量可适当调整，也可以适量添加其他的合金元素，如铬、钼、铜等。尽管成分的变化对低碳中锰钢冷却过程的相变产生一定的影响，但是基本的规律没有大的变化。所以本节将介绍两种典型成分中锰钢的相变规律，一种是含碳（质量分数）0.1%，含锰（质量分数）5.0% 的低碳中锰钢，另一种是含碳（质量分数）0.04%，含锰（质量分数）5.1%，同时一定量镍、铬、铜、钼的超低碳中锰钢，具体化学成分见表 4-1。

表 4-1　实验钢化学成分（质量分数）　　　　　　　（%）

钢号	C	Si	Mn	P	S	Al	Mo	Ni	Cr	Cu	Fe
0.1C-5Mn	0.1	0.20	5.0	0.003	0.0015	0.015	0.40	—	—	—	Bal.
0.04C-5Mn	0.04	0.21	5.1	0.005	0.002	0.03	0.22	0.28	0.38	0.28	Bal.

图 4-1 是利用 Formast-FII 全自动相变仪对实验钢升温过程相变点 A_{c1} 和 A_{c3}，以及快速淬火过程的马氏体相变点 M_s 和 M_f 进行测量的温度-膨胀量曲线。实验采用的是 ϕ3mm×10mm 的小圆柱形试样，实验过程中首先 0.2℃/s 的速率升温至 1000℃，然后快速淬火至室温，采集数据绘制温度-膨胀量曲线，用切线法来确定各相变的起始和终止点温度。由图 4-1 可见，低碳中锰钢 A_{c1} 和 A_{c3} 分别为 582℃、770℃，铁素体-奥氏体两相区温度区间为 582~770℃，马氏体相变开始和结束温度分别为 365℃ 和 129℃；超低碳中锰钢 A_{c1} 和 A_{c3} 分别为 583℃、758℃，铁素体-奥氏体两相区温度区间为 583~758℃，马氏体相变开始和结束温度分别

为 432℃ 和 197℃。低碳中锰钢的马氏体转变开始点和结束点均低于超低碳的中锰钢，这是由于碳含量高、奥氏体稳定性增加的缘故[2]。

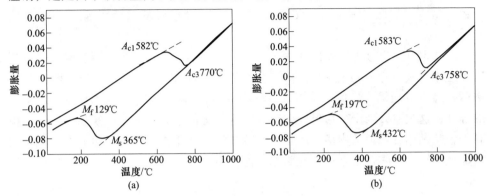

图 4-1　中锰钢试样膨胀曲线
（a）低碳中锰钢膨胀曲线；（b）超低碳中锰钢膨胀曲线

　　静态 CCT 和动态 CCT 曲线是采用热模拟实验机测量的，试样尺寸为 ϕ8mm×15mm。将试样以 10℃/s 的加热速率升温至 1200℃，保温 180s，使试样完全奥氏体化。然后以 10℃/s 的速率冷却至 900℃，保温 10s 消除温度梯度后以不同速率冷却至室温，以此测量静态 CCT 曲线。动态 CCT 曲线的测量是在上述工艺中于 900℃ 保温 10s 后施加应变速率为 $1s^{-1}$ 变形量为 40% 的压缩变形，变形后以不同速度冷却至室温。

　　图 4-2 为测量的两种实验钢静态 CCT 曲线。可见，在 0.1~60℃/s 的冷却速率下，仅发生马氏体相变，这说明中锰钢具有较高的淬透性，这种相变特点对于改善钢板厚度方向组织性能的均匀性具有重要意义。由此图还可以看出，随着冷却速率的增加，中锰钢静态 CCT 马氏体相变开始点和结束点总的趋势都存在一

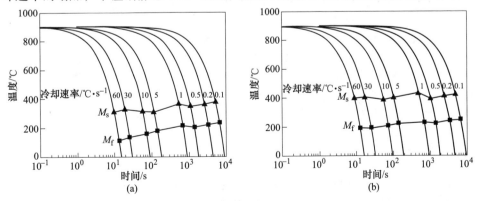

图 4-2　中锰钢静态 CCT 曲线
（a）0.1C-5Mn 低碳中锰钢；（b）0.04C-5Mn 超低碳中锰钢

定程度的降低，但幅度不大。0.1C-5Mn 低碳中锰钢相变点低于 0.04C-5Mn 超低碳中锰钢，主要原因仍然是碳含量不同的缘故。低碳中锰钢中含有 0.1%（质量分数）的碳，超低碳中锰钢中仅含有 0.04%（质量分数）的碳，碳含量增加会降低相变点。

图 4-3 为测量的两种实验钢动态 CCT 曲线。由图可见，中锰钢变形后以不同冷却速率连续冷却，测定仍仅存在马氏体相变，未发生其他类型的相变。而且，中锰钢经 40%压缩变形后，总体来说马氏体相变开始点和结束点均存在一定程度的升高，这主要归因于变形奥氏体组织发生动态再结晶，细化有效晶粒尺寸，提高了中锰钢相变点。从中锰钢动态连续冷却相变整体趋势来看，随着冷却速率的增加相变转变区间越来越窄，说明相变速率增加。

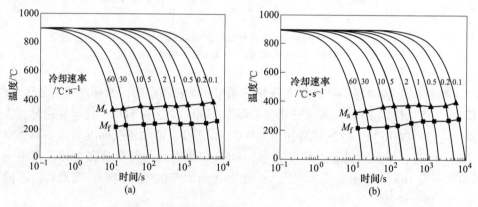

图 4-3 中锰钢动态 CCT 曲线

（a）0.1C-5Mn 低碳中锰钢；（b）0.04C-5Mn 超低碳中锰钢

采用线切割将低碳中锰钢静态 CCT 曲线测量的试样沿纵向剖开，研磨后测定不同冷速条件下中锰钢维氏硬度，结果如图 4-4 所示。可见，中锰钢相变产物

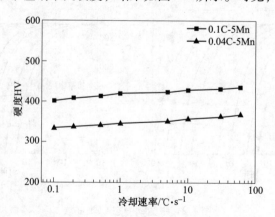

图 4-4 中锰钢静态 CCT 试样硬度随冷速速率变化曲线（HV）

的维氏硬度随冷速提高而增大，但变化幅度不大。低碳中锰钢的维氏硬度明显高于超低碳中锰钢，对应每个冷速均相差70HV左右。低碳中锰钢在0.1~60℃/s冷速下的硬度值范围是401~435HV，超低碳低碳中锰钢在0.1~60℃/s冷速下的硬度值范围是334~367HV，两者波动均在30HV左右，因此实验数据证明中锰钢具有良好的淬透性，在较宽的冷却工艺窗口下能获得均匀统一的组织性能，保证特厚板淬火后几乎无厚度效应。

静态CCT试样不同冷速下的组织如图4-5所示，由于试验用钢属于低碳钢，马氏体相变开始点比较高，最终以切变力较低的滑移方式形成高密度位错的板条状马氏体[3-5]。在0.1~60℃/s连续冷却条件下转变产物均为板条马氏体，由此证明低碳中锰钢在较宽的冷却速率下只发生马氏体相变，因而有极高的淬透性。可保证在较厚钢板的制备过程中，实现心部与表面冷速同步，保证其全厚度方向组织性能均匀性较好。随着冷却速率的增加板条马氏体的尺寸明显细化，因此硬度存在一定程度上升。

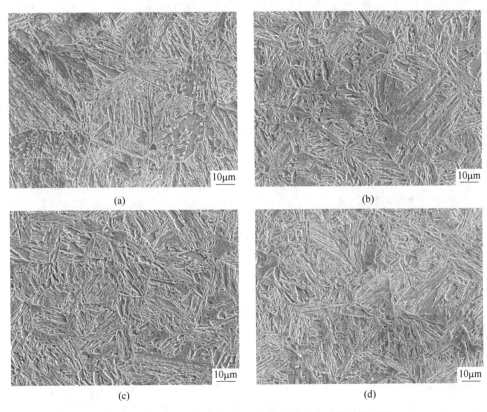

图4-5　低碳中锰钢静态CCT试样不同冷速下的显微组织
(a) 0.1℃/s; (b) 1℃/s; (c) 10℃/s; (d) 60℃/s

　　超低碳中锰钢静态 CCT 试样不同冷速下连续冷却后微观组织如图 4-6 所示，可知超低碳中锰钢在 0.1~60℃/s 连续冷却组织均为板条马氏体。随着冷却速率的增加，板条马氏体的尺寸细化，马氏体板条组织更加明显，其硬度上升趋势与低碳中锰钢相似。对比低碳中锰钢和超低碳中锰钢连续冷却组织演变规律，可知低碳中锰钢板条马氏体组织较超低碳中锰钢较细，而且原奥氏体晶粒尺寸较小，此现象解释了低碳中锰钢每个冷却速率下对应的硬度值高于超低碳中锰钢 70HV 左右。

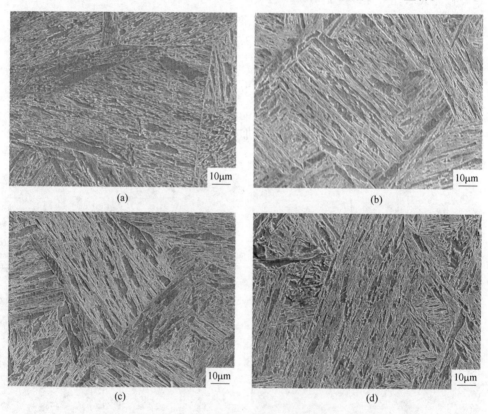

图 4-6　不同冷速下超低碳中锰钢显微组织
(a) 0.1℃/s; (b) 1℃/s; (c) 10℃/s; (d) 60℃/s

4.1.2　低碳中锰钢轧制及热处理工艺路线

　　根据低碳中锰钢加热过程奥氏体相变及奥氏体晶粒长大规律的研究结果，中锰钢加热过程温度超过 750℃即可完全奥氏体化，温度在 1100℃以下，奥氏体晶粒随温度的升高呈正常规律长大。当温度超过 1100℃时，奥氏体晶粒长大速度增加，超过 1250℃时存在过热和过烧的倾向。因此，低碳中锰钢的加热制度应该与低合金高强钢有所不同。

低碳中锰钢具有很好的热加工性能。对于中厚板生产工艺来说，在1000℃以上可以实现再结晶轧制，在950℃以下可以获得未再结晶的轧制效果，这些组织转变特点使得低碳中锰钢板材在高温轧制过程中能够比较容易地对奥氏体的状态进行控制。从低碳中锰钢冷却过程的相变规律来看，低碳中锰钢在很宽的冷却速度范围内均可以获得马氏体组织，马氏体的相变点一般在400℃以下。从回火加热过程来看，580℃以上发生逆转变奥氏体转变，600℃以上进入两相区。因此，低碳中锰钢热轧后可以通过适当的冷却速度在整个轧件厚度方向获得马氏体，淬火态的轧件回火后得到回火马氏体及逆转变奥氏体的组织。这是由于淬火马氏体在两相区回火过程部分转变为奥氏体，这部分奥氏体由于热稳定性较高可以在室温下存在的缘故。

因此，低碳中锰钢的热轧过程可以通过控制轧制温度和变形量来控制奥氏体的状态，也就是利用控制轧制的方法控制钢材的组织性能。轧后冷却主要通过冷却速度和终冷温度来控制马氏体的状态，然后通过回火控制最终的组织状态[6-10]。目前，直接淬火加回火是低碳中锰钢常用的轧制生产工艺，通过工艺控制可以获得细小板条回火马氏体加逆转变奥氏体的组织，从而得到综合性能优异的高强韧钢板[11-13]。在轧后直接淬火后再进行一次离线的调质处理，可显著提高钢板的成分性能均匀性及其低温韧性。另外在直接淬火的过程中，冷却至马氏体点附近缓冷进行碳配分处理，这样可使马氏体基体中的碳元素扩散至奥氏体中，同样可以使低碳中锰钢在室温下获得一定数量的残余奥氏体，这是一种低碳中锰钢更为简单的生产工艺，但产品性能与前两种工艺相比稍差。

在这里需要说明一点的是关于"回火"和"退火"两个术语的使用问题。一般来说，淬火之后进行较低温度下的加热和保温过程称之为"回火"，加热温度在通常 A_{c1} 以下，主要目的在于消除淬火应力。"退火"一般指将材料缓慢加热至一定温度并缓慢冷却的热处理工艺，主要目的在于对材料进行软化，大部分退火的加热温度在 A_{c1} 以上。从应用习惯来看，"回火"更适合描述淬火之后的热处理过程。近年来，在关于中锰钢研究的文献当中使用"退火"，英文文献中使用"annealing"的情况很多，这主要是考虑到对于中锰钢淬火后的这种"退火"过程，其中发生了逆转变奥氏体的相变，而这种相变又是进行组织性能控制重要手段这一特殊情况。所以，本书在此后的章节中统一采用"退火"这一术语用来描述淬火后进行的旨在获得一定数量逆转变奥氏体的热处理过程。

4.2　直接淬火加退火工艺（DQ+A）

4.2.1　轧制温度对组织性能的影响

对于直接淬火加回火的热加工工艺来说，终轧温度对产品的性能有很大影响，其原因主要在于轧制终了时的奥氏体状态的不同。图4-7为一种0.05C-5Mn

的低碳中锰钢在分别在 1150℃和 900℃终轧时的高温奥氏体状态。由图 4-7（a）
可见，当热轧温度为 1150℃时，原奥氏体组织由平均晶粒尺寸为 60μm 的等轴晶
粒组成。当热轧温度降至 900℃时，如图 4-7（b）所示，相比轧制温度 1150℃而
言，原奥氏体晶粒得到有效细化，平均晶粒尺寸为 30μm，原奥氏体晶界密度明
显增大，且组织中有少量没有发生再结晶的变形的奥氏体晶粒。这是由于随着变
形温度的降低，实验钢在相同的变形量下会形成更多的高能量区，有利于提高再
结晶奥氏体的形核率。此外，较低的变形温度会降低原奥氏体晶粒长大驱动力，
有效抑制奥氏体晶粒的长大速率。

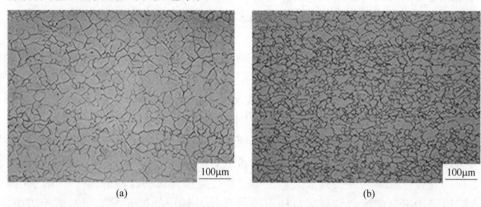

图 4-7　低碳中锰钢在不同热轧温度条件下奥氏体的 OM 形貌
（a）1150℃；（b）900℃

图 4-8 为这种低碳中锰钢在不同轧制温度下淬火后马氏体的 TEM 形貌。由图

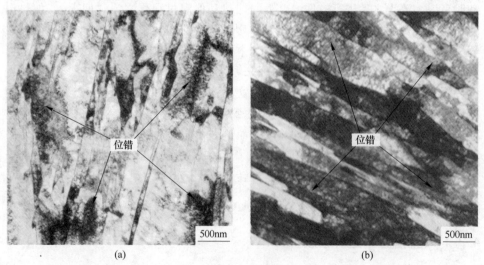

图 4-8　低碳中锰钢在不同轧制温度下淬火后马氏体的 TEM 形貌
（a）1150℃；（b）900℃

可见，随着热轧温度由1150℃降至900℃，热轧组织中的马氏体晶界密度和位错密度均有所增大。这是由于原始奥氏体晶粒的细化导致其马氏体转变温度降低，致使奥氏体向马氏体转变的过冷度增大和马氏体临界形核尺寸减小，提高了马氏体形核率的缘故。同时，由于相对较低的轧制温度使原奥氏体内部形成更多的能量起伏和结构起伏区域，为马氏体结构微区（马氏体核胚）的形成提供了有利条件。以上两者原因致使马氏体板条宽度明显减小。此外，降低轧制温度使显微组织中形成更多的位错，同时变形温度的降低也会抑制位错的自回复能力，因此更多的位错被保留至室温。

图4-9为低碳中锰钢淬火后经650℃退火后的逆转变奥氏体测量的XRD衍射图谱。经计算可知，实验钢AR1150的奥氏体体积分数为14.7%，AR900的奥氏体体积分数则提高至16.3%。这是由于降低轧制温度提高了原奥氏体和马氏体的晶界密度，为逆转变奥氏体提供更多的形核位置。此外，马氏体板条的细化缩短了锰元素在退火过程中的扩散距离，提高了元素配分效率，促使逆转变奥氏体快速长大[14,15]。同时，降低轧制温度有效提高了热轧组织中的位错密度，不但为锰元素提供更多的快速扩散通道，位错本身作为缺陷也为逆转变奥氏体提供了额外的形核区域[5,16,17]。

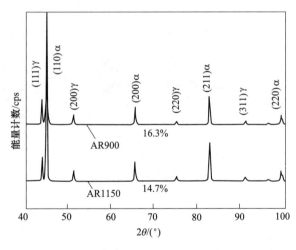

图4-9　低碳中锰钢淬火后经650℃退火试样的XRD图谱

图4-10为上述退火试样的EBSD图像。图中灰色组织代表铁素体，红色组织代表逆转变奥氏体，蓝线代表晶界角度大于15°的大角度晶界。图4-10（a）和（b）分别为AR1150和AR980的物相及大角度晶界分布图。可见，退火组织均由板条状铁素体和多形貌逆转变奥氏体组成，其中大角度晶界主要集中在原奥氏体晶界和原马氏体束晶界处。图4-10（c）和（d）分别为实验钢AR1150和AR980的晶界分布比例图，可见当轧制温度从1150℃降低至900℃时，退火组织

中的大角度晶界比例由 42.3% 提高至 49.5%。这是由于降低轧制温度有效细化原奥氏体晶粒尺寸，增加了原奥氏体晶界和马氏体束晶界的数量，提高了大角度晶界比例。

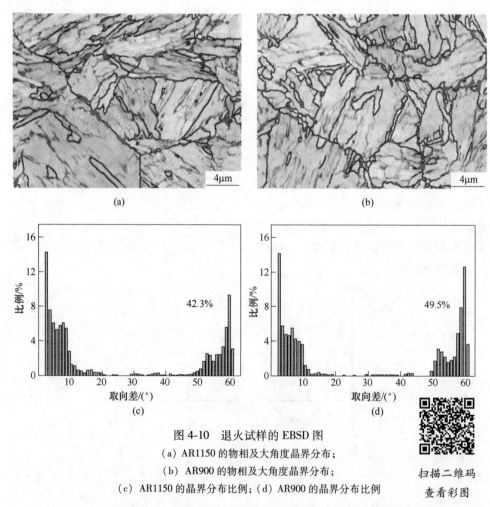

图 4-10　退火试样的 EBSD 图

（a）AR1150 的物相及大角度晶界分布；

（b）AR900 的物相及大角度晶界分布；

（c）AR1150 的晶界分布比例；（d）AR900 的晶界分布比例

扫描二维码
查看彩图

　　图 4-11 为上述退火试样的 TEM 形貌，两者的显微组织均由铁素体和逆转变奥氏体组成，但是两者的奥氏体形貌明显不同。图 4-11（a）和（b）分别为实验钢 AR1150 中逆转变奥氏体的明场像与暗场像。由图可知，逆转变奥氏体由大量的薄膜状奥氏体和少量块状奥氏体组成。这是由于逆转变奥氏体主要在马氏体晶界处形核，并沿着马氏体晶界逐渐长大，最终形成薄膜状奥氏体[18-20]。图 4-11（c）和（d）分别为实验钢 AR900 中逆转变奥氏体的明场像与暗场像。由图可知，逆转变奥氏体主要由大量不规则块状奥氏体和少量薄膜状奥氏体组成。这是由于降低轧制温度使热轧组织中形成更多缺陷，提高板条状马氏体的再结晶储存能，使

其在随后的退火过程中容易发生再结晶，从而导致块状逆转变奥氏体的比例增大。此外，AR900 中较高的原奥氏体晶界密度也是导致块状逆转变奥氏体增多的原因。

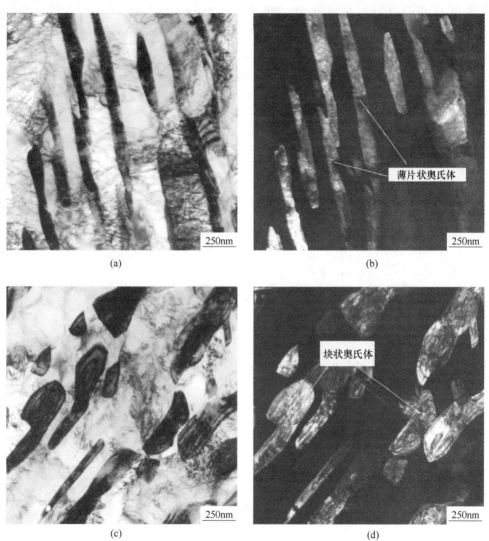

图 4-11 退火试样的 TEM 形貌

（a）AR1150 明场像；（b）AR1150 暗场像；（c）AR900 明场像；（d）AR900 暗场像

图 4-12 为低碳中锰钢退火态实验钢的工程应力-应变曲线，AR1150 的工程应力-应变曲线呈连续屈服特征，其屈服强度、抗拉强度和伸长率分别为673MPa、805MPa 和 27.5%。随着轧制温度由 1150℃降至 900℃，实验钢 AR900的屈服强度、抗拉强度和伸长率分别增至 704MPa、845MPa 和 31.1%。由前文的

显微组织可知，降低轧制温度可以有效细化马氏体组织，而铁素体的宽度变化又主要源于马氏体板条宽度，所以实验钢 AR980 中铁素体的板条宽度必然要比 AR1150 细小。图 4-13 为冲击功随试验温度的变化曲线。由图可知，随着试验温度由 20℃降至-80℃，实验钢 AR1150 和 AR900 的冲击功均不断下降，但两者的变化趋势有所不同。当试验温度由 20℃降至-40℃时，AR900 的冲击功由 260J 缓慢降至 222J，表明 AR900 在-40℃条件下具有良好的低温冲击韧性；当测试温度由 20℃降至-40℃时，AR1150 的冲击功则呈断崖式下降，-40℃的冲击功仅为 125J，与 AR900 的冲击功相差 97J。

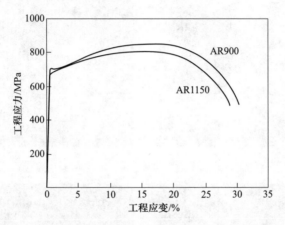

图 4-12　低碳中锰钢退火试样的工程应力-应变曲线

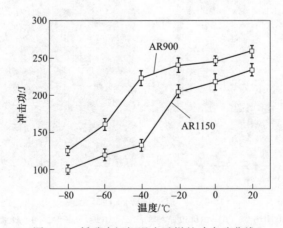

图 4-13　低碳中锰钢退火试样的冲击功曲线

图 4-14 为实验钢在-40℃条件下的冲击载荷/冲击功-位移曲线。由图可见，实验钢 AR1150 的冲击载荷、裂纹形成功分别为 22.5kN、50J，实验钢 AR900 的冲击载荷、裂纹形成功分别 22.6kN、52J。两组裂纹形成功相差不大，表明实验

钢 AR1150 和 AR900 在冲击变形中的弹性阶段和塑性变形阶段没有发生明显变化，但是在随后变形阶段，两者变化趋势明显不同。由图 4-14（a）可知，AR1150 在较小的位移区域内快速完成延性断裂阶段，随后立即进入较长的脆性扩展阶段，延性变形阶段的缩短和脆性扩展阶段的延长导致裂纹扩展功仅为 75J。相比于 AR1150，AR900 的延性变形阶段明显延长，致使其裂纹扩展功显著提高，如图 4-14（b）所示。这是由于实验钢 AR900 具有较高的大角度晶界密度，使裂纹在扩展过程中受到更多的晶界阻碍，造成裂纹频繁发生偏转，致使裂纹扩展路径延长，从而消耗更多的能量。此外，实验钢 AR900 在冲击变形过程中有更多的逆转变奥氏体发生 TRIP 效应，有效缓解了裂纹尖端的应力集中，同时也消耗了更多的能量，从而提高了裂纹扩展功[21-24]。

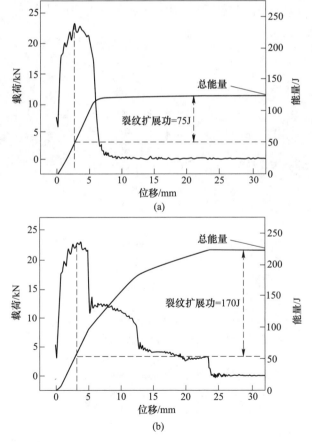

图 4-14　低碳中锰钢退火试样在-40℃的冲击载荷-位移曲线

（a）AR1150；（b）AR900

4.2.2　退火温度对组织性能的影响

图 4-15 是一种 0.06C-5.5Mn 低碳中锰钢轧后直接淬火后经不同温度退火 60 min 空冷至室温的扫描电镜显微组织照片。图 4-15（a）为实验钢经 620℃ 退火后的显微组织，可见主要由板条状铁素体和薄膜状、块状逆转变奥氏体组成，少量弥散的碳化物分布于铁素体中（见图 4-15（a）中椭圆形标记）。这表明实验钢经 620℃ 退火 60min 后，渗碳体不足以完全回溶至铁素体中，仍然占据稳定逆转变奥氏体形核所需的碳原子。图 4-15（b）为实验钢经 650℃ 退火后的显微组织，渗碳体已经完全消失，退火组织由铁素体和逆转变奥氏体组成。相比于 620℃ 退火组织，逆转变奥氏体数量增多，块状奥氏体比例略有增大。这是由于随着退火温度升高，渗碳体全部回溶于铁素体中，两相界面的碳浓度梯度增大和元素扩散驱动力提高。同时，较高的退火温度可以提供更多的热能来克服奥氏体形核壁垒，极大地提高了逆转变奥氏体的形核驱动力，促使奥氏体相变可以快速

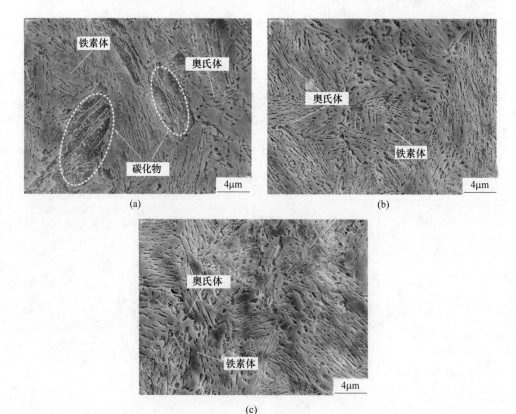

(a)　　　　　　　　　　　　　　　　(b)

(c)

图 4-15　实验钢经不同退火温度后的 SEM 形貌

（a）620℃；（b）650℃；（c）680℃

进行。当退火温度升至680℃时，如图4-15（c）所示，退火组织中的逆转变奥氏体数量显著增多，块状逆转变奥氏体比例明显增大且晶粒尺寸明显粗化。

图4-16为实验钢经不同退火温度后的XRD衍射图谱。经计算，实验钢经620℃、650℃和680℃退火后的奥氏体体积分数分别为19.1%、31.8%和35.5%，奥氏体体积分数随着退火温度的升高逐渐增大，这与扫描电镜观察到的结果保持一致。当退火温度为620℃时，逆转变奥氏体体积分数明显低于650℃和680℃所形成的逆转变奥氏体数量。这是由于锰原子在620℃时的扩散驱动力较小，向奥氏体配分效率较低，致使奥氏体形核和长大能力有限。同时，由于渗碳体占据着稳定逆转变奥氏体的碳原子，导致铁素体和奥氏体界面碳浓度梯度较低，不利于逆转变奥氏体初始形核阶段的产生，只有少部分逆转变奥氏体在马氏体和渗碳体界面处开始形核。当退火温度升至650℃和680℃时，渗碳体完全溶解至铁素体中，碳元素向奥氏体扩散驱动力显著提高，有利于逆转变奥氏体在初始阶段形核及长大。此外，随着退火温度升高，锰原子热振动的振幅增大，原子活度提高，更多的锰元素向奥氏体进行有效扩散，导致奥氏体体积分数增加。

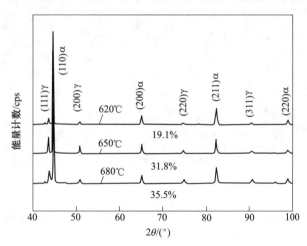

图4-16 实验钢经不同退火温度后的XRD图谱

图4-17为实验钢经不同退火温度后的TEM形貌。图4-17（a）为经620℃退火后的显微组织，由板条状铁素体和多形貌的逆转变奥氏体组成，其中逆转变奥氏体主要由宽度为80~120nm的薄膜状奥氏体和少量的粒状奥氏体组成，铁素体基体中分布一定量的位错。当退火温度升至650℃时，如图4-17（b）所示，退火组织中的逆转变奥氏体主要由宽度为120~200nm的薄膜状逆转变奥氏体组成，铁素体中的位错密度有所减少。这是由于随着退火温度的升高，位错的自回复驱动力增大，更多的位错相互抵消，从而降低了位错密度。同时由于锰原子扩散系数提高，促使更多的锰元素向逆转变奥氏体进行配分，导致薄膜状奥氏体不断长

大。当退火温度升高到 680℃ 时，如图 4-17（c）所示，逆转变奥氏体晶粒明显长大，甚至部分奥氏体出现相互合并现象（见图 4-17（c）中椭圆形标记），这与前文的 EBSD 结果一致。这是由于退火温度的升高，增大了奥氏体长大驱动力，导致奥氏体界面不断向周围铁素体快速迁移，当相邻的逆转变奥氏体同时吞噬一个铁素体时，将会发生奥氏体相互合并现象。

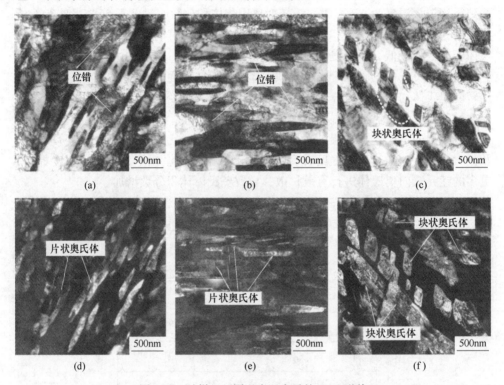

图 4-17　试样经不同退火温度后的 TEM 形貌

（a）620℃ 退火试样的明场像；（b）650℃ 退火试样的明场像；（c）680℃ 退火试样的明场像；
（d）620℃ 退火试样的暗场像；（e）650℃ 退火试样的暗场像；（f）680℃ 退火试样的暗场像

图 4-18 为实验钢经不同退火温度后的工程应力-应变曲线及力学性能对比。实验钢在退火温度为 620℃ 条件下的抗拉强度、屈服强度和伸长率分别为 829MPa、722MPa 和 28.2%。当退火温度升高至 650℃ 时，抗拉强度和伸长率分别增大至 871MPa 和 38.2%，屈服强度降低至 680MPa。这是由于当退火温度升高至 650℃ 时，奥氏体体积分数明显增大，在拉伸变形过程中促使更多的逆转变奥氏体发生 TRIP 效应，导致抗拉强度和伸长率均有所提高。但是由于渗碳体全部回溶以及退火组织中位错密度降低，致使位错开动阻力减弱，导致屈服应力降低。同时，退火温度升高也会促使逆转变奥氏体含量增大和位错密度降低，这也是导致实验钢屈服强度降低的原因之一。当退火温度升至 680℃ 时，实验钢的抗

拉强度增大至 1027MPa，屈服强度和伸长率则分别降低至 395MPa 和 26.9%。这是由于逆转变奥氏体晶粒尺寸明显增大，导致奥氏体稳定性显著下降，大量的逆转变奥氏体在塑性变形初期集中发生 TRIP 效应，促使加工硬化速率明显增大，抗拉强度迅速提高。但是随着应变继续增大，逆转变奥氏体无法持续发生 TRIP 效应，导致伸长率降低。

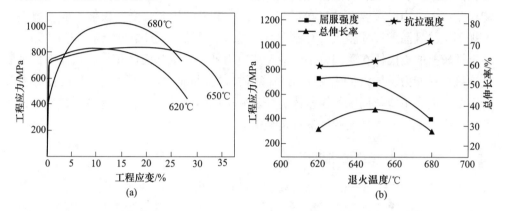

图 4-18 实验钢经不同退火温度后的工程应力-应变曲线及力学性能对比
(a) 工程应力-应变曲线；(b) 力学性能对比

图 4-19 为不同退火温度实验钢的冲击功随试验温度变化曲线。由图可见，随着试验温度的降低，不同退火温度实验钢的冲击性能均呈缓慢下降趋势，但是彼此的冲击性能存在明显差距。经 620℃和 650℃退火后的实验钢在室温（20℃）条件下的冲击功分别为 266J 和 234J，即使试验温度降至-60℃，两者的冲击功也高达 130J 以上，表明实验钢具有良好的低温冲击性能。与之相比，经 680℃退火后的实验钢在室温条件下的冲击只有 97J，-60℃的冲击功仅为 15J，冲击性能明

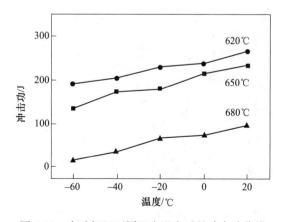

图 4-19 实验钢经不同温度退火后的冲击功曲线

显恶化。对于中锰钢而言，高稳定性的逆转变奥氏体可以有效缓解裂纹尖端应力集中，致使裂纹在扩展过程中发生偏转，通过延长裂纹路径的方式来提高冲击性能。当退火温度为 620℃ 和 650℃ 时，显微组织中的逆转变奥氏体均以薄膜状为主且两者尺寸相差不大，表明逆转变奥氏体的稳定性并未发生明显改变，即逆转变奥氏体抵抗裂纹扩展的能力相近，因此经 620℃ 和 650℃ 退火实验钢的冲击性能相差不大。当退火温度升至 680℃ 时，退火组织中的逆转变奥氏体形貌主要呈不规则块状且晶粒尺寸粗大，导致奥氏体稳定性降低。当试样受到冲击变形时，稳定性较差的奥氏体在受到较小的应变或应力就会发生马氏体相变，从而降低抵抗裂纹扩展能力，导致冲击性能明显降低[25,26]。同时由于新形成的马氏体具有较高的硬度，不能与周围的铁素体、逆转变奥氏体协同变形，容易导致二次裂纹源的产生，进一步降低实验钢的冲击性能。

4.2.3　退火时间对组织性能的影响

图 4-20 为 0.06C-5.5Mn 低碳中锰钢轧后直接淬火后在 650℃ 分别退火 60min、

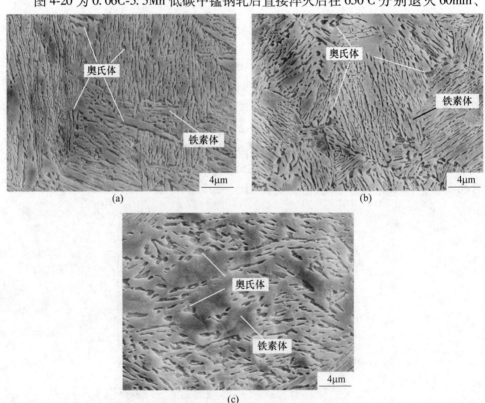

图 4-20　试样经不同退火时间后的 SEM 形貌

(a) 60min；(b) 90min；(c) 150min

90min 和 150min 后空冷至室温的 SEM 显微组织。图 4-20（a）为实验钢退火 60min 后的显微组织，由板条状铁素体和多形貌逆转变奥氏体组成，其中大部分逆转变奥氏体呈薄膜状，少量呈细小块状。图 4-20（b）为实验钢退火 90 min 后的显微组织，仍然由板条状铁素体和多形貌逆转变奥氏体组成，但逆转变奥氏体数量明显增多且块状逆转变奥氏体比例增大。当退火时间延长至 150 min 时，如图 4-20（c）所示，显微组织中的逆转变奥氏体主要为粗大的块状奥氏体，薄膜状奥氏体数量明显减少，部分板条状铁素体被逆转变奥氏体分割成块状铁素体。

图 4-21 为实验钢在 650℃条件下经不同退火时间后的 XRD 图谱。由图可知，随着退火时间的延长，奥氏体衍射峰逐渐增大。经计算可知，实验钢经退火 60min、90min 和 150min 所形成的奥氏体体积分数分别为 31.8%、38.7%和 46.1%。

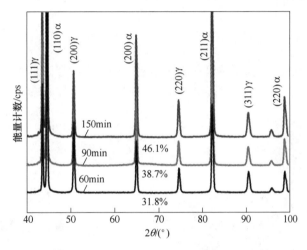

图 4-21　试样经不同退火时间后的 XRD 图谱

图 4-22 为实验钢在 650℃条件下经不同退火时间后的冷却相变曲线。由图可知，实验钢在退火后的冷却过程中均发生马氏体相变，这表明实验钢在室温条件下的退火组织均由逆转变奥氏体、铁素体和马氏体组成。当退火时间为 60min 时，马氏体开始转变温度（M_s）为 140℃，随着退火时间延长至 90min 和 150min，马氏体开始转变温度分别升高至 165℃和 220℃。

研究表明奥氏体发生马氏体相变的转变温度与奥氏体中的碳、锰含量密切相关。通常情况下，奥氏体中的碳、锰含量越少，奥氏体稳定性越低，越容易发生马氏体相变。由此可见，实验钢经退火 150 min 所形成的逆转变奥氏体的稳定性最低，容易发生马氏体相变。这是由于随着保温时间的延长，逆转变奥氏体的数量大幅度增多且晶粒尺寸明显增大，致使奥氏体中的碳、锰元素富集量明显降低，奥氏体稳定性快速下降。此外，随着退火时间延长，逆转变奥氏体形态由细小薄膜状向粗大不规则块状转变，相比于薄膜状逆转变奥氏体而言，粗大块状奥

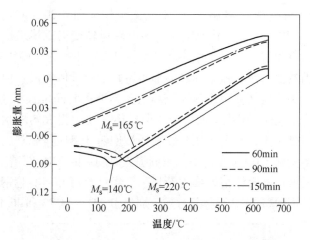

图 4-22　实验钢在退火冷却过程中的相变曲线

氏体的稳定性较低，这也是导致马氏体相变温度升高的原因之一[27-29]。

图 4-23 为实验钢经不同退火时间后的 TEM 形貌。图 4-23（a）为实验钢退

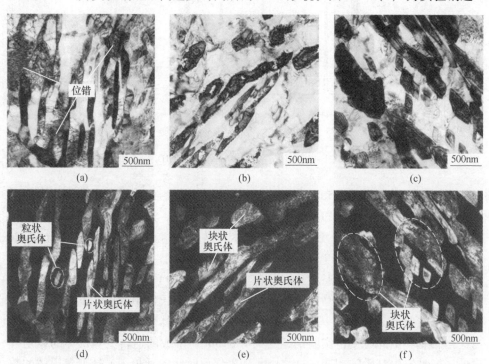

图 4-23　试样经不同退火时间后的 TEM 形貌

（a）退火 60min 试样的逆转变奥氏体明场像；（b）退火 90min 试样的逆转变奥氏体明场像；
（c）退火 150min 试样的逆转变奥氏体明场像；（d）退火 60min 试样的逆转变奥氏体暗场像；
（e）退火 90min 试样的逆转变奥氏体暗场像；（f）退火 150min 试样的逆转变奥氏体暗场像

火 60min 后的显微组织，主要由较高位错密度的板条状铁素体和平均宽度约为 120nm 的薄膜状逆转变奥氏体以及少量粒状逆转变奥氏体组成。随着退火时间延长至 90min，如图 4-23（b）所示，显微组织中的位错密度明显减小甚至消失，逆转变奥氏体明显长大，奥氏体主要由平均宽度约为 180nm 薄膜状奥氏体和直径约为 250nm 的不规则块状逆转变奥氏体组成。当退火时间延长至 150min 时，如图 4-23（c）所示，退火组织主要由块状铁素体和多形貌逆转变奥氏体组成，其中奥氏体主要呈块状、粒状以及薄膜状而且彼此晶粒尺寸差异较大，甚至部分块状奥氏体和周围的奥氏体合并成异常粗大的奥氏体。这是由于充足的退火时间可以促进锰原子向奥氏体进行充分扩散，导致奥氏体晶界不断向周围铁素体区域迁移（即奥氏体长大），直至与周围的奥氏体互相合并成粗大的奥氏体。同时退火时间的延长有利于位错通过滑移、攀移方式完成自回复，从而导致实验钢中位错数量明显减少甚至消失。

　　图 4-24 为实验钢经不同退火时间后的工程应力-应变曲线。由图 4-24（a）可知，随着退火时间由 60min 延长至 150min，实验钢的抗拉强度由 871MPa 逐渐增大至 980MPa，屈服强度和伸长率则分别由 680MPa、38.2% 逐渐减小至 623MPa、32.6%。这是由于随着退火时间的延长，逆转变奥氏体数量明显增多且大尺寸块状奥氏体比例增大，导致逆转变奥氏体稳定性降低，促使大量的逆转变奥氏体在拉伸变形初期积极发生 TRIP 效应，致使抗拉强度明显提高。但是随着应变继续增大，逆转变奥氏体无法持续发生 TRIP 效应，导致伸长率降低。同时，退火时间的延长也会使铁素体晶粒长大和位错密度减小，导致位错开动阻力减弱，实验钢的屈服强度降低。图 4-24（b）为图 4-24（a）中虚线区域的放大图。由图可知，退火 60min 实验钢的工程应力-应变曲线为光滑曲线，当退火时间延长至 90min 和 150min 时，在工程应力-应变曲线的均匀塑性变形阶段出现锯齿状应力波动，且随着应变的增加，工程应力-应变曲线趋于平滑。对于中锰钢而言，

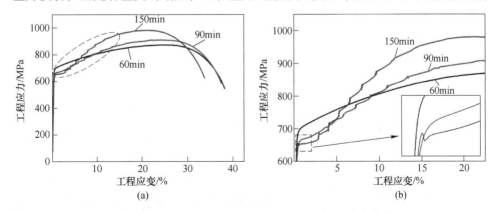

图 4-24　实验钢经不同退火时间后的工程应力-应变曲线
（a）工程应力-应变曲线；（b）图（a）中虚线区域的放大区域

锯齿状应力波动是由不连续 TRIP 效应导致，不同等级稳定性的奥氏体是造成此现象的根本原因。随着退火时间的延长，逆转变奥氏体形态逐渐由形貌单一、尺寸相近向形貌多样化、尺寸差异化方向转变，从而使逆转变奥氏体具有不同等级的稳定性。此外，尺寸较大且稳定性不足的逆转变奥氏体在退火后的冷却过程中发生马氏体相变所引起的体积膨胀，对周围逆转变奥氏体进行挤压，形成局部应力集中，弱化了周围奥氏体的稳定性，进一步加剧了奥氏体稳定性的差异化。值得注意的是，经退火 60min 和 90min 实验钢的工程应力-应变曲线均呈连续屈服特征，但是退火 150min 实验钢出现明显的屈服下坠的现象，如图 4-24（b）中虚线框中放大区域所示。这是由于退火 150min 实验钢在室温条件下产生较多的马氏体，致使显微组织中的初始位错密度提高，导致应力在变形初期快速积累，待达到临界应力后，大量不可动位错突然释放，造成应力下降。虽然显微组织中的马氏体数量随着退火时间的延长而逐渐增多，但是由于生成马氏体数量相对较少，还不足以弥补铁素体晶粒粗化引起的屈服强度降低。因此，实验钢的屈服强度随着退火时间的延长而逐渐降低。

　　图 4-25 为不同退火时间实验钢的冲击功随试验温度变化曲线。由图可知，随着退火时间的延长，冲击功明显恶化，而且随着测试温度的降低，退火 60min 与退火 150min 实验钢之间的冲击功差值呈逐渐增大趋势。

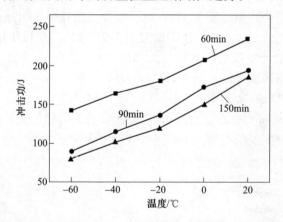

图 4-25　实验钢在 650℃ 经不同时间退火后的冲击功曲线

4.3　直接淬火加离线淬火退火工艺（DQ+QA）

　　低碳中锰钢板材热轧直接淬火后退火，可以获得优良的强韧性和成形性，可以满足大多数情况下对钢材性能的要求。在实际的生产中，热轧后也可以进行离线的淬火加退火处理，这样可以进一步改善钢板的力学性能。从低碳中锰钢的化学成分和加热过程的相变特点来看，低碳中锰钢属于亚共析钢，加热过程 A_{c3} 点比较低，一般在 760℃ 左右，所以一般情况下离线淬火的加热温度在 800℃ 以上，低于一般的低合金调质钢。

利用工业化试制的中锰钢 230mm 连铸坯，在 φ750mm×550mm 热轧实验轧机上进行 120mm 和 80mm 的特厚板轧制，分别采用直接淬火加退火、离线淬火加退火的热处理工艺进行处理，以考察两种工艺对力学性能的影响。离线淬火加热温度和退火温度分别为 830℃ 和 650℃。

表 4-2 为 80mm 特厚板拉伸性能。由表可见，与直接淬火回火热处理实验相比，离线热处理后钢板的强度和塑性均存在明显升高，1/2 厚度位置屈服强度为 701MPa，屈强比下降到 0.83，伸长率显著提高到为 36.7%，1/4 厚度位置屈服强度为 715MPa，屈强比下降到 0.83，伸长率显著提高到为 37.3%，对比 1/2 和 1/4 不同位置性能，证实特厚板厚度位置拉伸性能差异很小，实现了特厚板厚度方向性能均匀性控制。

表 4-2　中试 80mm 特厚板两种处理工艺的拉伸性能

热处理工艺及取样位置	屈服强度/MPa	抗拉强度/MPa	屈强比	伸长率/%	断面收缩率/%
650-1/2	663	765	0.87	22.2	54.4
650-1/4	690	798	0.86	25.7	70.8
离线 830+650-1/2	701	849	0.83	36.7	69.8
离线 830+650-1/4	715	860	0.83	37.3	72.4

表 4-3 为系列低温冲击试验结果，试验钢直接淬火加退火后钢板 1/2 和 1/4 厚度位置 -40℃ 冲击功分别达到 140J 和 157J，说明在 -40℃ 时特厚板边部心部均匀性较强，而且 -60℃ 条件下 1/2 厚度位置冲击功不小于 80J。经离线淬火退火热处理后 1/2 和 1/4 厚度位置在 -60℃ 冲击功分别达到大约 120J 和 139J，心部的冲击韧性与直接回火热处理相比提高近 40J，离线淬火回火后低温冲击韧性显著提高。

表 4-3　中试 80mm 特厚板两种处理工艺的冲击性能　　　　　（J）

热处理工艺及取样位置	20℃	0℃	-20℃	-40℃	-60℃
650 -1/2	237	211	193	140	83
650 -1/4	277	230	218	157	113
离线 830+650-1/2	270	227	195	146	120
离线 830+650-1/4	280	249	238	187	139

表 4-4 是 120mm 特厚板拉伸性能，试验钢 650℃ 两相区回火热处理，1/2 厚度位置屈服强度、屈强比和伸长率分别为 635MPa、0.84、14%，对应 1/4 厚度

位置分别为 658MPa、0.82、30%。离线淬火回火特厚板与直接回火热处理相比，强度和塑性均明显升高，1/2 厚度位置屈服强度升高至 694MPa，屈强比下降到 0.82，伸长率显著提高到为 36%，1/4 厚度位置屈服强度为 712MPa，屈强比和伸长率分别为 0.82 和 41%，高锰钢中试特厚板离线淬火回火热处理后，1/2 和 1/4 不同厚度位置拉伸性能梯度明显降低，保证了特厚板厚度方向组织性能均匀性。

表 4-4　中试 120mm 特厚板拉伸性能

热处理工艺及取样位置	屈服强度/MPa	抗拉强度/MPa	屈强比	伸长率/%	断面收缩率/%
650-1/2	635	760	0.84	14	24
650-1/4	658	803	0.82	30	65
离线 830+650-1/2	694	848	0.82	36	66
离线 830+650-1/4	712	867	0.82	41	69

表 4-5 为特厚板系列低温冲击试验性能，试验钢 650℃ 热处理保温 30min，1/2 和 1/4 厚度位置 -40℃ 冲击功分别达到 117J 和 143J，高锰钢特厚板直接淬火回火热处理试样在 -40℃ 时冲击韧性较高，-60℃ 条件下 1/2 厚度位置冲击功为 70J。高锰钢特厚板离线淬火后回火热处理冲击性能，1/2 和 1/4 厚度位置在 -60℃ 冲击功分别达到大约 107J 和 123J，1/2 和 1/4 厚度位置冲击功与直接回火热处理相比提高近 40 J，特厚板离线淬火回火后低温冲击韧性显著提高。

表 4-5　中试 120mm 特厚板冲击性能　　　　　　　　（J）

热处理工艺及取样位置	20℃	0℃	-20℃	-40℃	-60℃
650-1/2	230	212	179	117	70
650-1/4	239	201	182	143	85
离线 830+650-1/2	229	198	161	147	107
离线 830+650-1/4	258	203	173	158	123

4.4　中锰钢直接淬火+配分工艺（DQ&P）

淬火配分（Q&P）是一种制备高强钢的新工艺，此工艺处理后钢的组织为板条马氏体及板条间薄膜状分布的残余奥氏体，马氏体相使钢具有较高的强度，残余奥氏体在塑性变形过程中受到应力作用发生 TRIP 效应，使钢保持较高的塑性，从而得到较好的强度和塑性结合的力学性能。目前，对 Q&P 工艺的研究主要采用无变形、盐浴、离线热处理等方式。随着热机械控制轧制（TMCP）技术的不断发展，在线生产已经成为一种趋势。因此，在现有 Q&P 工艺的基础上，结合 TMCP 技术，提出了一种低碳中锰高强度中厚板新的制备工艺，即 DQ&P 工艺。

中锰钢 DQ&P 工艺利用轧后余热，在缓慢冷却过程中，进行碳配分。不仅克服了等温碳配分的缺点，且流程短，能耗低，是一种更优的碳分配方式，其工艺流程如图 4-26 所示。采用 DQ&P 生产工艺，在高温区轧制时，采用较大的压下量，利用再结晶细化原奥氏体晶粒，终轧后水冷至 320~380℃，随后缓慢冷却至室温。由于中锰钢具有较好的淬透性，使其在较低的冷却速率下也可以形成马氏体。在缓慢冷却过程中，碳原子将会从临近的过饱和马氏体板条束内向未转变的残余奥氏体内迁移，由于碳元素的扩散，致使残余奥氏体中的碳含量增加，增强了残余奥氏体的热稳定性。此外，在发生马氏体相变的同时会产生一定程度的体积膨胀，残余奥氏体会受到马氏体板条的静水压力，抑制了残余奥氏体的转变，进而提高了残余奥氏体的稳定性，使富碳的残余奥氏体能够稳定到室温。

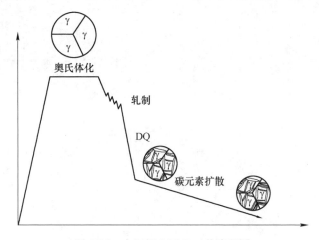

图 4-26　中锰钢 DQ&P 工艺流程图

残留奥氏体的稳定性不仅受到化学成分的影响，还受到形态、尺寸等的影响。采用 DQ&P 工艺，有效地细化原始奥氏体晶粒，有利于后续碳配分过程的进行，从而保证了试验钢在较低的碳含量下，仍然能实现碳配分过程。在缓冷过程中，冷却速率越低，碳配分的时间越长，越有利于碳在残余奥氏体中的富集。此外，由于余温作用，中锰中厚板会发生自回火现象，可有效降低马氏体应力，降低钢的脆性。板条马氏体组织具有较高的强度，从而提高了中锰中厚板的强度；室温组织中，少量稳定性较高的薄膜状奥氏体可有效阻碍裂纹的扩展，有效地提高了裂纹扩展功，改善了中锰中厚板的低温冲击韧性。因此，采用 DQ&P 工艺，在缓慢冷却过程中，利用碳元素在马氏体和残余奥氏体中的动态配分作用，提高了中厚板的强韧性能，缩短了生产周期，对钢铁企业降本增效具有重大意义。

在实际的宽厚板生产线进行了 0.065C-5.5Mn 的中锰钢 DQ&P 工艺试制，所用连铸坯质量良好。钢板成品厚度为 50mm，采用一阶段轧制，共轧制 11 道次，开轧温度1050℃，终轧温度930℃，终轧后水冷至380℃，吊入缓冷坑，入缓冷坑温度为340℃。

　　将50mm中厚板沿全厚度方向切取金相试样，将试样研磨、抛光后，利用4%的硝酸酒精溶液侵蚀，侵蚀后使用莱卡显微镜进行显微组织观察，其厚度方向不同位置的显微组织如图4-27所示。

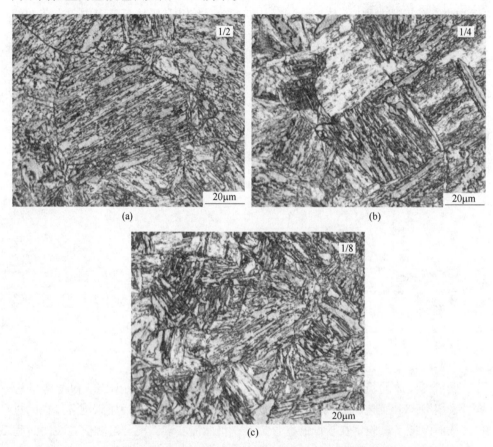

图4-27　采用DQ&P生产的50mm中锰钢中厚板OM组织
（a）1/2厚度位置；（b）1/4厚度位置；（c）1/8厚度位置

　　在距表面1/4厚度处切取直径为3mm的薄片，研磨至50μm后，使用双喷电解抛光仪将试样在-20℃、8%的高氯酸酒精溶液中电解抛光，在FEI Tecnai G2 F20透射电镜下观察精细组织、析出物的形貌。1/4厚度处的透射电镜显微照片如图4-28所示，50mm中厚板终轧后直接淬火至M_s点以下，由于冷速较快，碳元素没有时间从晶胞中扩散出来，故形成形态为板条状的碳在α铁素体中的过饱和固溶体，即板条马氏体，板条宽度为0.3~0.6μm，且板条马氏体中含有较高密度的位错。

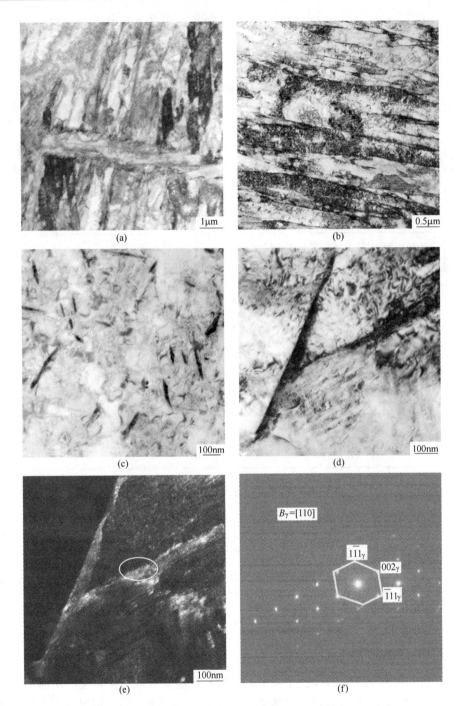

图 4-28　DQ&P 工艺 50mm 厚中锰钢中厚板 1/4 厚度处 TEM 组织

（a）马氏体板条组织；（b）马氏体板条组织；（c）碳化物析出形态；（d）残余奥氏体明场像；

（e）残余奥氏体暗场像；（f）残余奥氏体衍射斑

如图 4-28（a）和（b）所示，淬火后钢板温度不能迅速达到室温，所以会由于余温发生自回火现象，碳在马氏体中偏聚，并析出微细的渗碳体，这种现象可以降低马氏体应力和淬火钢的脆性。粒状渗碳体最终会长大成为针状，棒状渗碳体，如图 4-28（c）所示。另外，在马氏体板条间还存在少量未转变的薄膜状残余奥氏体，残余奥氏体的明场像和暗场像分别如图 4-28（d）和（e）所示。残余奥氏体的衍射斑如图 4-28（f）所示。

测定中锰中厚板心部的力学性能，沿轧制方向切取 $\phi 10mm$ 的圆棒拉伸试样，平行段长度 40mm，原始标距 30mm，引伸计标距 25mm，平行段直径 6mm，拉伸速率 3mm/min，拉伸性能检测结果见表 4-6。

表 4-6　DQ&P 工艺中锰钢中厚板拉伸性能

屈服强度/MPa	抗拉强度/MPa	伸长率/%	屈强比
805	1114	16.67	0.72

沿轧制方向加工成 55mm×10mm×10mm 的标准冲击试样，并在其中一面用专用拉床拉出深度为 2mm 的 V 形坡口，利用 INSTRON DYNATUP9250 落锤冲击试验机进行夏比冲击试验，测试材料从室温到-60℃的冲击性能。每个温度下测量 3 组数据，最后进行对比求出平均值。冲击性能检测结果见表 4-7。

表 4-7　DQ&P 工艺中锰钢中厚板冲击韧性

温度/℃	20	0	-20	-40	-60
冲击功/J	207	157	150	103	58

在 DQ&P 工艺 P 的工艺控制当中，淬火终冷温度是重要的参数。淬火终冷温度明显影响奥氏体的转变量，若温度较低，未转变奥氏体较少，马氏体含量较多，在随后配分过程中大量的碳元素会配分至奥氏体中，极大地增加了奥氏体热稳定性，随后二次冷却过程中能够稳定存在于室温中；若等温淬火温度较高，未转变奥氏体较多，随后在配分过程中，奥氏体含碳量较少，稳定性下降，二次冷却过程中很可能又会转变为二次马氏体组织，因此需要合理控制淬火温度和配分过程，获得含量较多且稳定性较好的残余奥氏体。

配分温度对马氏体中碳元素扩散至奥氏体中有较大的影响，若配分温度较低，碳元素扩散需要较长的时间；若配分温度较高，可能处于贝氏体转变区间，且较高的温度缩短了贝氏体的孕育期，使其有可能发生贝氏体转变，从而消耗残余奥氏体的含量。有研究表明中锰钢经 DQ&P 工艺热处理后，室温组织中残余奥氏体含量相对于淬火+回火工艺少，韧性有多不足，但其抗拉强度均较高，因此可根据实际性能需求，选择合适的热处理工艺。

4.5 中锰钢特厚板淬火温度场有限元模拟

4.5.1 热传导微分方程及初始条件和边界条件

由于特厚板淬火冷却过程中温度是瞬时变化的，需要建立瞬时温度场来求解。钢板长度远远大于其宽度和厚度，因此钢板的淬火过程假设为无限长单元的热传导过程。钢板淬火温度场概括为具有内热源的沿钢板厚度和宽度方向的二维非稳态导热问题，傅里叶导热微分方程见式（4-1）[30]：

$$\rho c_{\text{p}} \frac{\partial T}{\partial t} = \frac{\partial}{\partial x}\left(\lambda \frac{\partial T}{\partial x}\right) + \frac{\partial}{\partial y}\left(\lambda \frac{\partial T}{\partial y}\right) + q \tag{4-1}$$

式中　　λ——材料热导率，J/（m·s·℃）；

　　　　ρ——钢板的密度，kg/m³；

　　　　c_{p}——比热容，J/（kg·℃）；

　　　　T——钢板的瞬态温度，℃；

$\partial T/\partial x, \partial T/\partial y$——分别为 x、y 方向上温度梯度，℃/m；

　　　　q——材料内部的热源密度，在钢板中源于淬火过程中发生相变时潜热的释放。

系统能量变化可能导致物质的原子结构发生改变称为相变。相变分析必须考虑材料的内在潜热，即在相变过程吸收或释放的热量，通过定义材料的热焓特性计算潜在热量。热动力学热焓值单位是能量单位，热焓单位为 kJ/kg。在 ANSYS 中，热焓材料特性可以用密度、比热容和物质潜热得出。热焓的表达式为：

$$H = \int \rho c(T) \, \text{d}T \tag{4-2}$$

式中　H——焓值，kJ/kg；

　　　ρ——密度，kg/m³；

　$c(T)$——随温度变化的比热容，J/（kg·℃）。

初始条件是指钢板初始温度场，是模拟计算的开始点。假设初始整个截面温度均匀，该温度等于终轧温度，即：

$$T\big|_{t=0} = T_0(x, y) = T_0 \tag{4-3}$$

式中，T_0 为钢板淬火前终轧温度。

淬火过程热交换定解问题的计算采用第三类边界条件，即假定钢板与冷却水之间的表面换热系数、冷却水的温度为已知。

钢板从出精轧机到进入控冷区域为第一阶段。在该阶段上钢板表面温度大约高于850℃，与周围空气的热交换以辐射换热为主，伴随着少量的空气自然对流换热。该段边界条件为：

$$\lambda \frac{\partial T}{\partial x} + \lambda \frac{\partial T}{\partial y} = \varepsilon \sigma (T_{\text{f}}^4 - T_{\text{a}}^4) + \alpha \tag{4-4}$$

式中 ε——钢板的黑度;

　　　σ——斯蒂芬-玻耳兹曼常数, $\sigma = 5.67 \times 10^{-8} W/(m^2 \cdot K^4)$;

　　　T_f——钢板表面温度,℃;

　　　T_a——空气温度,℃;

　　　α——空气自然换热系数,W/(m·℃)。

从钢板头部进入水冷区域到尾部离开水冷区域,钢板和冷却水发生强制对流,边界条件:

$$\lambda \frac{\partial T}{\partial x} + \lambda \frac{\partial T}{\partial y} = \alpha (T_s - T_w) \tag{4-5}$$

式中 α——钢板和冷却水间的对流换热系数,W/(m·℃);

　　　T_s——钢板开冷温度,℃;

　　　T_w——冷却水温度,℃。

钢板出控冷装备到冷却完成为第三阶段。该阶段钢板表面温度已降至很低,但钢板内部温度仍然较高,因此,热交换为钢板与空气之间的辐射换热、空气自然对流换热、钢板内部之间的热流交换。该段边界条件:

$$\lambda \frac{\partial T}{\partial x} + \lambda \frac{\partial T}{\partial y} = \varepsilon \sigma (T_f^4 - T_a^4) + \alpha \tag{4-6}$$

式中 ε——钢板的黑度;

　　　σ——斯蒂芬-玻耳兹曼常数, $\sigma = 5.67 \times 10^{-8} W/(m^2 \cdot K^4)$;

　　　T_f——钢板表面温度,℃;

　　　T_a——空气温度,℃;

　　　α——空气自然换热系数,W/(m·℃)。

钢板空冷过程中的换热包括辐射传热和对流换热,其中以辐射换热为主,综合换热系数其表达式为:

$$a = a_r + a_c \tag{4-7}$$

其中辐射换热系数计算:

$$a_r = \frac{T_w^4 - T_\infty^4}{T_w - T_\infty} \varepsilon \sigma \tag{4-8}$$

式中 ε——黑度,取值为0.6;

　　　σ——斯蒂芬-玻耳兹曼常数,约为 $5.67 \times 10^{-8} W/(m^2 \cdot K^4)$;

　　　T_w——空气温度,取值298K;

　　　T_∞——钢板表面温度。

计算辐射换热系数见表4-8。

表 4-8　辐射换热系数

温度/℃	100	200	300	400	500	600	700	800	900	1000
$a_r/W \cdot (m^2 \cdot K)^{-1}$	5.21	8.21	12.37	17.91	25.03	33.92	44.80	57.87	73.34	91.04

空气自然对流换热系数一般在 $6 \sim 10 W/(m^2 \cdot K)$，模拟计算常采用 $8W/(m^2 \cdot K)$。

4.5.2　淬火温度场模型建立

特厚板淬火冷却过程相关物性参数是根据实验钢合金成分，利用实验室热力学计算软件 JMatPro 计算得到，比如钢种密度、热传导率、比热容和焓，由于密度随温度变化较小可除去不计，其余参数均与温度相关，而且随温度变化而呈现非线性规律，密度假设为固定值 $7840 kg/m^3$。模拟实验钢化学成分见表 4-9，模拟实验钢物性参数见表 4-10。

表 4-9　实验钢化学成分（质量分数）　　　　　（%）

C	Mn	Si	Ni	Cr	Cu	Mo	Al	P	S
0.04	5.0	0.2	0.3	0.4	0.3	0.2	0.03	0.005	0.002

表 4-10　实验钢物性参数

温度/℃	20	100	200	300	400	500	600	700	800	900	950
热导率/W · (m · K)$^{-1}$	21.1	23.2	24.6	20.1	21.4	22.7	24.0	25.3	26.6	27.9	28.6
比热容/J · (kg · K)$^{-1}$	467	551	967	516	533	549	565	580	595	610	618
焓/J · m^{-3}	0.08×10^9	0.38×10^9	0.92×10^9	2.05×10^9	2.46×10^9	2.88×10^9	3.32×10^9	3.77×10^9	4.22×10^9	4.69×10^9	4.93×10^9

为进行温度场模拟设定如下假设条件：

（1）为了模拟相变过程中，钢板淬火冷却过程中用焓随温度变化的参数来分析相变过程释放的热量；

（2）钢板在淬火过程中匀速运动，钢板长度方向不同位置仅仅是进入控冷区域的时间点不同，温度冷却趋势相同，忽略钢板长度方向传热的影响；

（3）假设横截面温度场对称分布，为了简化计算便于分析，取钢板横截面 1/4 作为温度场计算对象；

（4）通过表面平均对流换热系数来体现钢板淬火冷却能力。

根据生产现场实际情况，假设模拟钢板尺寸为 100000mm×2000mm×100mm，淬火钢板横截面形状是长方形，且淬火过程冷却沿钢板宽度方向和长度方向对称，因此为了简化计算模型，保证在得到同样精度的前提下节省大量计算时间，也便于结果的分析，取 1/4 钢板建立二维传热计算模型，几何模型如图 4-29 所示。

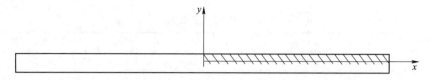

图 4-29　钢板二维数值模拟的几何模型

对于淬火温度场选取二维热实体模型四节点单元，PLANE 55 单元。PLANE 55 单元作为具有二维热传导能力的平面或轴对称单元，具有 4 个节点，每个节点只有一个温度自由度。因为板材厚度方向存在较大的温差，为了更好地描述温度梯度效应，厚度方向网格划分相对于宽度方向更加密集，厚度方向放大两倍便于观察分析模拟结果。钢板尺寸的网格划分如图 4-30 所示。

图 4-30　钢板单元网格划分模型

4.5.3　对流换热系数对淬火温度场的影响

特厚板淬火过程平均对流换热系数综合表征冷却能力，讨论对流换热系数对淬火温度场的影响，模拟 100mm 特厚板在平均换热系数分别取 $2kW/(m^2 \cdot K)$、$4kW/(m^2 \cdot K)$、$6kW/(m^2 \cdot K)$、$8kW/(m^2 \cdot K)$、$10kW/(m^2 \cdot K)$、$15kW/(m^2 \cdot K)$、$20kW/(m^2 \cdot K)$ 的 ANSYS 淬火温度场数值模拟。确保 ANSYS 淬火数值模拟中仅有对流换热系数变化产生的影响，假设钢板在特定的表面对流换热系数条件下淬火冷却。钢板淬火初始温度选取 900℃，水温 25℃。模拟计算 100mm 特厚板不同换热系数条件下心部温降曲线，如图 4-31 所示。

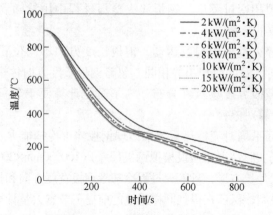

扫描二维码
查看彩图

图 4-31　不同换热系数条件下特厚板心部的温降曲线

在整个对流换热系数增大的过程中，实验钢 100mm 特厚板心部温降增大的趋势却逐渐变缓慢，初始阶段随着表面对流换热系数增大，对心部冷却速率影响明显。在对流换热系数从 $2kW/(m^2 \cdot K)$ 逐渐增加到 $8kW/(m^2 \cdot K)$ 阶段，实验钢 100mm 特厚板心部温降速率增加趋势比较明显。后续对流换热系数从 $8kW/(m^2 \cdot K)$ 逐渐增加到 $20kW/(m^2 \cdot K)$ 的过程中，实验钢 100mm 特厚板心部温降曲线几乎重合在一起，没有显著的变化，表明心部温降速率几乎不存在增加。从特厚板心部温度下降的趋势来看，随着表面换热系数的增加，特厚板淬火心部温降趋势减缓，温降速率几乎不再增加。说明对于特定钢板，其温降速率并不会因为表面换热系数的增大而无限增大，钢板冷却过程还受到钢板自身限制，尤其是导热系数的影响。因此，钢板温度场受到表面换热系数和自身内部导热能力的综合影响[31]。

如图 4-31 所示，在各个换热系数条件下，温度随时间变化曲线都明显存在一定时期的温降缓慢区间。钢板温度冷却到相变点以下，由于奥氏体向马氏体转变释放相变潜热，于是整个体系中有额外的热量进入，影响了钢板厚度方向温度场分布。相变完成后，与钢板外表面强制对流产生的过冷度相抗衡的内热源消失，钢板内部温度迅速下降，直至平衡，此时钢板整体温度随表面对流换热和内部导热平稳下降[32]。此区间为相变区，温度下降速率减缓，相变结束后温度曲线下降趋势较之前有一定程度的增加。

实验钢通过相变仪测定相变点，铁素体-奥氏体转变温度区间为 583~758℃，马氏体转变温度区间 432~197℃，由于相变点温度与冷却速率有关，相变温度存在一定波动，因此钢板淬火两个关键温度区间选取为 800~400℃（高温区间）和 400~150℃（低温区间）。根据上述模拟计算不同换热系数温降数据值，计算心部温度场在高温区间、低温区间、整个区间平均冷却速率，见表 4-11。

表 4-11 不同换热系数条件下特厚板心部冷却速率

换热系数/kW·$(m^2 \cdot K)^{-1}$	2	4	6	8	10	15	20
800~400℃时冷速/℃·s^{-1}	1.64	1.96	2.14	2.20	2.22	2.25	2.27
400~150℃时冷速/℃·s^{-1}	0.46	0.56	0.60	0.62	0.63	0.64	0.66
800~150℃时平均冷速/℃·s^{-1}	0.83	0.99	1.07	1.11	1.13	1.15	1.16

根据表 4-11 中数据绘制冷却速率随换热系数增加的变化曲线，如图 4-32 所示，可更加直观地看出，随着换热系数的增加，高温和低温区间冷却速率逐渐增大，但是增加趋势逐渐减缓。对流换热系数从 $2kW/(m^2 \cdot K)$ 增大到 $8kW/(m^2 \cdot K)$ 过程中，高温区间冷速从 1.64℃/s 增加到 2.20℃/s，增加幅度为 34.1%，低温区间冷却速率从 0.46℃/s 增加到 0.62℃/s，增加幅度为 34.8%。但是对流换热系数从 $8kW/(m^2 \cdot K)$ 增大到 $20kW/(m^2 \cdot K)$ 过程中，高温区间增加幅度仅为

3.2%，低温区间增加幅度仅为6.5%。图4-32观察平均冷却速率对流换热系数大于6kW/(m² · K)时，平均冷却速率不小于1℃/s。对流换热系数从2kW/(m² · K)增大到8kW/(m² · K)过程中增长趋势较为明显，后续对流换热系数增大过程中冷却速率变化缓慢。综合整个效果来看，表面换热系数逐渐增大，心部冷却速率不会无限增大，淬火特厚板心部冷却速率还会受到钢板内部传热能力的限制。

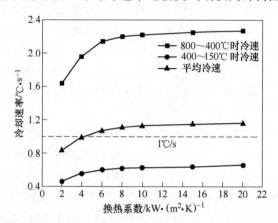

图 4-32　不同换热系数条件下特厚板心部冷却速率变化曲线

4.5.4　淬火方式对淬火温度场的影响

特厚板由于单个质量重、厚度规格大，淬火过程中钢板温降规律、组织演变规律及应力-应变分布规律与较薄规格中厚板差别较大，因此其淬火设备形式、淬火工艺技术及控制策略也具有独特性[33]。淬火方式的不同，造成淬火过程中钢板温降路径不同，而且温降路径进而影响钢板的组织转变和淬火后的综合性能，因此需要选择合理的淬火方式。连续式淬火是钢板在辊道上均速运动过程中淬火，即是先经过高压段水冷区域，使钢板表面温度迅速降低到相变温度以下，同时需控制钢板上下表面实现对称冷却，抑制钢板变形。后续采用低压水对钢板进行持续冷却，使温度降至室温。

对比高压淬火和连续淬火两种淬火方式，分析特厚板温度场变化获得合适的冷却路径，对特厚板实验钢淬火工艺路径选择具有重要指导意义。淬火方式1采用高压淬火，即钢板在高压区直接快速淬火室温；淬火方式2采用连续淬火，即钢板在高压区淬火到相变点432℃以下，随后在低压区持续淬火到室温。淬火方式1钢板淬火平均表面换热系数取10kW/(m² · K)；淬火方式2连续淬火，即高压区10kW/(m² · K)和低压持续冷却区4kW/(m² · K)连续淬火。为了直观描述两种淬火方式对特厚板温度场的影响，淬火过程中其他条件均不发生变化，

100mm 特厚板初始淬火温度 900℃，水温 25℃。

图 4-33 不同淬火方式下特厚板厚度各点的温降曲线，在 800~400℃ 高温区间高压淬火过程中，厚度方向存在较大的温度梯度。厚度方向存在较大的温度梯度有利于板材内部获得大于临界淬火速率的冷却速率，是保证获得特定组织和厚度方向均匀性的关键。在 400℃ 以下的低温区间，分析较低换热系数的低压持续淬火冷却的过程发现，厚板内部存在一定程度的返红，说明随着对流换热系数的相对减少，厚板内部温度场冷却速率随之减少，导致心部温度下降较缓慢。

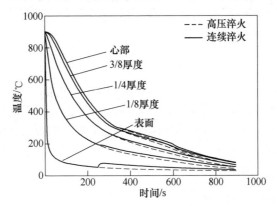

图 4-33 不同淬火方式下特厚板厚度各点的温降曲线

图 4-34 为不同淬火方式下特厚板心部和表面温度差。由图可见，低压段区间采用连续淬火特厚板心部与表面之间的温差明显减小，即厚度方向温度梯度存在减小。这种结果存在两方面的优势：一方面有助于钢板内部温度场均匀性的提高，板材厚度方向获得均匀组织；另一方面板材厚度方向温度梯度的降低，有利于减少内部因温差引起热应力以及相变引起的组织应力，从而显著降低钢板的综合内应力，减小钢板变形倾向。

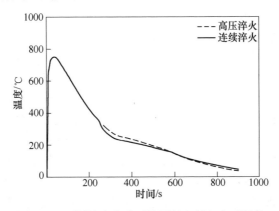

图 4-34 不同淬火方式下特厚板心部与表面温差

4.5.5　100mm 特厚板实际生产连续淬火温度场模拟结果

根据现场特厚板生产淬火工艺，对轧后 100mm 初始温度为 860℃的特厚板连续淬火过程进行模拟。钢板出轧机后匀速运动到淬火机消耗 20s，水冷阶段匀速通过淬火机高压段和低压段进行连续淬火，淬火 900s 至室温。连续淬火冷却过程中表面换热系数和换热时间见表 4-12。

表 4-12　连续式淬火表面换热系数和换热时间

项　目	空冷	高压段 1	高压段 2	低压段
换热系数/kW·(m²·K)⁻¹		10	8	4
淬火时间/s	20	60	180	660

钢板空冷 20s 后进入淬火区，淬火冷却开始经 900s 淬火后 100mm 特厚钢板表面和心部温度分别为 32.8℃ 和 75.8℃，特厚板连续冷却厚度各点温降曲线如图 4-35 所示。由图可知，高压段钢板温度明显下降，钢板表面温度骤降到 200℃ 以下，淬火冷却 60s 高压段 1 结束后表面温度下降到 104.5℃，心部温度为 836.5℃，心部与表面温度差达到 732.1℃。淬火冷却 240s 高压段 2 结束后表面温度下降到 58.6℃，心部温度 394.2℃，心部与表面温差达到 335.6℃。

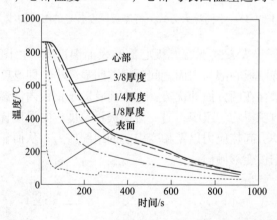

图 4-35　100mm 特厚板连续冷却厚度各点温降曲线

此刻，一方面钢板外层温度已经显著降低，内部温度仍然较高，表面进行的强制对流热交换对钢板内部各点的温度下降不再起到主导作用；另一方面，钢板心部温度降到马氏体相变点以下，发生马氏体相变，因此有效利用高压段对获得钢板的快速冷却具有显著作用。随之采用低压段淬火，钢板内部自身的热传导逐渐起到主导作用，外在表现为随着冷却时间的增加，温度梯度下降。淬火过程中存在不同程度的返红现象，主要原因是不同冷却换热系数交界处的冷却能力具有差异。

　　图 4-36 为 100mm 特厚板淬火过程中不同时刻温度场示意图，图中对钢板的厚度方向放大两倍。从图 4-36 中可以看出，钢板冷却过程中截面温度呈层状分布，随着冷却的进行，钢板表面低温层向内部高温层扩散渗透，钢板心部高温层逐渐缩小。上述钢板淬火过程温度场呈现由边部到心部层状递推，说明随着淬火时间的延长，组织演变也是由边部的低温区向心部高温区进行，由外及内逐步发生马氏体相变。淬火结束后钢板温度降到马氏体相变结束温度点以下，特厚板全厚度方向基本完成马氏体相变。

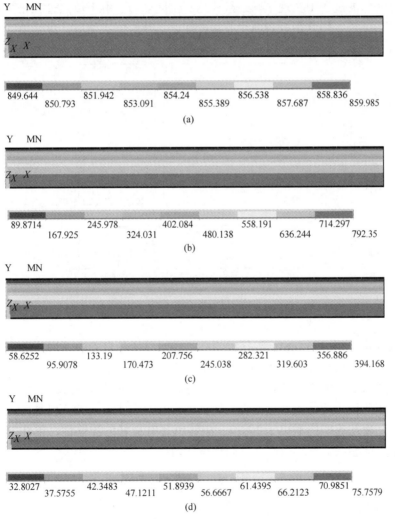

扫描二维码
查看彩图

图 4-36　100mm 特厚板淬火过程中不同时刻节点温度场

（a）空冷 20s；（b）高压段 1 淬火 60s 结束点；（c）高压段 2 淬火 180s 结束点；
（d）低压段持续淬火 660s 结束点

　　钢板淬火冷却过程中冷却水与钢板之间的换热系数决定表面冷却速率，钢板内部自身导热能力决定钢板心部温度变化，实验钢 100mm 特厚板厚度各点冷却速率变化曲线如图 4-37 所示。钢板表面冷却速率整体呈现下降趋势且波动较大，主要由于淬火初期表面温度较高，高压区淬火温度骤降，后期钢板外层温度较低且钢板内部向外传递热量导致冷却速率较低；心部冷却速率先增大后减小，是由于冷却初期表面急速冷却导致表面与心部产生很大温差，加快心部热量向表面传递，所以心部冷却速率增大，而心部冷却速率的增加又促使心部与表面温差减小，延缓了心部的冷却，故随着冷却的进行心部冷却速率又开始减小，表面与心部温度在相互制约的过程中实现平衡，最终达到温度均匀。由于传热过程是从钢板表面由外及内推进，因此钢板表面至心部冷却速率峰值依次延后，且峰值大小逐渐减小[34]。

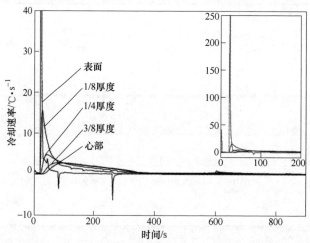

图 4-37　100mm 特厚板厚度各点冷却速率变化曲线

　　钢板高温区间 800~400℃和低温区间 400~150℃厚度各点方向不同位置平均冷却速率见表 4-13。板材在 800~400℃高温区间表面平均冷速 235.29℃/s，心部平均冷速 2.23℃/s；400~150℃低温区间表面平均冷速 16.67℃/s，心部平均冷速 0.55℃/s。说明淬火冷却过程中心部与表面的冷却速率相差较大，但是另一方面钢板整体平均冷却速率均不小于 1℃/s，中锰钢具有良好的淬透性，整体具有较高的冷却速率能够保证特厚板厚度方向组织均匀性。

表 4-13　100mm 特厚板厚度各点平均冷却速率　　　　　　（℃/s）

项　　目	表面	1/8 厚度	1/4 厚度	3/8 厚度	心部
800~400℃时冷速	235.29	6.48	2.72	2.28	2.23
400~150℃时冷速	16.67	0.80	0.61	0.58	0.55
800~150℃时平均冷速	38.24	1.73	1.15	1.07	1.04

图 4-38 是冷却过程中特厚板心表温差变化曲线，空冷阶段心部和表面温降均比较小，几乎不存在温差。钢板进入水冷淬火区域初期，由于钢板表面和冷却水直接接触，表面温度急剧下降，然而心部温度却不存在明显下降，这就导致钢板表面与心部温差迅速增大。图中高压段区域心部与表面温差最大，此刻可达到736℃。随着冷却过程的进行，钢板心表温差逐渐增大，造成钢板心部热量加速向表面扩散传递，引起心部冷却速率增大，导致钢板心部与表面温差逐渐减小，当冷却至低压段结束时，钢板心部和表面温度均远低于马氏体相变结束点温度，完成相变，心表温差仅为43℃。

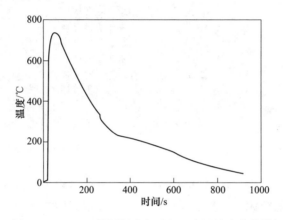

图 4-38　100mm 特厚板冷却过程心表温差变化曲线

中锰钢特厚板淬透性的判定极其重要，因为淬火过程中钢板心部的冷却速率最慢，所以如果钢板心部冷却速率高于临界冷却速率，那么整个钢板就会被淬透，获得均匀的马氏体组织。根据超低碳中锰钢 CCT 曲线可知，不同冷却速率条件下均只发生马氏体相变，在冷却速率 0.1℃/s 时淬火组织仍仅存在马氏体，上述模拟计算心部低温区间冷却速率为 0.55℃/s 满足马氏体相变冷却速率条件。中锰钢特厚板高压区淬火 60s 后，表面温度迅速下降至 104.5℃，低于马氏体相变结束点完成马氏相变，此时表面组织为马氏体，然而心部温度高于 800℃，仍然保留奥氏体组织，1/4 厚度位置温度高于 600℃ 没有发生马氏体相变；淬火进行 240s，心部温度降至 390℃ 左右，刚开始发生马氏体相变，心部存在少数的马氏体组织和大量的奥氏体组织，1/4 厚度位置温度下降到 300℃ 说明马氏体相变没有完全结束；淬火大约到 620s 后，特厚板心部温度下降到 200℃ 以下，中锰钢特厚板几乎全部完成马氏体相变，获得均匀的马氏体组织。

4.6　中锰钢宽厚板工业试制产品的力学性能

中锰钢宽厚板的工业化试制分别在南钢 5000mm 宽厚板生产线和鞍钢

4300mm 宽厚板生产线进行。由于中锰钢的化学成分与传统的低合金高强钢有很大不同，所以无论是冶炼、连铸，还是轧制及热处理工艺，中锰钢的工业化试制均采用了全新的工艺技术。在中锰钢均质化冶炼及高质量连铸坯制备技术方面，突破了中锰钢冶炼与精炼控制、连铸新型结晶器及结晶器保护渣开发以及铸坯高均质化控制等多项关键技术，制备出高质量的连铸坯。图 4-39 为鞍钢炼钢总厂生产的中锰钢 230mm 连铸坯的低倍组织照片，分析检验结果表明中心偏析为 1.0 级，中心疏松 0.5 级，中间裂纹 1.5 级，三角区裂纹小于 0.5 级，铸坯表面质量和内部冶金质量均优良。

图 4-39　鞍钢炼钢总厂生产的中锰钢 230mm 连铸坯低倍组织照片

由于中锰钢铸坯质量良好，因此在实际的生产过程中可以实现热装热送，从而可以进一步降低能源消耗。由于中锰钢加热过程表面的氧化特点，铸坯加热过程的氧化铁皮易于去除，所以钢板表面质量好；由于中锰钢冷却过程的相变特点，所以中锰钢冷却之后的板形良好。工业试制涵盖了厚度 20~150mm 的 7 种规格，其中典型的 30mm、80mm、120mm 和 150mm 规格的性能介绍如下。

表 4-14 为 30mm 厚中厚板的拉伸性能，可见屈服强度在 700MPa 以上，抗拉强度在 820MPa 以上，伸长率为 23% 以上。图 4-40 为头部和尾部的冲击性能，可见 -60℃ 的冲击功均在 130J 以上。图 4-41 为弯心直径为零时冷弯后的试样照片，可见表面无裂纹产生，冷弯性能优良。

表 4-14　工业试制 30mm 中锰钢拉伸性能

厚度/mm	取样位置	取样方向	屈服强度/MPa	抗拉强度/MPa	伸长率/%
30	尾部	横向	768	862	23
		纵向	737	883	24.5
	头部	横向	727	824	23
		纵向	710	818	24

表 4-15 为 80mm 厚中锰钢特厚板的力学性能检测结果。可见屈服强度为 753MPa，抗拉强度为 858MPa，伸长率为 26%，屈强比 0.878，-60℃ 冲击功在 230J 以上，性能优良。

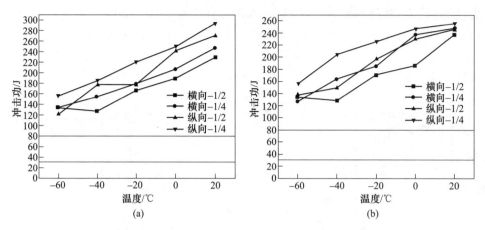

图 4-40 30mm 中锰钢冲击性能

（a）头部；（b）尾部

图 4-41 工业试制 30mm 中锰钢 $d=0$ 冷弯 180°后试样的照片

表 4-15 工业试制 80mm 中锰钢力学性能

屈服强度 /MPa	抗拉强度 /MPa	伸长率/%	屈强比	Z 向拉伸 面缩率/%	冲击功/J		弯曲 $a=180°$ $d=4t$
					−40℃	−60℃	
753	858	26.0	0.88	69, 73, 69	268, 245, 275	278, 236, 248	合格

对 80mm 厚的钢板进行了焊接性能评价，焊后检测包括超声波探伤检验、焊接接头拉伸试验、焊接接头冲击试验等。采用气体保护焊，焊丝选用 ϕ1.2mm 气保焊丝 RSWM70S，保护气体为 2.5% CO_2 + 97.5% Ar。热输入量为 10kJ/cm 和 20kJ/cm 两种。其中 10kJ/cm 热输入量的电流为（220±10）A，电压为（26±2）V，焊接速度为（34±5）cm/min；20kJ/cm 热输入量的电流为（260±10）A，电压

为（28±2）V，焊接速度为（22±3）cm/min。预热温度 80~120℃，道间温度 80~120℃。焊接设备为 TPS500i 多功能焊机，焊接道次如图 4-42 所示。

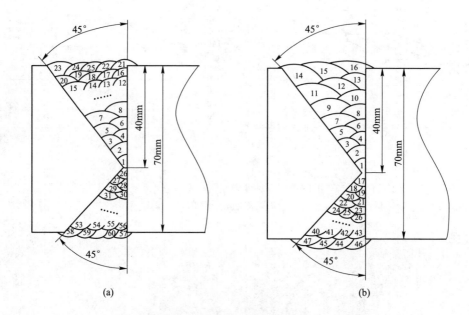

(a)　　　　　　　　　　　　　　(b)

图 4-42　工业试制 80mm 中锰钢焊接道次示意图
（a）10kJ/cm；（b）20kJ/cm

焊后性能检测结果见表 4-16，可见热输入量在 10~20kJ 时焊接接头力学性能优良，说明中锰钢具有良好的焊接性能。

表 4-16　工业试制 80mm 焊接接头焊态拉伸和冲击试验结果

	热输入量	10kJ/cm	20kJ/cm
拉伸	抗拉强度 R_m/MPa	792	776
	断裂位置	焊缝	焊缝
冲击功	焊缝中心	84，124，116/108	82，101，92/92
	熔合线	112，109，41/87	106，106，123/112
	HAZ 2mm	220，242，57/173	151，227，157/178
	HAZ 5mm	162，168，176/169	182，178，179/180
	HAZ 20mm	153，173，172/166	170，163，173/169

表 4-17 为工业试制 120mm 和 150mm 厚中锰钢的力学性能，可见屈服强度均在 720MPa 以上，抗拉强度在 850MPa，屈强比在 0.84 左右，−80℃ 低温冲击功在 100J 左右。

表 4-17　工业试制 120mm 和 150mm 中锰钢力学性能

厚度/mm	屈服强度 /MPa	抗拉强度 /MPa	伸长率/%	屈强比	冲击功/J	
					−60℃	−80℃
120	748	885	20.0	0.85	117, 111, 99	88, 89, 85
150	719	867	18.5	0.83	113, 136, 136	105, 117, 98

　　工业试制的中锰钢宽厚板产品均是以海洋平台用钢对性能的要求为目标的，从多轮试制的结果来看，力学性能均达到了 Q690F 级的水平，而且性能潜力很大。

　　工业试制的 120mm 和 150mm 中锰钢钢板均采用厚度 320mm 的连铸坯轧制生产，轧制过程的压缩比分别是 2.67 和 2.13，实现了厚规格高强韧钢材的低压缩比轧制，这在高强韧厚规格钢材生产上是重要突破。除此之外，还形成了高锰钢中厚板连铸坯热送、低温加热、轧后在线淬火+两相区回火的短流程、绿色化制备工艺，解决了传统 Q690MPa 级中厚板生产过程连铸坯需缓慢坑冷、轧后循环淬火、内应力大的难题。基于高锰合金化结合轧后直接淬火+两相区回火工艺，中厚板全厚度获得了亚微米尺度的回火马氏体+逆转变奥氏体复合层状组织，克服了传统中厚板心部组织不均匀、晶粒粗大的不足，提出了两相区回火过程形成的逆转变奥氏体对提高钢板强韧性及降低屈强比的作用机理，从而解决了传统 690MPa 级海洋平台用钢韧塑性不足、屈强比过高的世界性难题。

参 考 文 献

[1] 刘浩. 海洋平台用高强韧特厚板组织性能均匀性控制研究 [D]. 沈阳：东北大学，2016.

[2] Lee S, Lee S J, De Cooman B C. Austenite stability of ultrafine-grained transformation-induced plasticity steel with Mn partitioning [J]. Scripta Materialia, 2011, 65：225-228.

[3] Luo H W, Shi J, Wang C, et al. Experimental and numerical analysis on formation of stable austenite during the intercritical annealing of 5Mn steel [J]. Acta Materialia, 2011, 59(10)：4002-4014.

[4] 勾雪，王福明，孙乐飞，等. EQ70 海洋平台用钢动态连续冷却转变 [J]. 金属热处理，2014，(5)：6-9.

[5] Liu H, Du L X., Hu J, et al. Interplay between reversed austenite and plastic deformation in a directly quenched and intercritically annealed 0.04C-5Mn low-Al steel [J]. Journal of Alloys and Compounds, 2017, 695：2072-2082.

[6] Hu J, Du L X, Xu W, et al. Ensuring combination of strength, ductility and toughness in medium-manganese steel through optimization of nano-scale metastable austenite [J]. Materials Characterization, 2018, 136：20-28.

[7] Farahani H, Xu W, Zwaag S V D. Prediction and validation of the austenite phase fraction upon interciritical annealing of medium Mn steels [J]. Metallurgical and Materials Transactions A, 2015, 46(11): 4978-4985.

[8] Han J, Lee S J, Jung J G, et al. The effects of the initial martensite microstructure on the microstructure and tensile properties of intercritically annealed Fe-9Mn-0. 05C steel [J]. Acta Materialia, 2014, 78(1): 369-377.

[9] Chang Y, Wang C Y, Zhao K M, et al. An introduction to medium-Mn steel: Metallurgy, mechanical properties and warm stamping process [J]. Materials and Design, 2016, 94(15): 424-432.

[10] Lee S, Lee S J, De Cooman B C. Work hardening behavior of ultrafine-grained Mn transformation-induced plasticity steel [J]. Acta Materialia, 2011, 59(20): 7546-7553.

[11] 王国栋. 新一代 TMCP 技术的发展 [J]. 中国冶金, 2012, 22(12): 1-5.

[12] 王国栋. TMCP 技术的新进展-柔性化在线热处理技术与装备 [J]. 轧钢, 2010, 27(2): 1-6.

[13] Suh D W, Park S J, Lee T H, et al. Influence of Al on the microstructural evolution and mechanical behavior of low-carbon, manganese transformation-induced-plasticity steel [J]. Metallurgical and Materials Transactions A, 2010, 41(2): 397-408.

[14] Han J, Nam J H, Lee Y K. The mechanism of hydrogen embrittlement inintercritically annealed medium Mn TRIP steel [J]. Acta Materialia, 2016, 113: 1-10.

[15] Lee S J, Lee S, De Cooman B C. Mn partitioning during the intercritical annealing of ultrafine-grained 6% Mn transformation-induced plasticity steel [J]. Scripta Materialia, 2011, 64(7): 649-652.

[16] Dmitrieva O, Ponge D, Inden G, et al. Chemical gradients across phase boundaries between martensite and austenite in steel studied by atom probe tomography and simulation [J]. Acta Materialia, 2011, 59(1): 364-374.

[17] Kamoutsi H, Gioti E, Haidemenopoulos G N, et al. Kinetics of solute partitioning during intercritical annealing of a medium-Mn steel [J]. Metallurgical and Materials Transactions A, 2015, 46(11): 4841-4846.

[18] Xu Y B, Zou Y, Hu Z P, et al. Correlation between deformation behavior and austenite characteristics in a Mn-Al type TRIP steel [J]. Materials Science and Engineering A, 2017, 698: 126-135.

[19] Chen J, Zhang W N, Liu Z Y, et al. The role of retained austenite on the mechanical properties of a low carbon 3Mn-1. 5Ni steel [J]. Metallurgical and Materials Transactions A, 2017, 48: 5849-5859.

[20] Nakada N, Tsuchiyama T, Takaki S, et al. Temperature dependence of austenite nucleation behavior from lath martensite [J]. ISIJ International, 2011, 51: 299-304.

[21] Cai Z H, Ding H, Misra R D K, et al. Austenite stability and deformation behavior in a cold-rolled transformation-induced plasticity steel with medium manganese content [J]. Acta Materialia, 2015, 84: 229-236.

［22］Chen J, Lv M Y, Liu Z Y, et al. Combination of ductility and toughness by the design of fine ferrite/tempered martensite-austenite microstructure in a low carbon medium manganese alloyed steel plate ［J］. Materials Science and Engineering A, 2015, 648：51-56.

［23］Zou Y, Xu Y B, Hu Z P, et al. Austenite stability and its effect on the toughness of a high strength ultra-low carbon medium manganese steel plate ［J］. Materials Science and Engineering A, 2016, 675：153-163.

［24］Zou Y, Xu Y B, Hu Z P, et al. High strength-toughness combination of a low-carbon medium-manganese steel plate with laminated microstructure and retained austenite ［J］. Materials Science and Engineering A, 2017, 707：270-279.

［25］Sun C, Liu S L, Misra R D K, et al. Influence of intercritical tempering temperature on impact toughness of a quenched and tempered medium-Mn steel：intercritical tempering versus traditional tempering ［J］. Materials Science and Engineering A, 2018, 711：484-491.

［26］Diego-Calderón I D, Knijf D D, Monclús M A, et al. Global and local deformation behavior and mechanical properties of individual phases in a quenched and partitioned steel ［J］. Materials Science and Engineering A, 2015, 630(10)：27-35.

［27］Hu J, Du L X, Liu H, et al. Structure-mechanical property relationship in a low-C medium-Mn ultrahigh strength heavy plate steel with austenite-martensite submicro-laminatestructure ［J］. Materials Science and Engineering A, 2015, 647：144-151.

［28］Chiang J, Lawrence B, Boyd J D, et al. Effect of microstructure on retained austenite stability and work hardening of TRIP steels ［J］. Materials Science and Engineering A, 2011, 528：4516-4521.

［29］Su G Q, Gao X H, Yan T, et al. Intercritical tempering enables nanoscale austenite/ε-martensite formation in low-C medium-Mn steel：A pathway to control mechanical properties ［J］. Materials Science and Engineering A, 2018, 736：417-430.

［30］袁国, 韩毅, 王超, 等. 中厚板辊式淬火机淬火过程的冷却机理 ［J］. 材料热处理学报, 2010, 31(12)：148-152.

［31］袁国, 王国栋, 王黎筠, 等. 中厚板辊式淬火机淬火过程的温度场分析 ［J］. 东北大学学报（自然学科版）, 2010, 31(4)：527-530.

［32］付天亮, 王昭东, 李勇, 等. 中厚板淬火热弹性马氏体相变潜热模型 ［J］. 东北大学学报（自然科学版）, 2013, 34(12)：1734-1738.

［33］付天亮, 李勇, 王昆, 等. 冷却方式对特厚钢板淬火温度均匀性的影响 ［J］. 东北大学学报（自然科学版）, 2013, 34(11)：1575-1579.

［34］张庆峰, 焦四海, 马朝晖. 厚板淬火过程温度场的有限元模拟 ［J］. 热加工工艺, 2010, 39(6)：157-160.

5 含钛中锰钢的强韧化

微合金化技术是20世纪70年代在国际冶金界出现的新型冶金学科，该技术是在控轧控冷技术（Thermo Mechanical Control Process，TMCP）基础上，辅助以高纯洁度、均匀性冶炼工艺及低夹杂、无缺陷连铸坯制备技术，使 TMCP 与热处理工艺协同作用而发展起来的一种新型钢铁制备技术。利用微钛处理在高温奥氏体化及随后冷却相变过程细化晶粒尺寸，添加锰元素显著提高特厚板的淬透性，进而使基体经两相区回火后得到亚微米级回火马氏体和逆转变奥氏体复合层状组织，回火马氏体基体保证钢的高强度，同时逆转变奥氏体提高钢板的塑韧性能。分析钛元素在控轧控冷及热处理过程中的强化机制、亚微米级复合层状组织及大角度晶界韧化机制对钛微合金中锰钢特厚板强韧性的作用。

5.1 含钛中锰钢热力学计算

通过钛微合金化低碳中锰成分设计，结合各合金元素的作用特点采用合理的热加工、热处理工艺，使元素间强化作用相互促进，保证多种强化机制协同作用，从而实现特厚板的高强韧匹配，其化学成分见表5-1。

表 5-1　实验钢化学成分（质量分数）　　　　　　　　　　（%）

钢号	C	Si	Mn	Al	Ti	O	N	P	S	Cr+Ni+Mo+Cu
A	0.02~0.08	0.22	3.0~8.0	0.02	0.014	0.002	0.0035	0.003	0.002	微量
B	0.02~0.08	0.20	3.0~8.0	0.02	0.032	0.002	0.0033	0.003	0.002	微量
C	0.02~0.08	0.21	3.0~8.0	0.02	0.053	0.002	0.0035	0.003	0.002	微量

运用 Thermo-Calc 热力学软件对三种不同钛含量实验钢的各相体积分数及碳、锰元素在奥氏体中质量分数进行模拟计算，计算结果如图5-1所示。由结果可知 A、B、C 三种钢的 $\alpha+\gamma$ 两相区温度分别为 583.7~723.7℃、588.5~724.3℃、592.4~724.8℃，随着元素钛含量的增加，两相区温度区间逐渐升高，但变化程度较小。实验钢中渗碳体的体积分数均小于 1.0%，且在590℃以上完全溶解。以含钛量为 0.032% 的 B 实验钢为例，计算碳、锰元素在奥氏体中质量分数，如图5-1所示。碳为稳定奥氏体元素，研究表明其对奥氏体稳定性有着较大的影响。在 588.5~724.8℃ 两相区温度范围内，其质量分数为 0.06%~0.22%。在低温区（≤588.5℃），随着温度的升高奥氏体中碳元素含量逐渐升高，这是由于渗

碳体的不断溶解，且碳原子的活跃度提高，通过扩散不断富集到奥氏体内；在588.5℃渗碳体完全溶解后到达峰值，而后随着温度的升高奥氏体体积分数逐渐升高，此时实验钢中碳的浓度基本不再发生变化，奥氏体中碳元素质量分数则逐渐降低；当温度高于724.8℃，实验钢完全奥氏体化，碳元素在奥氏体中的质量分数则不再发生较大的变化。锰元素也是钢中常见的稳定奥氏体元素之一，在两相区温度范围内锰元素质量分数为5.5%~13.3%。在完全奥氏体化温度之前（≤724.8℃），随着温度的升高，锰元素在奥氏体内部的质量分数逐渐降低，这是由于锰元素几乎完全固溶于基体内，随着奥氏体体积分数的增加，其在奥氏体中含量不断降低。而在较高温度下（≥724.8℃），实验钢实现了完全奥氏体化，锰元素在奥氏体中的质量分数则不再发生变化[1]。

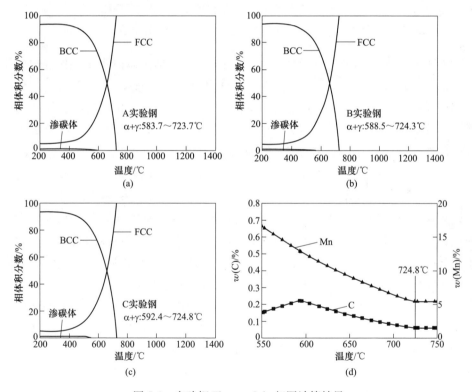

图 5-1 实验钢 Thermo-Calc 相图计算结果

(a) A 实验钢相体积分数；(b) B 实验钢相体积分数；(c) C 实验钢相体积分数；
(d) B 实验钢不同温度下碳、锰元素在奥氏体中的质量分数

5.1.1 钛元素对奥氏体相变行为的影响

利用 Thermo-Calc 热力学软件对三种不同钛含量实验钢奥氏体内稳定元素的质量分数进行模拟计算，如图 5-2 所示。

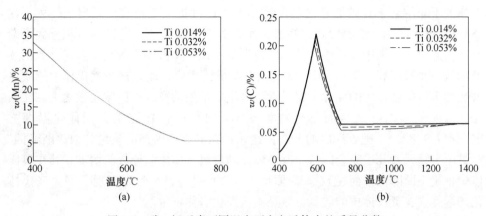

图 5-2　碳、锰元素不同温度下在奥氏体中的质量分数

（a）锰元素在奥氏体中的质量分数；（b）碳元素在奥氏体中的质量分数

由图 5-2 可知，随着钛含量的增加，三种实验钢奥氏体内锰元素含量的变化规律基本一致，而碳元素含量在 600~1300℃ 均出现下降现象。在 630℃ 时三种实验钢锰元素在奥氏体中质量分数均为 10.51%，而碳元素质量分数随着钛含量的增加，分别为 0.162%、0.151%、0.139%。其原因主要是因为实验钢内部含钛的碳化物析出量增加，消耗了基体中起稳定奥氏体作用的碳元素含量。由图 5-2（b）可知，在完全奥氏体化温度以上（≥725℃），随着温度的升高，A 实验钢中奥氏体内碳含量基本不发生变化，而 B、C 实验钢奥氏体内碳含量逐渐上升，且在 1250℃ 左右与 A 实验钢奥氏体内碳元素含量基本相同。这是由于实验钢氮含量为 0.0035%，当钛含量为 0.014% 时，$w(\mathrm{Ti})/w(\mathrm{N})=4$ 接近于 TiN 的理想化学配比为 3.4，钢中钛元素几乎全部与氮元素结合析出 TiN 粒子，故 A 实验钢中 TiC 粒子含量极少，在升温过程中奥氏体内碳元素在曲线上呈现水平直线状。随着钛含量的增加，B、C 实验钢中均存在 TiC 粒子，在高温奥氏体化过程中逐渐溶解，奥氏体内碳元素得到补充，因此在曲线上呈现逐渐上升，且 TiC 粒子含量较高的 C 实验钢上升速率较大。随着温度的进一步升高，在 1250℃ 左右，TiC 几乎全部溶解，故在此温度下三种不同钛含量实验钢奥氏体中碳元素的质量分数均接近于 0.065%。

5.1.2　含钛第二相的析出规律

利用 Thermo-Calc 软件对钛微合金中锰钢的第二相析出行为进行计算，图 5-3 为含钛第二相体积分数及各元素在第二相中质量分数分布图。

由图 5-3（a）可知，随着钛含量的增加，在 630℃ 时第二相的体积分数分别为 0.029%、0.068%、0.109%，实验钢中第二相体积分数逐渐增加。在 900~

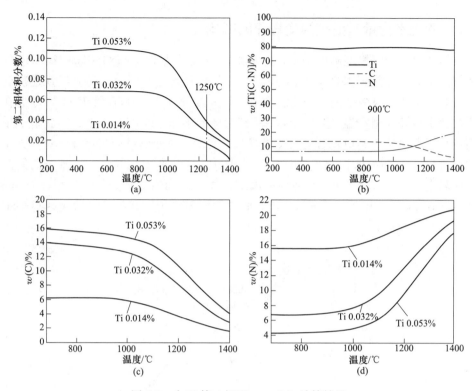

图 5-3　含 Ti 第二相 Thermo-Calc 计算结果
（a）不同实验钢含钛第二相的体积分数；（b）B 实验钢第二相中的元素质量分数；
（c）碳元素在第二相中的质量分数；（d）氮元素在第二相中的质量分数

1250℃范围内，实验钢中含钛第二相体积分数下降速率较大，这种现象主要是因为在此温度区间 TiC 的溶解行为导致的。当温度升高到 1250℃以上时，基体内剩余的 TiC 含量明显较少，故在曲线上显示为下降速率减小。由图 5-3（b）中碳、氮元素在第二相随温度升高的变化规律可知，析出相 TiN 具有较高的热稳定性，因此分布在晶界处的 TiN 粒子在高温奥氏体化过程中仍能有效地钉扎奥氏体晶界，从而抑制奥氏体晶粒的异常长大现象[2]。

对实验钢第二相中碳、氮元素的质量分数进行计算，结果如图 5-3（c）和（d）所示。对比可知，含钛第二相中碳元素的变化规律与实验钢中第二相体积分数的变化规律相似，因此可以证明 TiC 的溶解行为对钢中含钛第二相的变化起主导地位。而图 5-3（d）中氮元素在第二相中质量分数随着钛含量的增加而下降，这是由于随着钛含量的增加，含钛第二相析出的总量增加，TiN 的体积分数变化不大，故其比例出现下降的现象。先析出的 TiN 消耗一部分的钛，剩余的钛与碳原子结合生成 TiC 粒子，因此随着钛含量的增加，钢中 TiC 粒子析出增加，导致第二相中氮元素所占的比例随着钛含量的增加反而出现下降。

5.2　钛元素含量对组织演变规律的影响

钛微合金中锰钢经冶炼锻造、锯床加工成尺寸为 210mm×140mm×100mm 的坯料。实验钢加热到 1200℃保温 3h，促使合金元素充分回溶。随后经 5 道次轧制成 80mm 特厚规格钢板，开轧温度及终轧温度分别为 1000℃和 950℃，随后在线快速水冷淬火至室温。第一道次采用 7.1%的小压下率控制板型，终轧道次采用较小压下量从而避免轧后钢板发生翘曲，实验钢总变形量为 42.9%。对淬火态钢板进行 α+γ 两相区回火热处理，三种成分的坯料要求尺寸统一，基于前期两相区温度的确定，选取 630℃ 为回火温度。加热炉到温后装炉，特厚板经 60min 加热至 630℃，随后等温 60min，随后取样空冷至室温，其控轧控冷及热处理工艺路线图如图 5-4 所示。

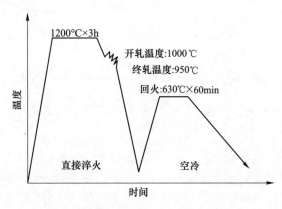

图 5-4　实验钢控轧控冷及热处理工艺路线

实验钢淬火态原始奥氏体 OM 组织及基体 SEM 显微组织如图 5-5 所示。由淬火态原始奥氏体 OM 组织可以看出，添加钛元素可明显细化实验钢原始奥氏体晶粒，实验钢奥氏体组织多为等轴晶粒，且各实验钢在多结晶处均生成尺寸在 8~15μm 的细小再结晶奥氏体晶粒，说明在控轧过程中发生了回复再结晶行为。

运用 Nano Measurer 粒径分布计算工具统计 A、B、C 三种实验钢的原始奥氏体晶粒尺寸分别为 88.3μm、76.4μm 和 63.4μm。其淬火态实验钢 SEM 微观组织如图 5-5（b）、（d）、（f）所示，可以看出，实验钢热轧淬火后组织在原始奥氏体晶粒内生成的不同位向的细小板条马氏体，且随着钛含量的增加马氏体板条逐渐细化。由图 5-5（a）、（c）、（e）可知 A 实验钢奥氏体尺寸分布存在较大的不均匀性，这主要是因为当钛含量（质量分数）为 0.014%时，钢中析出的第二相粒子含量较少，故在晶界处析出时容易出现偏聚现象，在高温奥氏体化过程中，偏聚处的第二项粒子对奥氏体晶界钉扎力较大，抑制晶粒长大效果明显。随着钛

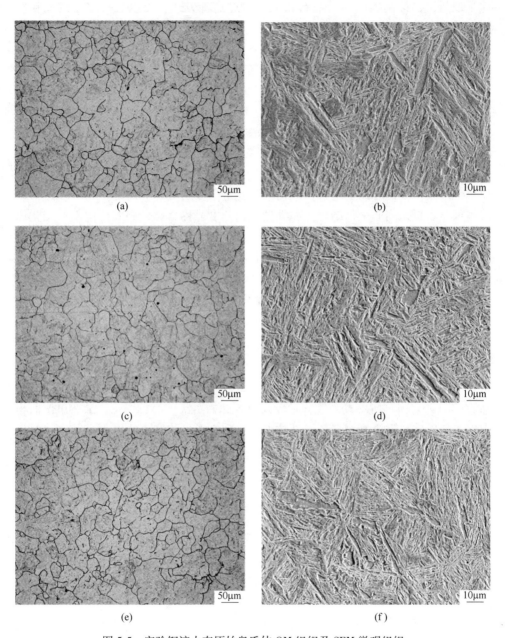

图 5-5 实验钢淬火态原始奥氏体 OM 组织及 SEM 微观组织

(a) A 实验钢原始奥氏体 OM 组织；(b) A 实验钢 SEM 组织；(c) B 实验钢原始奥氏体 OM 组织；

(d) B 实验钢 SEM 组织；(e) C 实验钢原始奥氏体 OM 组织；(f) C 实验钢 SEM 组织

含量的增加，这种尺寸分布的不均匀性逐渐减弱，如图 5-5（c）中随着钛含量的增加，晶粒尺寸分布均匀性得到明显的改善。微合金钛元素可以基体中作为溶质原子或析出物抑制奥氏体的晶粒长大，通过这种方式，可以获得细小的晶粒组织，以提高钢的强度[3]。

利用扫描电镜的 EBSD 来分析回火态实验钢晶体学特征，如图 5-6 所示。图 5-6（a）、（c）、（e）为带有晶界取向分布的质量图，红色线代表的是 2°~15° 的小角度晶界，蓝色线代表的是不小于 15° 的大角度晶界。实验钢基体为板条状回火马氏体及逆转变奥氏体复合层状组织，在马氏体板条边界及块状晶界处均具有大角度晶界，因此实验钢含有较高比例的大角度晶界。大角度晶界显著延缓解理裂纹的传播，能够有效地偏转甚至终止裂纹的扩展，而小角度晶界对此作用较小[4]。当实验钢中大角度晶界占比较大时，裂纹经过晶界时增加了转折的次数，使单位裂纹扩展的总路径增长，从而延缓其进一步的延伸。此外，这种多边形马氏体板条、板条间非平行结构及晶界处的大角度晶界具有较高的位向差，细化原始奥氏体内部的板条马氏体组织。在形变过程中，单个晶粒内部的位错密度降低，应力集中也随之降低，有利于提高材料的塑性变形能力[5]。

将回火态实验钢对应大小角度晶界取向角的百分数含量绘制成图，如图 5-6（b）、（d）、（f）所示。由实验钢质量图可以看出随着钛元素含量的增加，实验钢原始奥氏体晶粒得到细化，其晶界处具有明显的大角度晶界，但实验钢的大小角度晶界比例未发生明显波动。这主要是因为实验钢基体为板条状回火马氏体及逆转变奥氏体层状组织。当钛含量较少时，单位面积内原始奥氏体晶界含量减少，但晶粒内部回火马氏体板条尺寸较大，马氏体板条间的大角度晶界含量较高，如图 5-6（a）所示；当钛含量较高时，原始奥氏体晶粒细化，虽然单位面积内原始奥氏体晶界含量增多，但晶粒内部得到板条尺寸较小的回火马氏体，含小角度晶界的马氏体板条含量升高，如图 5-6（e）所示。因此，这种竞争关系导致钛元素对实验钢的大小角度晶界比例分布的影响较弱。但实验钢整体均具有较高比例的大角度晶界，因此其具备优异的冲击性能。

图 5-7 为逆转变奥氏体与回火马氏体分布关系图，红色代表逆转变奥氏体相。由图可知，薄膜状逆转变奥氏体在具有小角度晶界（2°~15°）的马氏体板条间产生，而块状逆转变奥氏体则在原始奥氏体晶界及状晶界处产生。这主要是由于小角度晶界含有较低的界面能，而逆转变奥氏体更容易在含界面能较大的大角度晶界处形核。

由图 5-7（a）可知薄膜状逆转变奥氏体在小角度晶界也能产生，这是由于在较低的逆转变温度下，随着相变阻力的降低，逆转变奥氏体的形核点倾向于从原始奥氏体晶界转向板条界面处移动[6,7]。这种在晶界及亚晶界生成的逆转变奥氏体对塑性变形的敏感度较大，在早期的塑性变形阶段，由于变形的协调性原因，逆转变奥氏体也发生形变，且在塑性变形过程中吸收大量的应变能，发生 TRIP 效应转变成为马氏体相从而起到强化作用。随着应变的增加，应力不断向稳定的

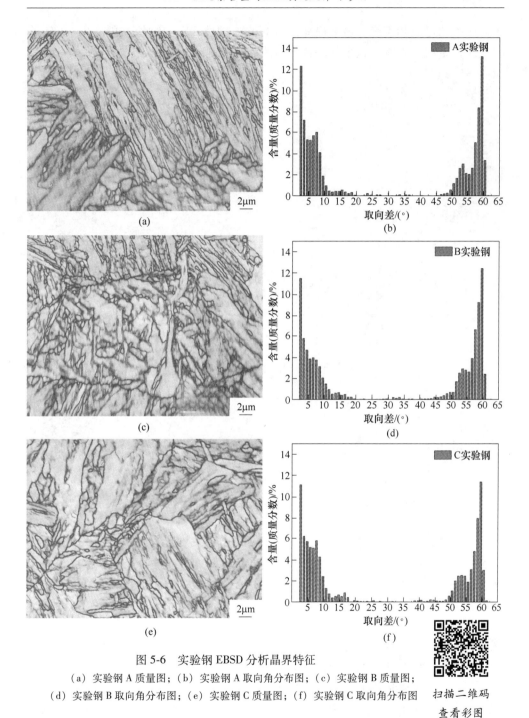

图 5-6　实验钢 EBSD 分析晶界特征

（a）实验钢 A 质量图；（b）实验钢 A 取向角分布图；（c）实验钢 B 质量图；
（d）实验钢 B 取向角分布图；（e）实验钢 C 质量图；（f）实验钢 C 取向角分布图

扫描二维码
查看彩图

奥氏体相聚集，当达到一定程度后，将会诱导新一轮的 TRIP 效应。当受到冲击载荷时，逆转变奥氏体发生 TRIP 效应，有效地降低了裂纹处的局部应力集中，阻碍裂纹的形成和扩展，显著提高钢材的冲击韧性[8,9]。因此，逆转变奥氏体的含量及稳定性是影响中锰钢的综合力学性能的关键因素。

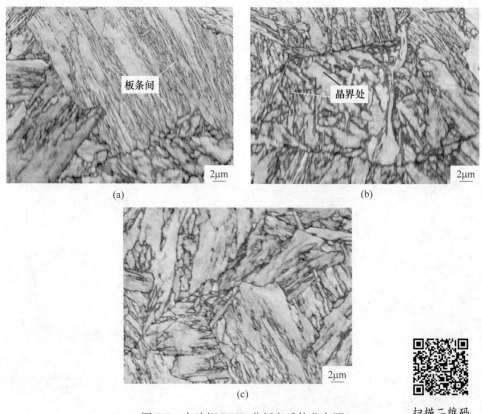

图 5-7　实验钢 EBSD 分析奥氏体分布图
（a）A 实验钢分布图；（b）B 实验钢分布图；（c）C 实验钢分布图

扫描二维码
查看彩图

利用 XRD 物相分析钛元素对奥氏体体积分数的影响，选取（200）γ、（220）γ、（311）γ、（200）α 和（211）α 为特征峰，按照式（5-1）计算试样奥氏体体积分数。

$$V_\gamma = 1.4I_\gamma/(I_\alpha + 1.4I_\gamma) \tag{5-1}$$

式中　V_γ——奥氏体体积分数，%；

　　　I_γ——奥氏体峰的平均积分强度；

　　　I_α——铁素体峰的平均积分强度。

图 5-8 为实验钢 XRD 峰值曲线，由图 5-8（a）可知淬火态实验钢几乎不存在奥氏体特征峰，A、B、C 淬火态奥氏体体积分数在 1.2% ~ 2.2% 之间，说明实验钢的淬透性较好，几乎得到全淬火马氏体组织。实验钢经 630℃两相区回火热

处理后，出现明显的奥氏体特征峰，如图 5-8（b）所示。计算可得 A、B、C 实验钢奥氏体含量（质量分数）分别为 31.0%、29.5%、27.8%。随着钛含量的增加实验钢奥氏体质量分数有所下降，与 Thermo-Calc 热力学软件计算规律相符。这是由于含钛第二相碳化物粒子析出的增多，消耗基体中碳的含量，奥氏体的稳定性随着内部碳含量的降低出现下降，在冷却过程中，亚稳态的逆转变奥氏体发生相变。利用热力学软件计算实验钢 630℃ 热处理奥氏体含量（质量分数）在38%左右，说明实验钢 630℃ 回火 60min 还未达到热力学平衡状态。

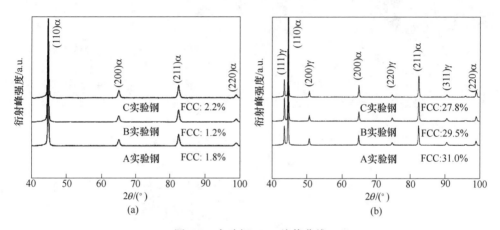

图 5-8　实验钢 XRD 峰值曲线
（a）淬火态实验钢峰值曲线；（b）630℃ 回火态实验钢峰值曲线

实验钢基体 TEM 组织形貌及选区衍射斑标定如图 5-9 所示。实验钢经 α+γ 两相区回火后得到亚微米尺度的板条状回火马氏体与逆转变奥氏体复合层状组织，板条马氏体具有较低的位错密度，在塑性变形阶段优先发生变形，此时实验钢加工硬化率出现急剧下降；块状椭圆形及薄膜状逆转变奥氏体在马氏体板条之间生成，在塑性变形阶段发生 TRIP 效应，使实验钢取得高强度、高韧性和优异的塑性变形能力。这是由于在回火过程中，马氏体板条中碳、锰原子不断向边界处富集，形成较大的成分起伏和结构起伏，促进奥氏体的形核及长大。随着钛含量的升高，逆转变奥氏体体积分数有所下降，但晶粒尺寸得到细化，A 实验钢奥氏体宽度为 140~230nm，B 实验钢奥氏体宽度为 50~105nm，C 实验钢的奥氏体宽度为 40~100nm。图 5-9 中分别标定了逆转变奥氏体的衍射斑，其位置为图中圈定区域，选取区衍射标定（SAED）证实黑色板条部分为奥氏体组织。

实验钢经 α+γ 两相区回火热处理后，对其室温状态下的逆转变奥氏体体积分数进行计算。热转变马氏体体积分数可由 Embury 和 Bouaziz[10] 提出的经验公式计算，见式（5-2）。

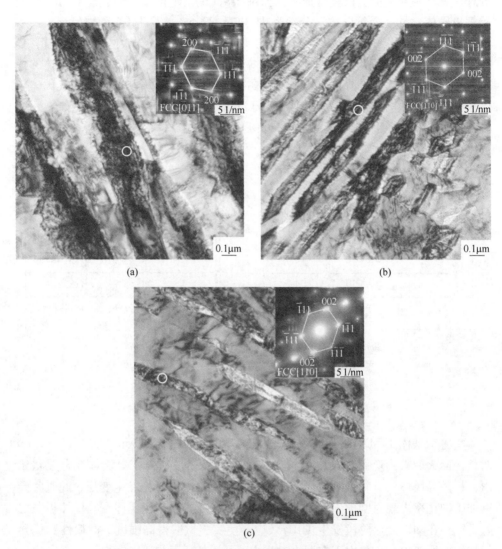

图 5-9　实验钢透射电镜组织形貌及选区衍射斑

(a) A 实验钢组织形貌及衍射斑标定；(b) B 实验钢组织形貌及衍射斑标定；
(c) C 实验钢组织形貌及衍射斑标定

$$f_{\alpha'} = 1 - \exp\left[-\alpha\left(M_s - T\right)^{\beta}\right] \qquad (5-2)$$

式中　$f_{\alpha'}$——转变马氏体体积分数，%；

　　α，β——与相变动力学相关的系数；

　　M_s——马氏体转变开始温度，K。

对于含微量元素种类较多的钢，其 α 和 β 的数值与成分含量有关，基于本实验钢 Mn/C 成分设计，可用式（5-3）和式（5-4）计算。

$$\alpha = 0.0076 - 0.182\ pct\ C + 0.00014\ pct\ Mn \tag{5-3}$$

$$\beta = 1.4609 - 0.443\ pct\ C + 0.0545\ pct\ Mn \tag{5-4}$$

式中，pct C 和 pct Mn 分别为 C、Mn 元素在奥氏体中的质量分数，%。

考虑到晶粒尺寸 V_γ 对 M_s 点的影响，Jimenez-Melero 等人[11]对其经验公式进行了求导，见式（5-5）。

$$M_s = 545 - 423\ pct\ C - 30.4\ pct\ Mn - 60.5\ V_\gamma^{-1/3} \tag{5-5}$$

式中，$V_\gamma^{-1/3}$ 为奥氏体晶粒的体积，μm^3，室温逆转变奥氏体体积用式（5-6）计算。

$$f_{ret,\gamma} = f_{TC,\gamma} - f_{\alpha'} \tag{5-6}$$

式中 $f_{ret,\gamma}$——室温状态下逆转变奥氏体的体积分数，%；

$f_{TC,\gamma}$——运用 Thermo-Calc 计算得到的热力学平衡状态下奥氏体的体积分数，%；

$f_{\alpha'}$——经两相区回火后热转变马氏体体积分数，%，可由式（5-2）计算。

选取 B 实验钢为研究对象，计算室温下奥氏体的含量。由于碳为间隙固溶原子，在 630℃ 两相区回火过程中，原子活跃度较高，能够快速跃迁扩散至奥氏体内，因此碳元素质量分数取值为 0.151%，此值为热平衡状态下 Thermo-Calc 软件计算结果。锰元素质量分数为 11.26%，此值为 TEM-EDX 检测结果。由式（5-5）计算奥氏体（直径为 1.5μm，宽度为 70nm）的 M_s 点为 17.40℃，因此逆转变奥氏体能够在室温下保留。由式（5-6）计算可得奥氏体体积分数 $f_{ret,\gamma}$ 为 34.23%，计算结果与 XRD 检测结果相近。计算值较高是因为实验钢中添加铝元素，降低了逆转变奥氏体的稳定性。

不同钛含量实验钢典型析出物形貌及 EDX 能谱分析如图 5-10 所示。对比可知，当钛元素含量（质量分数）为 0.014% 时析出物主要以方块状 TiN 形式存在，粒子尺寸为 20.5nm，此时钢中钛元素主要在高温奥氏体过程中以 TiN 第二相钉扎原始奥氏体晶界从而起到细化晶粒的效果，如图 5-10（a）所示；当钛元素含量（质量分数）增加为 0.032% 时高温阶段优先析出的 TiN 的析出消耗一部分钛，但钛元素仍有富余，剩余的钛元素在热轧及相变过程中析出纳米级 TiC 粒子，起到析出强化作用，其粒子尺寸为 5~7nm，如图 5-10（b）所示；当钛元素含量（质量分数）继续增加到 0.053% 时，实验钢 TiN 粒子出现粗化，出现个别粒子尺寸为 53.4nm 的 TiN 粒子，如图 5-10（c）所示。这主要是由于 C 实验钢 $w(Ti)/w(N)$ 为 15.1，明显大于 TiN 的理想化学配比，过高的钛含量将会导致液相中析出的 TiN 出现明显的粗化现象[12]。

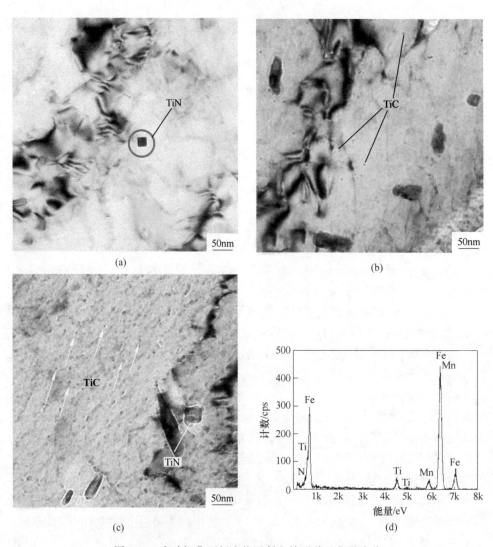

图 5-10　实验钢典型析出物透射电镜形貌及化学成分

（a）A 实验钢析出物形貌；（b）B 实验钢析出物形貌；

（c）C 实验钢析出物形貌；（d）圆圈内析出物化学成分

5.3　钛元素含量对力学性能的影响

实验钢淬火态拉伸性能数据见表 5-2，由拉伸数据可知，三种不同钛含量的实验钢屈服强度为 850～860MPa，抗拉强度为 1149～1166MPa，屈强比为 0.74，伸长率为 11.9%～12.9%。淬火态实验钢拉伸性能及塑性变形性能相近。这是由于轧后快速水冷至室温，实验钢基体均为具有高密度位错淬火马氏体相及少量残余奥氏体相，且基体内部残余应力较大，故淬火态实验钢在高强度的同时塑韧性较差。

表 5-2 淬火态实验钢拉伸性能

钢号	屈服强度/MPa	抗拉强度/MPa	屈强比	伸长率/%	断缩率/%
A	860	1166	0.74	12.9	61.8
B	855	1152	0.74	11.9	63.3
C	850	1149	0.74	11.9	63.0

实验钢经 630℃ 回火热处理后屈服强度及抗拉强度均有所下降，这是由于经 α+γ 两相区回火热处理后，实验钢基体为板条状回火马氏体相及逆转变奥氏体相，相对于脆而硬的淬火马氏体相具有更好的塑韧性，因此实验钢塑性加工性能显著提高，其拉伸性能数据见表 5-3。A 实验钢屈服强度、抗拉强度、屈强比分别为 650MPa、801MPa 及 31.9%；B 实验钢屈服强度、抗拉强度、屈强比分别为 790MPa、883MPa 及 25.4%；C 实验钢屈服强度、抗拉强度、屈强比分别为 800MPa、885MPa 及 25.1%。对比可知，随着钛含量的增加实验钢强度有所提升，这主要是由于含钛第二相粒子的增加，细化基体组织的同时起到析出强化作用，从而提高钢板强度。

表 5-3 回火态实验钢拉伸性能

钢号	屈服强度/MPa	抗拉强度/MPa	屈强比	伸长率/%	断缩率/%
A	650	801	0.81	31.9	70.8
B	790	883	0.89	25.4	71.3
C	800	885	0.90	25.1	72.3

绘制实验钢 630℃ 回火拉伸工程应力-应变曲线，如图 5-11 所示。从图中可以明显看出存在加工硬化行为，实验钢经回火热处理后奥氏体含量显著升高，在局部应力状态下逆转变奥氏体向马氏体转变，产生的 TRIP 效应从而提高了实验钢的塑性。另外，从图中可以看出 A、B 实验钢的屈服强度增量为 140MPa，B、C 实验钢的屈服强度增量为 10MPa。这是由于随着 $w(\text{Ti})/w(\text{N})$ 比值的升高，第二相 TiN 粒子尺寸增加，其钉扎位错作用下降，从而损害钢材的拉伸性能，但此时细晶强化带来的强度增量仍大于由于第二相粒子粗大带来的强度下降，因此 C 实验钢的强度仍大于 B 实验钢。且 B、C 实验钢整体仍表现出屈服强度不小于 790MPa 和伸长率不小于 25% 较好的强塑性组合。故为了获得高强韧的中锰钢特厚板，钛元素含量需要控制在合适的范围内。

实验钢淬火态及回火态的维氏硬度变化曲线如图 5-12 所示，由曲线可知淬火态实验钢硬度在 338.8~344.6HV 之间且差异较少。主要是由于实验钢热轧后

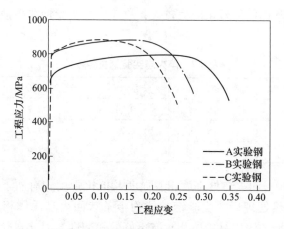

图 5-11 实验钢工程应力-应变曲线

快速水淬至室温,基体组织为硬度较高的淬火马氏体相,且在马氏体中含有高密度的位错,因此硬度值偏高且钛含量对其影响较小。经 630℃ 回火热处理后,实验钢基体为回火马氏体和逆转变奥氏体相,相对于淬火马氏体硬度较低,因此回火态实验钢硬度为 256.7~275.0HV。A 实验钢硬度最低,其主要原因是逆转变奥氏体含量较高,组织软化效果较明显。

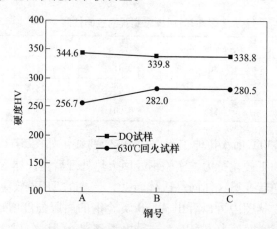

图 5-12 实验钢硬度变化曲线(HV)

实验钢低温冲击性能数据见表 5-4,A、B、C 实验钢在 0℃ 和 -60℃ 的冲击功分别为 173.6J 和 120.5J、158.0J 和 86.6J、132.4J 和 81.1J。这主要是由于随着钛含量的增加,实验钢逆转变奥氏体含量降低,逆转变奥氏体含量的降低使冲击过程中应力集中的松弛效果降低。第二相粒子增多,且 TiN 粒子出现明显粗化。粗大的第二相粒子为微裂纹产生及扩展提供场所,这都有损与实验钢的冲击韧性。绘制实验钢冲击功变化曲线,如图 5-13 所示。由曲线可知,随着实验温度的降低，A、B、C 实验钢冲击性能都有所下降。由式（5-5）可知，逆转变奥氏体的相变点 M_s 与其体积成反比，随着实验温度的降低，部分体积较大的亚稳态逆转变奥氏体发生相变，导致起到增韧作用的 TRIP 效应效果降低，实验钢冲击性能出现下降，但体积较小的奥氏体仍能保存，因此实验钢在-60℃条件下仍未发生韧脆转变。

表 5-4　实验钢冲击性能数据（标准偏差值）　　　　　　（J）

钢号	0℃	-20℃	-40℃	-60℃
A	173.6±12.6	169.1±6.4	132.8±8.7	120.5±6.7
B	158.0±8.4	131.7±7.3	90.7±5.6	86.6±5.3
C	132.4±7.2	118.1±4.6	85.4±6.7	81.1±3.9

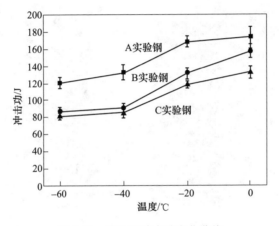

图 5-13　实验钢冲击功变化曲线

实验钢-60℃冲击断口 SEM 形貌如图 5-14 所示。裂纹快速扩展阶段形成放射区，由于放射区是在冲击载荷下瞬间形成的，因此无明显的塑性变形。A 实验钢的冲击断口存在部分小韧窝且解理面偏小，裂纹扩展过程中转折次数较多，因此冲击性能较好，如图 5-14（a）所示。随着钛含量的增加，韧窝几乎消失且解理面逐渐增大，裂纹传播速度较快，因此冲击性能下降，如图 5-14（c）和（e）所示。裂纹稳定扩展阶段形成纤维区，由纤维区形貌可以看出，实验钢在-60℃均为韧性断裂。A 实验钢的冲击端口主要包含均匀分布的大韧窝，在冲击过程中能够吸收较多的能量，因此冲击韧性较好，如图 5-14（b）所示。随着钛含量的增加，B 实验钢冲击断口出现部分小韧窝和被拉长的大韧窝，降低了裂纹扩展过程中的转折次数，因此冲击性能有所下降，如图 5-14（d）所示。C 实验钢冲击断口主要大量被拉长的韧窝，其断裂类型出现由韧性断裂向准解理断裂过度的趋势，如图 5-14（f）所示。

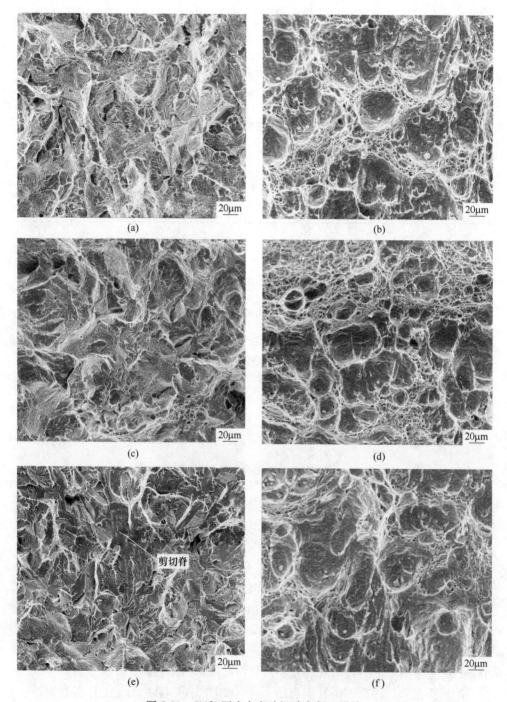

图 5-14　630℃回火态实验钢冲击断口形貌

（a）A 实验钢放射区 SEM 形貌；（b）A 实验钢纤维区 SEM 形貌；（c）B 实验钢放射区 SEM 形貌；
（d）B 实验钢纤维区 SEM 形貌；（e）C 实验钢放射区 SEM 形貌；（f）C 实验钢纤维区 SEM 形貌

参 考 文 献

［1］胡智平 . Fe-0. 2C-7Mn-3Al 中锰钢的热处理工艺及强塑化机理研究 ［D］. 沈阳：东北大学，2014.

［2］Zhang L，Kannengiesser T. Austenite grain growth and microstructure control in simulated heat affected zones of microalloyed HSLA steel ［J］. Materials Science & Engineering A，2014，613（11）：326-335.

［3］王远琦，陈小伟，李志华，等 . Nb-Ti 微合金钢中的奥氏体晶粒长大行为研究 ［J］. 钢铁，2010，45（4）：72-75.

［4］Lan L L，Qiu C L，Zhao D W，et al. Effect of single pass welding heat input on microstructure and hardness of submerged arc welded high strength low carbon bainitic steel ［J］. Science & Technology of Welding & Joining，2013，17（7）：564-570.

［5］Hu J，Du L X，Wang J J，et al. Effect of welding heat input on microstructures and toughness in simulated CGHAZ of V-N high strength steel ［J］. Materials Science and Engineering：A，2013，577：161-168.

［6］Nakada N，Tsuchiyama T，Takaki S，et al. Temperature dependence of austenite nucleation behavior from lath martensite ［J］. Isij International，2011，51（2）：299-304.

［7］Chen J，Zhang W N，Liu Z Y，et al. The role of retained austenite on the mechanical properties of a low carbon 3Mn-1. 5Ni Steel ［J］. Metallurgical & Materials Transactions A，2017，48（12）：5849-5859.

［8］Zou Y，Xu Y B，Hu Z P，et al. Austenite stability and its effect on the toughness of a high strength ultra-low carbon medium manganese steel plate ［J］. Materials Science & Engineering A，2016，675：153-163.

［9］Abareshi M，Emadoddin E. Effect of retained austenite characteristics on fatigue behavior and tensile properties of transformation induced plasticity steel ［J］. Materials & Design，2011，32（10）：5099-5105.

［10］Embury D，Bouaziz O. Steel-based composites：driving forces and classifications ［J］. Annual Review of Materials Research，2010，40（40）：243-270.

［11］Jimenez-Melero E，Dijk N H V，Zhao L. Martensitic transformation of individual grains in low-alloyed TRIP steels ［J］. Scripta Materialia，2007，56（5）：421-424.

［12］高甲生，张庆安 . 低碳钢焊接热影响区 TiN 粗化的动力学 ［J］. 材料热处理学报，1999，（4）：18-21.

6 逆转变奥氏体稳定性及其对组织性能的影响

高强韧中锰钢的微观组织为回火马氏体基体上分布一定数量的逆转变奥氏体,其中逆转变奥氏体对钢材的力学性能有重要影响。逆转变奥氏体是在淬火后的回火过程中形成的,回火温度和回火时间是影响逆转变奥氏体数量和分布的主要因素,也是影响逆转变奥氏体稳定性的主要因素。

目前学术界将奥氏体的稳定性分为热稳定性和机械稳定性,热稳定性是指奥氏体在过冷的条件下是否稳定存在的性质,机械稳定性是指在受到变形时奥氏体是否容易发生马氏体相变的性质。奥氏体的稳定性主要受奥氏体中溶解的稳定化元素,如碳、锰、镍等的含量有关。因此,中锰钢回火过程中碳和锰元素向奥氏体中的配分过程对于奥氏体的稳定性控制是非常重要的。

本章主要对中锰钢钢板进行不同温度的回火处理,研究回火工艺参数对逆转变奥氏体含量和稳定性的影响规律,系统地阐述逆转变奥氏体稳定性对中锰钢强度、低温冲击韧性和塑性的影响。

6.1 临界区退火碳、锰元素的配分

中锰钢钢板的化学成分见表 6-1。碳和锰是钢中最重要的提高奥氏体稳定性元素,可有效降低奥氏体转变温度,起到细化奥氏体晶粒的作用,但碳含量过高会恶化钢的焊接性能,因而实验钢采用低碳的成分设计;锰对钢相变行为和奥氏体稳定性的影响与镍有着相似的作用,因此,以廉价锰代替昂贵的镍,配合合理的热轧及热处理工艺,可获得"逆转变奥氏体+回火马氏体"的复合层状组织,实现中锰钢高强韧性、优异低温冲击韧性和低屈强比的良好匹配;硅能溶于奥氏体中产生固溶强化,提高中锰钢强度,同时有利于逆转变奥氏体富碳,但过高的硅含量会降低钢的塑性和韧性;铬可显著提高钢的淬透性,保证淬火钢在回火后具有较好的综合力学性能;镍在提高钢强度的同时,不降低钢的塑性和韧性;钼可有效防止马氏体回火脆性,改善钢的低温冲击韧性;铜可有效提高钢的耐腐蚀

表 6-1　中锰钢的化学成分 (质量分数)　　　　　　　　(%)

化学成分	C	Si	Mn	P	S	Cr+Mo+Ni	N	Cu	Fe
含量	0.065	0.20	5.45	0.008	0.006	0.8	0.006	0.15	Bal

性能；磷、硫均为钢中有害元素，含量应控制在较低范围内。

在 Formastor-FII 相变仪上测得实验钢的 A_{c1}、A_{c3}、M_s 和 M_f 等相变点温度分别为 606℃、749℃、386℃ 和 184℃。因此，实验钢铁素体/奥氏体的两相区温度区间为 606~749℃。将淬火态中锰钢钢板分别在 630℃、650℃ 和 670℃ 回火保温 30min，随后空冷至室温。按照式（6-1）计算各试样中奥氏体的体积分数。

$$V_\gamma = 1.4I_\gamma / (I_\alpha + 1.4I_\gamma) \tag{6-1}$$

式中　V_γ——奥氏体的体积分数，%；

　　　I_γ——各奥氏体峰积分强度的平均值；

　　　I_α——各铁素体峰积分强度的平均值。

间隙原子碳和置换原子锰在淬火态中锰钢的马氏体板条内部处于过饱和状态，在回火过程中，碳、锰原子从马氏体板条内部向马氏体板条边界扩散，从而导致碳、锰原子在马氏体板条边界偏聚。由于强奥氏体稳定性元素碳和锰的富集，促进了奥氏体在马氏体板条边界上形核[1]。随后，碳、锰原子不断地由马氏体板条内部向奥氏体中扩散，奥氏体长大[2,3]。通常，奥氏体长大分为 3 个阶段[4]。在第一阶段，由于碳原子的扩散作用，导致奥氏体的体积分数快速增加。在相同的回火温度条件下，碳原子的扩散速率远高于锰原子的扩散速率[4]。因此，在奥氏体长大的第一阶段，碳原子的扩散发挥着重要作用。在第二阶段，锰原子从马氏体中不断地向奥氏体中扩散，奥氏体缓慢长大。在这一阶段，锰原子的扩散处于局部配分均衡的状态。第三阶段是锰在奥氏体中的缓慢均衡扩散的过程，锰原子扩散速率低，锰在奥氏体中的均质化过程需要很长的时间[5]。最终，碳和锰两种强奥氏体稳定性元素在奥氏体中富集。在随后的空冷过程中，稳定性较高的奥氏体在室温下得以保留。

图 6-1 为淬火态中锰钢在不同回火温度条件下的质量图及对应的逆转变奥氏体等效晶粒尺寸柱状图，在质量图中灰色代表回火马氏体，红色代表逆转变奥氏体。当中锰钢在 630℃ 回火保温 30min 后，显微组织中的逆转变奥氏体主要呈薄膜状，薄膜状奥氏体主要分布于回火马氏体板条之间，如图 6-1（a）所示。当中锰钢在 650℃ 回火保温 30min 后，组织中部分逆转变奥氏体仍然呈薄膜状，部分奥氏体长大成为板条状，如图 6-1（b）所示。当回火温度升高至 670℃ 时，组织中含有薄膜状、板条状和块状三种不同形态的逆转变奥氏体，如图 6-1（c）所示。薄膜状和板条状逆转变奥氏体通常分布于以小角晶界为主的回火马氏体板条之间，而块状逆转变奥氏体除分布于回火马氏体板条间外，还分布于以大角晶界为主的 PAGB 和回火马氏体板条边界[6]。小角晶界的界面能较小，因而逆转变奥氏体更容易在大角晶界处形核。然而，在不同的回火温度下，中锰钢室温组织中均存在薄膜状逆转变奥氏体。在相对较低的相变温度下，具有小角晶界的回火马氏体板条间的相变阻力较小，逆转变奥氏体的形核位置也由 PAGB 向回火马氏体

板条边界转移[7,8]。不同回火温度下中锰钢组织中逆转变奥氏体的等效晶粒尺寸分布统计数据如图 6-1（d）所示，当回火温度由 630℃ 升高至 670℃ 时，逆转变奥氏体的等效平均晶粒尺寸分别为 0.189μm、0.241μm 和 0.327μm，且大尺寸的逆转变奥氏体所占比例不断增加。

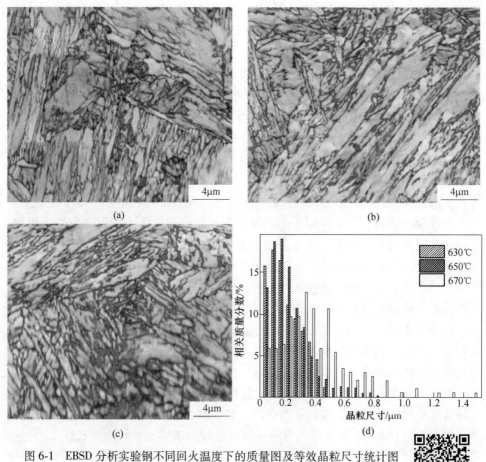

图 6-1   EBSD 分析实验钢不同回火温度下的质量图及等效晶粒尺寸统计图
(a) 630℃；(b) 650℃；(c) 670℃；(d) 奥氏体等效晶粒尺寸统计图

扫描二维码
查看彩图

6.2   中锰钢中 ε 马氏体形成机制及对力学性能的影响

6.2.1   纳米级 ε 马氏体

通常来说，对于中锰体系下的合金钢在经过临界区回火处理后微观组织由回火马氏体和逆转变奥氏体组成，而对于经过铬合金化处理的实验中锰钢主要成分为（Fe-0.05C-5.4Mn-0.8Cr-0.8Ni+Cu+Mo）（质量分数/%）。当临界区回火温度升至 700℃ 时，一种具有密排六方结果的 ε 马氏体相出现在微观组织当中，研究其形成机制对于调控中锰钢的力学性能尤为重要。

图 6-2 示出中锰钢在不同临界区回火处理后的 EBSD 相组成图，可以清楚地观察到逆转变奥氏体在回火马氏体的晶界处形成，对应不同的临界区回火温度，逆转变奥氏体的宽度分别约为 100nm 和 200nm。同时，一定数量的 ε 马氏体也存在于晶界处，其宽度约在 10~50nm 之间。一些文献中指出在 Fe-Mn-C 系合金钢中奥氏体和 ε 马氏体易于形成于三角晶界连接处[9-11]，相似的现象在图 6-2 中也得以体现。当实验钢经过 650℃临界区回火 50min 后，并空冷处理后，从 EBSD 反极图配色图［见图 6-2（c）］可以观察到逆转变奥氏体和 ε 马氏体拥有［113］和［11$\bar{2}$3］取向，这表明晶格点阵在临界区回火后发生了在板条马氏体晶界上的重排现象。此外，当临界区回火温度被升高至 700℃，伴随着 ε 马氏体的产生，逆转变奥氏体和 ε 马氏体的取向分别转变为［111］和［0002］。这种取向转变

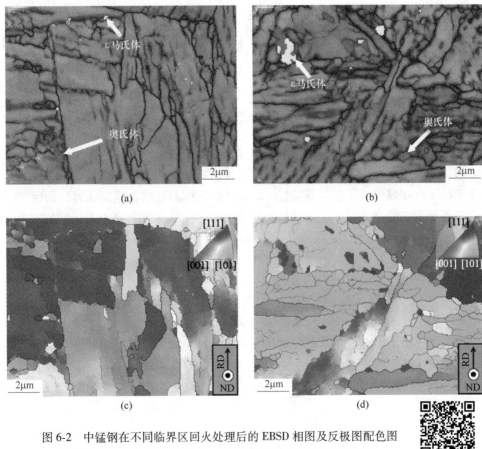

图 6-2　中锰钢在不同临界区回火处理后的 EBSD 相图及反极图配色图
（a）EBSD 相图（650℃/50min）；（b）反极图配色图（650℃/50min）；
（c）EBSD 相图（700℃/50min）；（d）反极图配色图（700℃/50min）

扫描二维码
查看彩图

现象说明，当经过 700℃临界区回火 50min 后，ε马氏体的取向平行于肖克莱不全位错的伯氏矢量方向；逆转变奥氏体的取向平行于弗兰克不全位错伯氏矢量方向。因此，可得出位错可通过相的扩张和挤压作用产生于 FCC 向 BCC 转变的过程当中。而在临界区回火过程后的空冷过程中，一个完整的位错可分解为一个位于奥氏体区中固定的弗兰克不全位错，以及一个位于 ε马氏体区中可滑动的肖克莱不全位错。

　　基于上述分析结果，可得出 ε马氏体可以形成在实验钢经过 700℃临界区回火 50min 后的空冷过程中，两种相转变过程（FCC→BCC 和 FCC→HCP）可以发生在单一冷却过程中。随着临界区回火温度的升高，不全位错的形成主要依赖于奥氏体中合金元素的配分。FCC 向 BCC 产生的体积扩张现象也对冷却过程当中不全位错的形成起到关键作用。

6.2.2　高铬成分体系合金元素的配分

　　为了更清晰地表征中锰钢在临界区回火过程中合金元素配分及相转变过程，采用了基于 MOBFE4 数据库的 DICTRA 软件（热力学与动力学计算软件）对不同临界区回火过程的主要合金元素扩散过程进行了模拟计算。模型包含马氏体和奥氏体的一维模型被建立［见图 6-3（a）］，初始奥氏体的厚度被设定为 1nm，初始板条马氏体的厚度被设定为 500nm，分列于模型的左右两侧。马氏体与奥氏体之间相界面在经过临界区回火之前被设定在位置 1，当经过了不同的临界区回火过程中，位于位置 2 和位置 3 的相界面分别对应着 650℃回火 50min 和 700℃回火 50min 两种热处理工艺。需要指出的是，奥氏体的形核在模拟临界区回火过程中是不被考虑的，且对于上述两种模拟过程中的初始合金成分均为材料的实际合金成分。650℃临界区回火 50min 模拟计算的元素配分结果在图 6-3（b）～（e）中以实线示出，图中虚线则对应着 700℃临界区回火 50min 模拟计算的元素配分结果，两种工艺的模拟时间均为 3000s。

　　由图 6-3（a）中奥氏体与回火马氏体的相界面模拟结果可知，当经过 650℃临界区回火 50min 后，逆转变奥氏体的宽度为 230nm。元素配分计算结果表明中锰钢的主要奥氏体稳定元素都富集在奥氏体中，但却呈现出不同的分布状态。奥氏体中碳的浓度随着距相界面的距离的延长先减少而后增加，此时碳的最大富集区位于奥氏体中心，锰则随着距相界面的距离的延长不断减少；此外，奥氏体和回火马氏体中硅和铬的富集趋势相似，这两种元素都在奥氏体中心处显著富集。总体来说，锰、硅、铬的扩散是不均匀的，奥氏体中碳的上坡扩散现象是由锰、硅、铬元素协同控制导致的，碳的高移动性可有助于调节其他合金元素的化学势；其间，硅可起到抑制碳化物或渗碳体析出的作用，铬则可明显降低碳的扩散能力从而提高奥氏体的稳定性。而在回火马氏体中，锰、硅和铬的含量随着距相

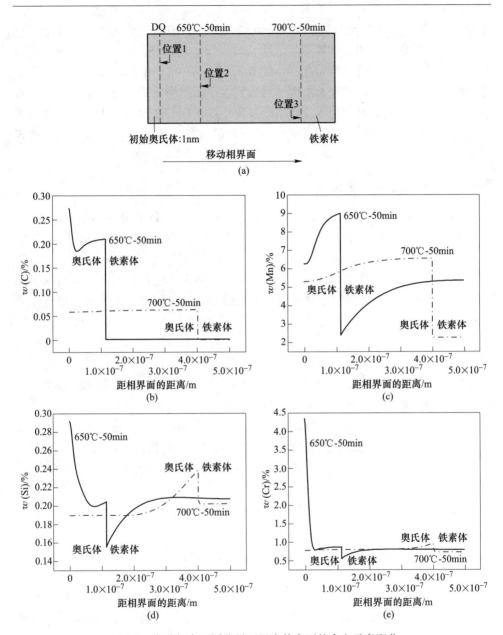

图 6-3 实验钢在不同临界区回火状态下的合金元素配分

（a）相界面移动模型；（b）碳元素分布；（c）锰元素分布；（d）硅元素分布；（e）铬元素分布

界面的距离的延长而逐步增加，但是它们的含量却不会高于奥氏体当中的任何位置；碳均匀分布于回火马氏体中。上述计算结果说明，奥氏体和回火马氏体中合金元素分布产生了明显的差异，这会使得奥氏体在空冷过程中保持较高的稳定性。

中锰钢经过 700℃ 临界区回火 50min 热处理后，逆转变奥氏体的厚度增长至 805nm ［见图 6-3 （a）］。计算结果表明，碳、锰、硅和铬已经开始均匀化，但仅具有高移动性的碳完成了均匀化，从图 6-3 （b）～（e）中的虚线可以看出奥氏体中锰、硅和铬随着距相界面距离的延长发生了相对缓慢的下坡扩散现象，这种合金元素的分布状态可能会导致在空冷过程中发生相转变现象，由于奥氏体与回火马氏体间相界面处的合金元素产生了一定的富集，故其可作为其他相的形核位置。

6.2.3　冷却过程中相变规律

依据电子探针 EPMA、透射电镜 TEM、XRD 及 EBSD 的分析结果可以得出，中锰钢在经过 700℃ 临界区回火 50min 后的冷却过程中，在逆转变奥氏体中形成了一定量的 ε 马氏体。不同于本实验用中锰钢，Hsu 等人[12] 和 Guo 等人[13] 的研究是通过完全奥氏体化的方法来达到奥氏体向 ε 马氏体转化的目的。在高锰钢体系中，奥氏体向 ε 马氏体相变临界驱动力为层错能，而层错能的大小主要受原始奥氏体的晶粒尺寸及钢中合金成分控制[14,15]。然而，对于利用临界区回火工艺制备的实验中锰钢的 ε 马氏体形成过程却不涉及原始奥氏体晶粒尺寸，其形成的过程主要由逆转变奥氏体晶粒尺寸大小所控制。因此，计算不同临界区回火工艺中逆转变奥氏体的层错能就成为了探索中锰钢中 ε 马氏体的形成机制的唯一途径。在 Fe-Mn-C 合金体系中，常规计算层错能见式 （6-2）[16]：

$$\Gamma = 2\rho\Delta G^{\gamma\to\varepsilon} + 2\sigma^{\gamma/\varepsilon} + 2\rho\Delta G_{ex} \tag{6-2}$$

式中　$\Delta G^{\gamma\to\varepsilon}$——奥氏体向 ε 马氏体转变前后的自由能差值；

　　　ρ——原子在 ｛111｝ 晶面上的摩尔面密度，可通过 Allain 等人[17] 推导出的公式 （6-3） 得出：

$$\rho = \frac{4}{\sqrt{3}}\frac{1}{a^2 N} \tag{6-3}$$

式中　a——利用合金成分计算得出的奥氏体晶格常数[18]；

　　　N——等于 6.02×10^{23}。

式 （6-2） 中 σ 为 Fe-Mn-C 合金体系中的界面能，可被估算在 10～15 mJ/m² 范围之间[19]；代表着主要合金元素在面心立方结构中的化学贡献的 $\Delta G^{\gamma\to\varepsilon}$ 可通过式 （6-4） 计算得出[14,20]：

$$\Delta G^{\gamma\to\varepsilon} = \sum_i x_i \Delta G_i^{\gamma\to\varepsilon} + x_{Fe}x_{Mn}\Delta\Omega_{FeMn}^{\gamma\to\varepsilon} + x_{Fe}x_C\Delta\Omega_{FeC}^{\gamma\to\varepsilon} + x_{Mn}x_C\Delta\Omega_{MnC}^{\gamma\to\varepsilon} +$$

$$x_{Fe}x_{Si}\Delta\Omega_{FeSi}^{\gamma\to\varepsilon} + x_{Fe}x_{Cr}\Delta\Omega_{FeCr}^{\gamma\to\varepsilon} + \Delta G_{mag}^{\gamma\to\varepsilon} + \Delta G_{ex} \quad (i = C, Fe, Mn, Cr, Si) \tag{6-4}$$

式中　　　　x_i——元素 i 在合金体系中的摩尔分数；

　$\Delta G_i^{\gamma\to\varepsilon}$，$\Delta\Omega_{ij}^{\gamma\to\varepsilon}$——分别为代表着元素 i 在奥氏体向 ε 马氏体转变前后的自由能差值和元素 i 和 j 之间的相互作用能[19,20,21-25]；

ΔG_{ex}——与逆转变奥氏体晶粒尺寸相关的自由能变化值，其可通过式（6-5）计算得出：

$$\Delta G_{ex} = 170.06\exp\left(\frac{-d}{18.55}\right) \tag{6-5}$$

式中，d 为逆转变奥氏体晶粒的宽度，单位为 m[14,20]。

式（6-4）中 $\Delta G_{mag}^{\gamma \to \varepsilon}$ 为由于磁性转变而产生的自由能，可由式（6-6）计算出[26]：

$$\Delta G_{mag}^{\gamma \to \varepsilon} = \Delta G_{mag}^{\varepsilon} - \Delta G_{mag}^{\gamma} \tag{6-6}$$

ΔG_{mag}^{φ} 可通过式（6-7）计算得出：

$$\Delta G_{mag}^{\varphi} = RT\ln\left(1 + \frac{\beta^{\theta}}{\mu_B}\right) f\left(\frac{T}{T_N^{\theta}}\right) \quad (\theta = \gamma, \varepsilon) \tag{6-7}$$

式中，β^{θ}、T_N^{θ} 和 μ_B 为磁矩，θ 相的尼尔温度和玻耳磁子可通过式（6-8）~ 式（6-11）计算得出[27]：

$$\frac{\beta^{\gamma}}{\mu_B} = 0.7x_{Fe} + 0.62x_{Mn} - 0.64x_{Fe}x_{Fe} - 4x_C \tag{6-8}$$

$$\frac{\beta^{\varepsilon}}{\mu_B} = 0.62x_{Mn} - 4x_C \tag{6-9}$$

$$T_N^{\varepsilon} = 580x_{Mn} \tag{6-10}$$

$$T_N^{\gamma} = 251.71 + 6.81x_{Mn} - 11.51x_{Mn} - 2.72x_{Cr} - 15.57x_{Si} - 17.4x_C \tag{6-11}$$

式中 x_i——元素 i 在合金体系中的摩尔分数；

T_N^{θ}——磁矩，K；

f——一个多项式函数，具体表示为式（6-12）和式（6-13）[28]：

$$f(\tau) = -\left(\frac{\tau^{-5}}{10} + \frac{\tau^{-15}}{315} + \frac{\tau^{-25}}{1500}\right) \bigg/ D \quad (\tau > 1) \tag{6-12}$$

$$f(\tau) = 1 - \left[\frac{79\tau^{-1}}{140p} + \frac{474}{497}\left(\frac{1}{p} - 1\right)\left(\frac{\tau^3}{6} + \frac{\tau^9}{135} + \frac{\tau^{15}}{600}\right)\right] \bigg/ D \quad (\tau \leq 1) \tag{6-13}$$

式中，$\tau = T/T_N^{\theta}$，对于面心立方和密排六方相，$p = 0.28$，$D = 2.342456517$。

利用 DICTRA 计算得到的合金元素在奥氏体中线性分布含量和逆转变奥氏体的晶粒尺寸对不同临界区回火条件下的层错能进行计算。可以得出，当临界区回火条件为 650℃ 保温 50min 时，逆转变奥氏体的晶粒宽度为 230nm，不同冷却温度条件下的对应着不同界面能的层错能计算结果分别示于图 6-4（a）和（b）中，层错能在奥氏体内部呈现出先降低后缓慢升高的趋势，当界面能为 $10mJ/m^2$ 时，奥氏体的层错能小于 $16mJ/m^2$，约在 0℃ 以下的区间；而当界面能为 15mJ/m^2 时，其温度区间约在 50℃ 以下的区间。在此临界区回火条件下，ε 马氏体的形成温度区间约在 0~50℃。结果表明，在此临界区回火工艺下，ε 马氏体在冷却过程中形成的概率很小。

当临界区回火条件为 700℃ 保温 50min 时，逆转变奥氏体的晶粒宽度为 805nm，对应着不同冷却温度和界面能的层错能计算结果分别示于图 6-4（c）和（d）当中，层错能呈现向界面方向缓慢增加的趋势，奥氏体的层错能小于 16mJ/m² 的温度区间在 50~100℃ 之间，因此，在此临界区回火后的冷却过程中更易产生 ε 马氏体。

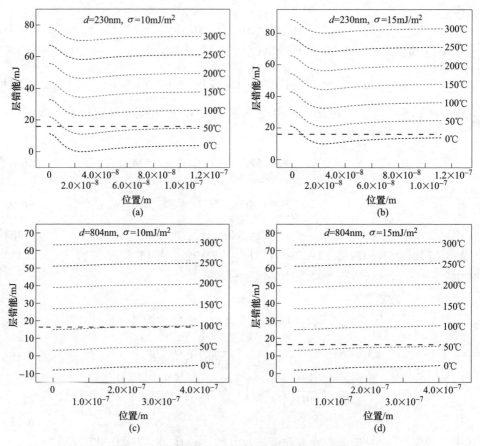

图 6-4　不同临界区回火工艺下奥氏体中的层错能
(a)，(b) 650℃ 回火 50min 对应不同界面能 σ 的层错能；
(c)，(d) 700℃ 回火 50min 对应不同界面能 σ 的层错能

通过对在不同临界区回火条件下 ε 马氏体的形成机制进行计算和分析，可得出，随着临界区回火温度的提高，在冷却过程中，相变机制发生变化，变为 FCC →BCC 和 FCC→HCP 两种相变模式，ε 马氏体的产生降低实验钢中逆转变奥氏体的含量，钢的韧性下降，抗拉强度却增加。这种中锰钢中多相结合的协同效应可为利用临界区回火工艺调控组织性能提供一个新的方法。

6.2.4 TRIP 效应及组织的稳定性

为了更好地理解中锰钢中 ε 马氏体对应力应变行为及延展性的影响，利用 Hollomon 公式（6-14）[29]并结合中锰钢的应力应变曲线对中锰钢在不同临界区回火处理后的加工硬化指数进行计算并分析。

$$\sigma = K\varepsilon^n \tag{6-14}$$

式中 σ, ε——分别为真应力和真应变；

n——加工硬化指数；

K——强度系数。

根据上述公式可推导出瞬时加工硬化率 n^* 的计算公式（6-15）。

$$n^* = \frac{d\ln\sigma}{d\ln\varepsilon} \tag{6-15}$$

对应着图 6-4 中实验钢在不同临界区回火条件下的工程应力应变曲线，利用式（6-15）导出实验钢的瞬时加工硬化指数与真应变之间的关系图，如图 6-5 所示。

对于在 600℃进行临界区回火的中锰钢，保温 10min 后，瞬时加工硬化指数仅表现出一个急剧下降的阶段；随着保温时间延长至 30min 和 50min，瞬时加工硬化呈现出三阶段的变化规律——急剧下降、轻微上升以及缓慢下降。而对于在 650℃进行临界区回火的中锰钢，保温 10min 后，瞬时加工硬化指数为两个阶段变化，分别为急速下降和缓慢下降阶段；保温 30min 和 50min 后，瞬时加工硬化指数出现了一个类似于 600℃回火工艺的回复阶段，虽然指数在保温 50min 后发生了明显的增加，但曲线的整体趋势与保温 30min 相似，因此，此工艺仍然保持了较高的强度。相对于中锰钢在 600℃和 650℃临界区回火 10min 的瞬时加工硬化指数，700℃临界区回火的中锰钢在保温 10min 后的瞬时加工硬化指数就已经表现三阶段的变化趋势；然而，随着保温时间被延长，瞬时加工硬化指数骤然增加至 0.4 左右，且仅表现出单阶段的变化规律，这使得实验钢在此工艺下显现出很高的强度。

为了探究临界区工艺对低温冲击韧性的影响，图 6-6 示出了中锰钢在不同退火温度下的冲击断裂后的断口形貌。

中锰钢在经过 600℃回火 50min 后的冲击断口形貌主要为解理特征的脆性断裂面，且一些极小的韧窝存在于断口上，形成这种断口的形貌主要是由于通过应变 α′马氏体的裂纹快速扩展机制产生的。而当临界区回火温度升至 650℃，断口上存在着大量的大韧窝及一些处于分离边界处的小韧窝。而当中锰钢经过 700℃回火 50min 后，断口的形貌为大量的沿晶断裂和一些小韧窝，这种情况说明，随着临界区回火温度的提升，奥氏体含量减少和 ε 马氏体的形成对断裂模式产生了

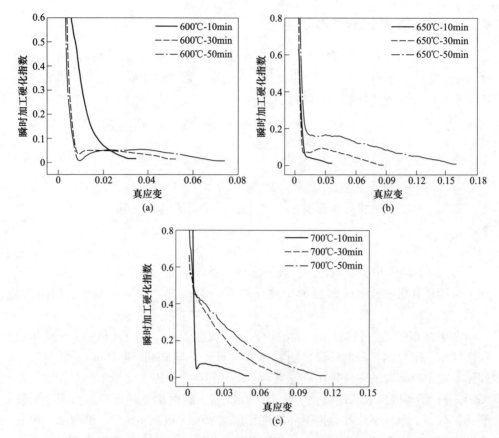

图 6-5　中锰钢在不同临界区回火条件下的瞬时加工硬化指数与真应变关系图
(a) 600℃；(b) 650℃；(c) 700℃

影响。Han 等人[30]的研究已经对中锰钢中沿晶断裂的形成机制进行了报道，其主要是在低温下沿着原始奥氏体晶界扩展。然而，不同临界区回火工艺下对断裂模式的影响尚未被研究。

为了研究中锰钢在冲击过程中相的稳定性，利用切片方法对中锰钢冲击后距断口不同位置处进行取样，具体的切片位置如图 6-7 所示。

对不同切片位置的断口处试样进行 XRD 物相分析，具体结果示于图 6-8 和表 6-2 中，在 650℃临界区回火 50min 后，在冲击过程中，在距断口 1mm 和 3mm 处奥氏体的转变量分别为 20.1% 和 7.3%，而在其他位置，奥氏体并没有发生明显的转变过程。当临界区回火条件变为 700℃保温 50min，距断口不同位置的奥氏体转变量分别为 12.6%（1mm）、10.4%（3mm）、3.8%（5mm）、3.6%（7mm）和 0.2%（9mm）。相比于在 650℃进行临界区回火，此工艺下的奥氏体转变量要小很多，但距断口的转变距离被延长。

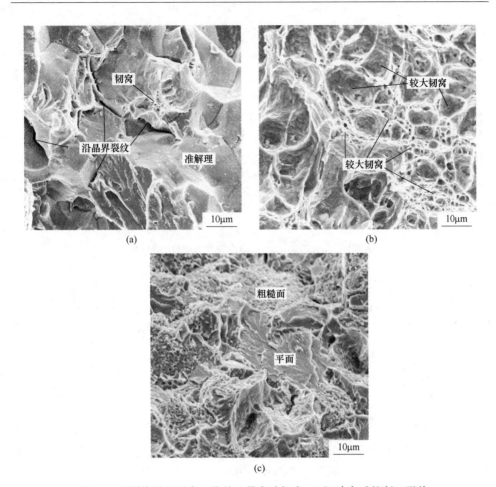

图 6-6 不同临界区回火工艺的 2 号实验钢在-40℃冲击后的断口形貌

(a) 600℃/50min；(b) 650℃/50min；(c) 700℃/50min

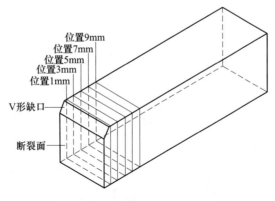

图 6-7 冲击断口的切片示意图

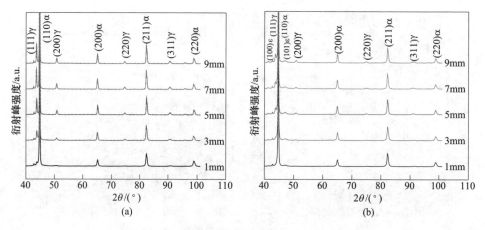

图 6-8　中锰钢距断口不同位置的 XRD 物相分析

（a）650℃/50min；（b）700℃/50min

表 6-2　不同临界区回火工艺下的冲击断口不同位置处的 XRD 物相分析

回火条件	距断口不同位置的奥氏体转变量				
	1mm	3mm	5mm	7mm	9mm
650℃/50min	0.056	0.183	0.255	0.256	0.259
700℃/50min	0.038	0.058	0.126	0.128	0.162

上述结果表明在 650℃临界区回火 50min 的中锰钢具有较好的低温冲击韧性可通过奥氏体的体积分数体现出来，此时奥氏体的稳定性明显高于经过 700℃的临界区回火的中锰钢。此外，对于 700℃回火 50min 的中锰钢，冲击后，距断口不同位置的 ε 马氏体含量并没有明显的变化，中锰钢中 ε 马氏体的稳定能力可协同亚稳态奥氏体协同改变断裂模式，从而导致了随临界区回火温度升高至700℃，冲击韧性下降的现象。

6.3　机械稳定性

中锰钢具有高强度、高塑性和良好低温冲击韧性的综合力学性能，这与其在变形过程中逆转变奥氏体发生 TRIP 效应密不可分。TRIP 效应的强弱程度是由逆转变奥氏体的体积分数和稳定性共同决定的[31,32]。随着回火温度升高，中锰钢组织中的逆转变奥氏体的体积分数逐渐增加，其稳定性也发生着变化。逆转变奥氏体的稳定性是由很多因素共同决定的，例如化学成分、等效晶粒尺寸以及形态等[33,34]。当中锰钢发生塑性变形时，逆转变奥氏体的化学成分对其稳定性起着决定性的作用[35]。

使用 TEM-EDS 元素分析测定了实验钢室温组织中逆转变奥氏体中的碳、锰元素含量，研究了碳、锰元素配分稳定奥氏体机制。当中锰钢在 630℃回火保温 30min 后，测定组织中逆转变奥氏体中的锰含量（质量分数）在 11.82%~ 14.21%，图 6-9（a）中典型锰含量（质量分数）为 12.01%；当中锰钢在 650℃ 回火保温 30min 后，测定组织中逆转变奥氏体中的锰含量（质量分数）在 9.75%~12.56%，图 6-9（b）中典型锰含量（质量分数）为 10.13%；当中锰钢 在 670℃回火保温 30min 后，测定组织中逆转变奥氏体中的锰含量（质量分数） 在 7.48%~9.34%，图 6-9（c）中典型锰含量（质量分数）为 8.35%。

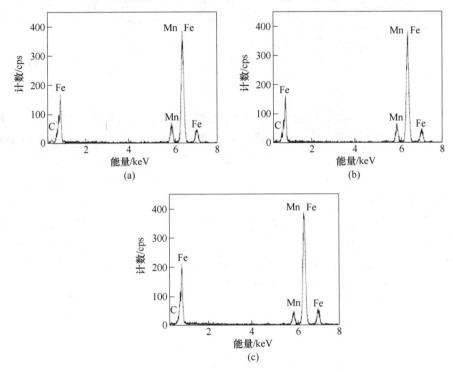

图 6-9 实验钢不同回火温度下逆转变奥氏体中的元素含量

(a) 630℃；(b) 650℃；(c) 670℃

根据 Thermo-Calc 热力学软件计算结果可知，实验钢在 630℃、650℃和 670℃平衡态条件下，奥氏体中的碳含量（质量分数）分别为 0.17%、0.14%和 0.11%，奥氏体中锰含量（质量分数）分别为 10.26%、9.03%和 7.88%，如图 6-10 所示。但不同回火温度下中锰钢奥氏体中锰含量实测值存在较大波动。因 此，中锰钢分别在 630℃、650℃和 670℃回火保温 30min 的情况下，锰元素在奥 氏体中的配分没有达到平衡状态，这主要是由于锰原子较低的扩散速率导致 的[5,36,37]。由于碳原子较高的扩散系数，认为碳在奥氏体中的配分达到平衡 状态[6]。

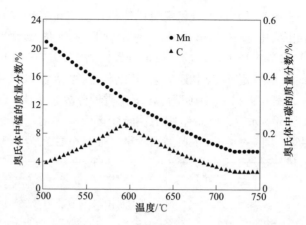

图 6-10 奥氏体中碳和锰质量分数的 Thermo-Calc 计算结果

随着回火温度升高，锰原子的扩散能力增强，逆转变奥氏体体积分数不断增加。然而，高体积分数的逆转变奥氏体导致其富锰程度下降，从而降低其机械稳定性。为了证实这一推论，对不同回火温度下的中锰钢试样进行中断拉伸实验。为保证中断拉伸实验结果的准确性，将拉伸曲线上的弹性段结束点标记为 0 点，分别选取真应变 0.03、0.05、0.07、0.10、0.15 和 0.20 作为实验点。

中锰钢拉伸试样不同真应变拉伸变形后的残余奥氏体体积分数变化曲线如图 6-11（a）所示，对应真应变为 0.05 时的 XRD 特征峰曲线如图 6-11（b）所示。由图 6-11（a）可知，拉伸试样中的残余奥氏体体积分数随着真应变的增加而减少，变化趋势拟合为式（6-16）指数函数[34-36]。

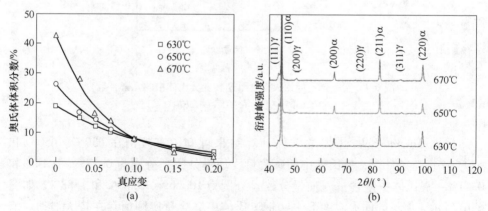

图 6-11 XRD 测定实验钢不同真应变下的奥氏体体积分数
（a）随应变量增加奥氏体含量变化曲线；（b）XRD 图谱

$$f_{\gamma} = f_{\gamma 0} \cdot \exp(-k\varepsilon) \tag{6-16}$$

式中　$f_{\gamma 0}$——初始奥氏体体积分数,%；

　　　f_γ——在真应变 ε 下的奥氏体体积分数,%；

　　　k——奥氏体的机械稳定性系数。

更大的 k 值意味着奥氏体向马氏体转变所需的相变驱动力较小,对应着奥氏体相对较差的机械稳定性。当中锰钢分别在 630℃、650℃ 和 670℃ 回火保温 30min 后,其 k 值分别为 9.36、12.91 和 17.28。因此,随着回火温度升高,中锰钢显微组织中逆转变奥氏体的机械稳定性不断降低。当回火温度为 630℃ 时,中锰钢组织中逆转变奥氏体的稳定性较高,对加工硬化的贡献较小,因而其抗拉强度相对较低。当回火温度升高至 670℃ 时,中锰钢经真应变为 0.07 的拉伸变形后,组织中残余奥氏体的体积分数从 43.41% 较快地下降到 13.86%,表明奥氏体的机械稳定性较差,在拉伸变形初期即大量地转变为马氏体。

图 6-12 为中锰钢在 670℃ 回火保温 30min 后的拉伸试样经真应变 0.07 拉伸变形后的 TEM 显微组织。由图 6-12(a)可知,在回火马氏体基体上存在大量变形位错,局部区域出现了位错胞结构,位错胞结构是明显的变形特征。拉伸变形初期,晶体发生多系滑移,位错相互交割、缠结。随着塑性变形程度增加,交割、缠结的位错向胞状结构转变,高密度位错集中在胞壁,胞内位错密度则相对较低。当回火马氏体发生变形时,组织中部分机械稳定性较低的逆转变奥氏体转变为马氏体,部分机械稳定性较高的逆转变奥氏体则未发生相变,但发生了明显变形。变形后的奥氏体明场像、暗场像分别如图 6-12(b)和(c)所示,奥氏体的衍射斑如图 6-12(d)所示。变形后的奥氏体板条呈拉长形态,表明这部分奥氏体的机械稳定性较高,在较大的塑性变形下仍未相变。部分奥氏体在拉伸过程中发生明显偏折,偏折较严重位置的奥氏体转变为高位错密度的马氏体,如图 6-12(b)所示。

（a）

（b）

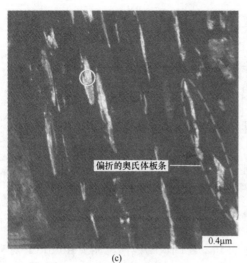
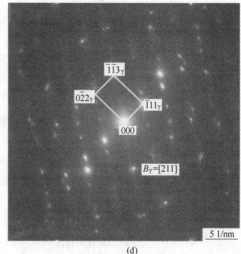

图 6-12　实验钢 670℃ 回火后真应变 0.07 下的 TEM 显微组织

(a) 基体变形后的形貌；(b) 组织中逆转变奥氏体的明场像；

(c) 组织中逆转变奥氏体的暗场像；(d) 逆转变奥氏体的 SAED 谱

6.4　热稳定性

不同回火温度下中锰钢室温组织中逆转变奥氏体的热稳定性可以通过计算其 M_s 点来判断[35]，更高的 M_s 点意味着奥氏体可以在较高的温度下发生马氏体相变，对应着奥氏体相对较差的热稳定性。逆转变奥氏体的 M_s 点可以通过式 (6-17) 进行计算[38]：

$$M_s = 539 - 423w[\mathrm{C}] - 30.4w[\mathrm{Mn}] \tag{6-17}$$

式中　$w[\mathrm{C}]$——逆转变奥氏体中 C 元素的质量分数，%；

　　　$w[\mathrm{Mn}]$——逆转变奥氏体中 Mn 元素的质量分数，%。

中锰钢分别在 630℃、650℃ 和 670℃ 回火保温 30min 后，组织中逆转变奥氏体 M_s 点的计算值分别为 103℃、172℃ 和 237℃，远高于室温，在室温下将发生马氏体相变。然而 XRD 检测结果表明，中锰钢室温下仍含有不同体积分数的逆转变奥氏体。因此，化学成分不是影响逆转变奥氏体热稳定性的唯一因素。

研究表明[35,39,40]，逆转变奥氏体的热稳定性受其等效晶粒尺寸影响较为严重，逆转变奥氏体的等效晶粒尺寸越小，其热稳定性越高。随着回火温度升高，锰原子扩散能力增强，逆转变奥氏体等效晶粒尺寸增大，热稳定性逐渐降低。此外，随着回火温度升高，逆转变奥氏体的形态由薄膜状和板条状向不规则多边形块状转变，而块状奥氏体的稳定性较差，在低温环境下或小的塑性变形下极易发生相变[41,42]。

图 6-13 为经低温处理后实验钢中奥氏体的体积分数。在 630℃、650℃ 和 670℃ 回火温度下的中锰钢在 -40℃ 保温 30min 后，组织中奥氏体体积分数分别降低至 17.98%、23.21% 和 33.66%，奥氏体发生了不可逆相变。当实验温度降低至 -80℃ 后，在 630℃ 回火的中锰钢组织中奥氏体的体积分数仍为 17.98%，奥氏体的转变量为 5.52%，奥氏体的热稳定性较高。在 650℃ 和 670℃ 回火的中锰钢组织中奥氏体的体积分数分别降低至 22.04% 和 28.84%，奥氏体的转变量分别为 16.20% 和 32.00%。因此，随着回火温度升高，经相同温度低温处理后，中锰钢中逆转变奥氏体的转变量逐渐增加，热稳定性不断降低。

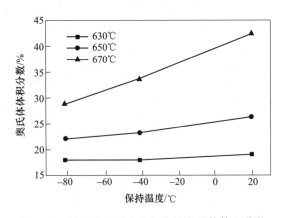

图 6-13　低温处理后实验钢中的奥氏体体积分数

6.5　韧化机制

高强钢的冲击吸收功主要包括裂纹形成功和裂纹扩展功，其中裂纹扩展功又分为稳定裂纹扩展功和不稳定裂纹扩展功[35,39]。高强钢的低温冲击韧性主要取决于裂纹形成功和稳定裂纹扩展功，一旦冲击裂纹发生不稳定扩展，试样很快就会断裂。

中锰钢分别在 630℃、650℃ 和 670℃ 回火保温 30min 后，其 -40℃ 冲击吸收功分别为 135J、115J 和 98J，对应的载荷-挠度曲线如图 6-14 所示。中锰钢优异的低温冲击韧性主要归因于逆转变奥氏体的 TRIP 效应，一方面，TRIP 效应松弛局部应力集中，提高试样的塑性变形能力，从而提高裂纹形成功；另一方面，在裂纹稳定扩展阶段，裂纹尖端微小塑性变形区内较大的应力集中诱发 TRIP 效应，消耗能量，降低裂纹的扩展速率，从而提高裂纹扩展功。此外，低位错密度的回火马氏体较高位错密度的板条马氏体韧性更优，在一定程度上改善了中锰钢的低温冲击韧性。

淬火态中锰钢分别在 630℃、650℃ 和 670℃ 回火保温 30min 后，其 -40℃ 下

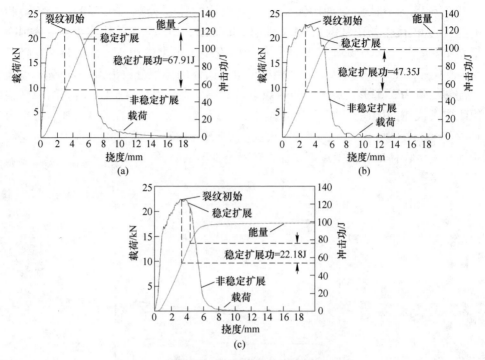

图 6-14　实验钢不同回火温度下的载荷–挠度曲线
(a) 630℃；(b) 650℃；(c) 670℃

的裂纹形成功分别为 53J、51J 和 54J，稳定裂纹扩展功分别为 68J、47J 和 22J。组织中逆转变奥氏体的稳定性对裂纹形成功的影响较小，但对裂纹扩展功的影响较大[43]，只有稳定性较高的逆转变奥氏体才可以显著提高中锰钢的低温冲击韧性[34,35]。当中锰钢在 630℃ 回火保温 30min 后，显微组织中逆转变奥氏体的稳定性最强，因而在冲击过程中的稳定裂纹扩展功最大。当回火温度升高至 670℃ 时，显微组织中高体积分数、低稳定性的逆转变奥氏体具有较高的加工硬化能力，但对改善中锰钢的低温冲击韧性贡献较小。因此，随着回火温度升高，显微组织中逆转变奥氏体的稳定性逐渐降低，其阻碍裂纹扩展的能力变差，稳定裂纹扩展功不断减小。

中锰钢在 670℃ 回火保温 30min 后，经 -40℃ 低温处理后显微组织中逆转变奥氏体的 TEM 形貌如图 6-15 所示。在 -40℃ 低温处理过程中，显微组织中部分热稳定性较差的逆转变奥氏体将会转变为 ε 马氏体，当温度继续降低时，ε 马氏体又将转变为 α′ 马氏体。新生成的马氏体是硬脆相，同时具有较高的硬度和畸变能，将会促进微裂纹的形成和扩展[41]，显著降低裂纹扩展功，从而降低了中锰钢的低温冲击韧性。

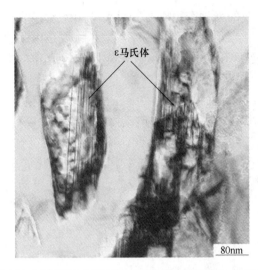

图 6-15 670℃回火实验钢在-40℃低温处理后的 TEM 形貌

6.6 加工硬化行为

相关研究表明[44,45]，锰含量（质量分数）为 5%~7% 的中锰钢的加工硬化行为分为三个阶段。在加工硬化行为的第一阶段，随着应力的增加，加工硬化率急剧降低，随后下降趋势逐渐减缓。在这一阶段，加工硬化率的降低主要是由于回火马氏体的变形导致的[46,47]。随着变形程度增加，位错增殖，相互交割、缠结，导致开启位错移动所需的能量增加，发生应变硬化，因而在加工硬化曲线第一阶段后期，应变硬化率下降趋势减缓。在加工硬化行为的第二阶段，加工硬化率单调增加。加工硬化率的升高主要是由于逆转变奥氏体发生了 TRIP 效应，产生强化作用导致的[33]。在回火马氏体变形过程中，由于变形协调性的原因，逆转变奥氏体也随着发生变形，稳定性较差的逆转变奥氏体首先发生 TRIP 效应，转变成马氏体硬相。随后，应力会向稳定性更高的逆转变奥氏体处聚集，当应力集中达到一定程度后，会诱发新一轮的 TRIP 效应。因此在应变硬化行为的第二阶段，加工硬化率不断上升。在加工硬化行为的第三阶段，加工硬化率缓慢下降。在这一阶段主要与回火马氏体和新相马氏体的变形有关，TRIP 效应不再起主要作用，回火马氏体基体的软化作用重新占据了主导位置。

实验钢不同回火温度下的加工硬化率曲线如图 6-16 所示。由图 6-16 可知，当中锰钢在 630℃回火保温 30min 后，室温组织中稳定性较高的逆转变奥氏体对加工硬化率的贡献较小[34]。而且，低体积分数的逆转变奥氏体在拉伸实验过程中，无法提供持续的 TRIP 效应，从而导致相对较差的延展性。当回火温度升高至 650℃时，在加工硬化行为的第二阶段，加工硬化曲线缓慢上升，表明逆转变奥氏体发生 TRIP 效应的强化作用略高于回火马氏体基体的软化作用。在加工硬化行为的第三阶段，加工硬化曲线缓慢下降。这主要是由于适量的、稳定性适中的逆转变奥氏体，使 TRIP 效应的应变硬化作用均匀地分布在整个拉伸变形过程中，从而舒缓应力，调和变形，推迟颈缩，增加了均匀伸长率和断后伸长率[48]。因此，当中锰钢在 650℃ 回火保温 30min 时，塑性最优，断后伸长率高达 35.67%。然而，高体积分数的逆转变奥氏体并不意味着高的伸长率，因为 TRIP 效应还与逆转变奥氏体的稳定性有关。当回火温度升高至 670℃ 时，组织中高体积分数、低稳定性的逆转变奥氏体具有较强的加工硬化能力，因而抗拉强度较高。但由于逆转变奥氏体的机械稳定性较差，在拉伸变形初期，大量的逆转变奥氏体转变为马氏体，无法提供持续的 TRIP 效应，从而导致伸长率偏低[49]。

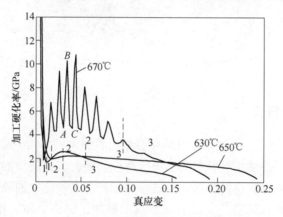

图 6-16　实验钢的加工硬化率曲线

　　值得注意的是，当中锰钢在 630℃ 和 650℃ 回火保温 30min 后，其加工硬化曲线是平滑的。当中锰钢在 670℃ 回火保温 30min 后，其加工硬化曲线的第二阶段呈现出多峰的特征，这是由不连续 TRIP 效应导致的[33,45]。不连续 TRIP 效应意味着随着应变的增加，TRIP 效应是间歇式发生的[44,50]。蔡志辉等人[33,45]的研究结果表明，不连续 TRIP 效应是由组织中的奥氏体具有不同级别稳定性导致的。在冷轧中锰钢中，由于锰元素在奥氏体中的不均匀分布，从而产生了不同级别稳定性的奥氏体[33]；然而，在热轧中锰钢中，不同级别稳定性的奥氏体主要归因于奥氏体本身不同的晶粒尺寸和形态[6,45]。

　　中锰钢分别在 630℃、650℃ 和 670℃ 回火保温 30min 后，EBSD 技术统计的中锰钢室温组织中逆转变奥氏体等效晶粒尺寸的标准差分别为 0.107、0.139 和 0.245。标准差反映了逆转变奥氏体等效晶粒尺寸的离散程度，更大的标准差代表大部分逆转变奥氏体等效晶粒尺寸和其平均值的差异更大。当中锰钢在 670℃ 回火保温 30min 后，组织中等效晶粒尺寸较大的多边形块状逆转变奥氏体的稳定性较差，在塑性变形初期就转变成马氏体，而等效晶粒尺寸偏小的薄膜状和板条状奥氏体的稳定性较高，在变形过程中不容易发生马氏体相变，从而表现出不同级别的稳定性。

为更好地了解不连续 TRIP 效应，将在 670℃ 回火保温 30min 后的中锰钢加工硬化曲线从真应变 0.0303 （A 点）至真应变 0.0404 （C 点）分为两个阶段。第一阶段 （A~B）为马氏体相变阶段，具有相同级别稳定性的逆转变奥氏体在此应力下不断地向马氏体转变，加工硬化率持续上升。第二阶段 （B~C）为应力累积阶段，在此阶段下没有 TRIP 效应发生，加工硬化率迅速降低。只有当应力累积到足够大时，才会激活新一轮的 TRIP 效应。

参 考 文 献

［1］ Luo H W, Shi J, Wang C, et al. Experimental and numerical analysis on formation of stable austenite during the intercritical annealing of 5Mn steel ［J］. Acta Materialia, 2011, 59 （10）: 4002-4014.

［2］ Lee S J, Lee S, De Cooman B C. Mn partitioning during the intercritical annealing of ultrafine-grained 6% Mn transformation-induced plasticity steel ［J］. Scripta Materialia, 2011, 64 （7）: 649-652.

［3］ Lee S, Lee S J, De Cooman B C. Austenite stability of ultrafine-grained transformation-induced plasticity steel with Mn partitioning ［J］. Scripta Materialia, 2011, 65: 225-228.

［4］ Dmitrieva O, Ponge D, Inden G, et al. Chemical gradients across phase boundaries between martensite and austenite in steel studied by atom probe tomography and simulation ［J］. Acta Materialia, 2011, 59 （1）: 364-374.

［5］ Kamoutsi H, Gioti E, Haidemenopoulos G N, et al. Kinetics of solute partitioning during intercritical annealing of a medium-Mn steel ［J］. Metallurgical and Materials Transactions A, 2015, 46 （11）: 4841-4846.

［6］ Xu Y B, Zou Y, Hu Z P, et al. Correlation between deformation behavior and austenite characteristics in a Mn-Al type TRIP steel ［J］. Materials Science and Engineering A, 2017, 698: 126-135.

［7］ Chen J, Zhang W N, Liu Z Y, et al. The role of retained austenite on the mechanical properties of a low carbon 3Mn-1.5Ni steel ［J］. Metallurgical and Materials Transactions A, 2017, 48: 5849-5859.

［8］ Nakada N, Tsuchiyama T, Takaki S, et al. Temperature dependence of austenite nucleation behavior from lath martensite ［J］. ISIJ International, 2011, 51: 299-304.

［9］ Raabe D, Sandlöbes S, Millán J, et al. Segregation engineering enables nanoscale martensite to austenite phase transformation at grain boundaries: a pathway to ductile martensite ［J］. Acta Materialia, 2013, 61 （16）: 6123-6152.

［10］ Dmitrieva O, Inden G, Millán J, et al. Chemical gradients across phase boundaries between martensite and austenite in steel studied by atom probe tomography and simulation [J]. Acta Materialia, 2011, 59 (1): 364-374.

[11] Yuan L, Ponge D, Wittig J, et al. Nanoscale austenite reversion through partitioning, segregation and kinetic freezing: Example of a ductile 2 GPa Fe-Cr-C steel [J]. Acta Materialia, 2012, 60 (6-7): 2790-2804.

[12] Hsu T, Zuyao X. Martensitic transformation in Fe-Mn-Si based alloys [J]. Materials Science and Engineering A, 273-275 (15): 494-497.

[13] Guo Z, Rong Y, Chen S, Hsu T. Crystallography of FCC (γ) →HCP (ε) martensitic transformation in Fe-Mn-Si based alloys [J]. Scripta Materialia, 1999, 41 (2): 153-158.

[14] Saeed-Akbari A, Imlau J, Prahl U, et al. Derivation and variation in composition-dependent stacking fault energy maps based on subregular solution model in high-manganese steels [J]. Metallurgical and Materials Transactions A, 2009, 40 (13): 3076-3090.

[15] Kim J, Lee S J, De Cooman B C. Effect of Al on the stacking fault energy of Fe-18Mn-0. 6C twinning-induced plasticity [J]. Scripta Materialia, 2011, 65 (4): 363-366.

[16] Adler P H, Olson G B, Owen W S. Strain hardening of Hadfield manganese steel [J]. Metallurgical and Materials Transactions A, 1986, 17 (10): 1725-1737.

[17] Allain S, Chateau J, Bouaziz O, et al. Correlations between the calculated stacking fault energy and the plasticity mechanisms in Fe-Mn-C alloys [J]. Materials Science and Engineering A, 2004, 387-389 (15): 158-162.

[18] Babu S S, Specht E D, David S A, et al. In-situ observations of lattice parameter fluctuations in austenite and transformation to bainite [J]. Metallurgical and Materials Transactions A, 2005, 36 (12): 3281-3289.

[19] Yang W S, Wan C M. The influence of aluminium content to the stacking fault energy in Fe-Mn-Al-C alloy system [J]. Journal of Materials Science, 1990, 25 (3): 1821-1823.

[20] Dumay A, Chateau J, Allain S, et al. Influence of addition elements on the stacking-fault energy and mechanical properties of an austenitic Fe-Mn-C steel [J]. Materials Science and Engineering A, 2008, 483-484 (15): 184-187.

[21] Ishida K. Direct estimation of stacking fault energy by thermodynamic analysis [J]. Physica Status Solidi, 1976, 36 (2): 717-728.

[22] Inden G. The role of magnetism in the calculation of phase diagrams [J]. Physica B+C, 1981, 103 (1): 82-100.

[23] Dinsdale A T. SGTE data for pure elements [J]. Calphad, 1991, 15 (4): 317-425.

[24] Chen S, Chung C Y, Yan C, et al. Effect of f. c. c. antiferromagnetism on martensitic transformation in Fe-Mn-Si based alloys [J]. Materials Science and Engineering A, 1999, 264 (1-2): 262-268.

[25] Yakubtsov I A, Ariapour A, Perovic D D. Effect of nitrogen on stacking fault energy of f. c. c. iron-based alloys [J]. Acta Materialia, 1999, 47 (4): 1271-1279.

[26] Jin X J, Hsu T Y. Thermodynamic consideration of antiferromagnetic transition onfcc (γ) → hcp (ε) martensitic transformation in Fe-Mn-Si shape memory alloys [J]. Materials Chemistry

and Physics, 1999, 61 (2): 135-138.

[27] Zhang Y S, Lu X, Tian X, Qin Z. Compositional dependence of the Neel transition, structural stability, magnetic properties and electrical resistivity in Fe-Mn-Al-Cr-Si alloys [J]. Materials Science and Engineering A, 2002, 334 (1-2): 19-27.

[28] Li L, Hsu T Y. Gibbs free energy evaluation of thefcc (γ) and hcp (ε) phases in Fe-Mn-Si alloys [J]. Calphad, 1997, 21 (3): 443-448.

[29] Liu S, Xiong Z, Guo H, Shang C, et al. The significance of multi-step partitioning: Processing-structure-property relationship in governing high strength-high ductility combination in medium-manganese steels [J]. Acta Materialia, 2017, 124: 159-172.

[30] Han J, Silva A D K, Ponge D, et al. The effects of prior austenite grain boundaries and microstructural morphology on the impact toughness of intercritically annealed medium Mn steel [J]. Acta Materialia, 2017, 122: 199-206.

[31] Hu J, Du L X, Liu H, et al. Structure-mechanical property relationship in a low-C medium-Mn ultrahigh strength heavy plate steel with austenite-martensite submicro-laminatestructure [J]. Materials Science and Engineering A, 2015, 647: 144-151.

[32] Chiang J, Lawrence B, Boyd J D, et al. Effect of microstructure on retained austenite stability and work hardening of TRIP steels [J]. Materials Science and Engineering A, 2011, 528: 4516-4521.

[33] Cai Z H, Ding H, Misra R D K, et al. Austenite stability and deformation behavior in a cold-rolled transformation-induced plasticity steel with medium manganese content [J]. Acta Materialia, 2015, 84: 229-236.

[34] Chen J, Lv M Y, Liu Z Y, et al. Combination of ductility and toughness by the design of fine ferrite/tempered martensite-austenite microstructure in a low carbon medium manganese alloyed steel plate [J]. Materials Science and Engineering A, 2015, 648: 51-56.

[35] Zou Y, Xu Y B, Hu Z P, et al. Austenite stability and its effect on the toughness of a high strength ultra-low carbon medium manganese steel plate [J]. Materials Science and Engineering A, 2016, 675: 153-163.

[36] Liu H, Du L X, Hu J, et al. Interplay between reversed austenite and plastic deformation in a directly quenched and intercritically annealed 0. 04C-5Mn low-Al steel [J]. Journal of Alloys and Compounds, 2017, 695: 2072-2082.

[37] Dmitrieva O, Ponge D, Inden G, et al. Chemical gradients across phase boundaries between martensite and austenite in steel studied by atom probe tomography and simulation [J]. Acta Materialia, 2011, 59 (1): 364-374.

[38] Sun C, Liu S L, Misra R D K, et al. Influence of intercritical tempering temperature on impact toughness of a quenched and tempered medium-Mn steel: intercritical tempering versus traditional tempering [J]. Materials Science and Engineering A, 2018, 711: 484-491.

[39] Hu J, Du L X, Xu W, et al. Ensuring combination of strength, ductility and toughness in medium-manganese steel through optimization of nano-scale metastable austenite [J]. Materials Characterization, 2018, 136: 20-28.

[40] Matsuoka Y, Iwasaki T, Nakada N, et al. Effect of grain size on thermal and mechanical stability of austenite in metastable austenitic stainless steel [J]. ISIJ International, 2013, 53 (7): 1224-1230.

[41] Sun C, Liu S L, Misra R D K, et al. Influence of intercritical tempering temperature on impact toughness of a quenched and tempered medium-Mn steel: intercritical tempering versus traditional tempering [J]. Materials Science and Engineering A, 2018, 711: 484-491.

[42] Diego-Calderón I D, Knijf D D, Monclús M A, et al. Global and local deformation behavior and mechanical properties of individual phases in a quenched and partitioned steel [J]. Materials Science and Engineering A, 2015, 630 (10): 27-35.

[43] Chen J, Zhang W N, Liu Z Y, et al. The role of retained austenite on the mechanical properties of a low carbon 3Mn-1.5Ni steel [J]. Metallurgical and Materials Transactions A, 2017, 48: 5849-5859.

[44] Lee S, De Cooman B C. Tensile behavior of intercritically annealed ultra-fine grained 8% Mn multi-phase steel [J]. Steel Research International, 2015, 86 (10): 1170-1178.

[45] Cai Z H, Ding H, Misra R D K. Unique serrated flow dependence of critical stress in a hot-rolled Fe-Mn-Al- steel [J]. Scripta Materialia, 2014, 71 (15): 5-8.

[46] Shi J, Sun X J, Wang M Q, et al. Enhanced work-hardening behavior and mechanical properties in ultrafine-grained steels with large-fractioned metastable austenite [J]. Scripta Materialia, 2010, 63 (8): 815-818.

[47] Arlazarov A, Goune M, Bouaziz O, et al. Evolution of microstructure and mechanical properties of medium Mn steels during double annealing [J]. Materials Science and Engineering A, 2012, 542 (30): 31-39.

[48] Haidemenopoulos G N, Kermanidis A T, Malliaros C, et al. On the effect of austenite stability on high cycle fatigue of TRIP 700 steel [J]. Materials Science and Engineering A, 2013, 573 (20): 7-11.

[49] Cai Z H, Ding H, Xue X, et al. Significance of control of austenite stability and three-stage work-hardening behavior of an ultrahigh strength-high ductility combination transformation-induced plasticity steel [J]. Scripta Materialia, 2013, 68 (11): 865-868.

[50] Li Z C, Ding H, Misra R D K, et al. Microstructural evolution and deformation behavior in the Fe-(6, 8.5) Mn-3Al-0.2C TRIP steels [J]. Materials Science and Engineering A, 2016, 672 (30): 161-169.

7 中锰钢的焊接性能及焊接工艺

在焊接热源的高温作用下，被焊的局部母材和添加材料经过熔化和凝固形成焊缝；未发生熔化但受到焊接热影响的母材形成热影响区；而介于焊缝与热影响区之间的过渡区为熔合区。中锰钢组织中亚微米尺度的逆转变奥氏体+回火马氏体复合层状组织使其实现了高强度、高韧性和高伸长率的良好匹配[1-4]。然而，中锰钢的高强韧性将会被以加热速度快、峰值温度高、高温停留时间短和冷却速度不均匀为特点的焊接热循环所破坏[5]，从而导致中锰钢的焊接热影响区韧性恶化，形成局部脆化区域[6,7]。因此，研究焊接接头各区的组织特征及其形成机制，对于提高接头性能具有重要的指导意义。

现阶段，焊接接头的低温冲击韧性是焊接性能研究的主要方向。焊丝成分、预热温度、焊接热输入、层间温度和后热处理温度等焊接工艺参数均会对焊接接头的低温冲击韧性产生影响。本章重点阐述了焊接热影响区的组织特征和性能，通过调整焊丝成分，改善焊接工艺参数，从而提高焊接接头的力学性能。

7.1 成分特点及其对焊接性能的影响

目前，690MPa级中锰钢中厚板/厚板主要采用 Mn/C 合金化代替 Ni-Mo 合金化的成分设计思路，利用廉价的 Mn 代替昂贵的 Ni、Mo 合金[2,8-12]。低 C、超低 C 的成分设计可改善中锰钢钢板的焊接性能；添加 4%~6%（质量分数）的 Mn 可显著提高钢板的淬透性，使特厚规格钢板厚度方向具有良好的组织均匀性，从而解决了厚规格、高强度海洋平台用钢厚度方向组织性能不均匀的问题；添加 0.3%~0.8%（质量分数）的 Si 可有效抑制渗碳体的形成；添加 0.2%~0.4%（质量分数）的 Cu 可提高钢板的耐腐蚀性能；Cr 可提高淬透性，Mo 可防止马氏体回火脆性。因此，通过适当添加 Cr、Mo 和 Cu 等元素可拓宽工艺窗口，提高中锰钢的综合力学性能。

但中锰钢在实际应用上还存在着诸多问题，大量 Mn 元素的添加，将会提高中锰钢的碳当量（Equivalent Carbon Content, C_{eq}）和焊接冷裂纹敏感指数（Welding Crack Susceptibility Index, P_{cm}），增大焊接难度。国际焊接学会（IIW）给出的 C_{eq} 计算公式见式（7-1）[13]：

$$C_{eq} = C + \frac{Mn}{6} + \frac{Ni + Cu}{15} + \frac{Cr + Mo + V}{5} \tag{7-1}$$

式中，各元素符号代表该元素在钢中的质量分数,%。

由式（7-1）可知，当钢中合金元素含量越高时，其 C_{eq} 越大，产生焊接冷裂纹的倾向越大，可焊性越差。根据钢材可焊性判据[14]可知，当 $C_{eq} < 0.4\%$ 时，钢的淬硬倾向不明显，可焊性好；当 $0.4 \leqslant C_{eq} \leqslant 0.6$ 时，钢的淬硬性增强，有产生冷裂纹的趋势，焊前需要进行预热；当 $C_{eq} > 0.6$ 时，钢的淬硬性较强，易产生冷裂纹，焊前必须预热，焊后要采取热处理措施。当钢中 C 含量（质量分数）在 0.12% 以内时，日本焊接学会提出了一种更为准确判定钢材焊接冷裂纹倾向的方法，即 P_{cm} 法，P_{cm} 的计算公式[15]见式（7-2）：

$$P_{cm} = C + \frac{Si}{30} + \frac{Mn + Cu + Cr}{20} + \frac{Ni}{60} + \frac{Mo}{15} + \frac{V}{10} + 5B \tag{7-2}$$

式中，各元素符号代表该元素在钢中的质量分数,%。

当 $P_{cm} \leqslant 0.25\%$ 时，钢材的可焊性好，产生焊接冷裂纹的倾向小，焊前不预热，焊接接头也不会产生冷裂纹[16]。在焊接 690MPa 级高强钢时，为避免焊接冷裂纹的产生，其预热温度通常不低于 125℃。中锰钢中 Mn 元素含量（质量分数）较高，约 4%~6%，从而导致其 C_{eq} 和 P_{cm} 偏高。因此，在焊接中锰钢时，必须配合焊前预热和焊后热处理工艺。此外，在采用多层多道焊焊接中锰钢中厚板/厚板时，还应注意控制层间温度，层间温度应不低于预热温度。根据 C 含量与 C 当量对先进高强钢焊接冷裂纹敏感性的影响可知，C 含量对高强钢可焊性的影响极为显著，降低钢中 C 含量是提高其可焊性的最有效途径。因此，在满足中锰钢强度要求的前提下，应尽量降低钢中碳含量，以改善其可焊性。

7.2　焊接材料的选择

与传统海洋平台用钢不同，Mn/C 合金化的海洋平台用中厚板作为一种新的海洋平台用钢，需要全新的焊接材料和焊接工艺。在焊接材料的开发上，采用与中锰钢相匹配的化学成分设计，综合考虑焊接材料对焊接接头组织和性能的影响，开发出焊缝强度和耐蚀性能与"Mn/C"合金化的海洋平台用中厚板相配套的焊接材料和焊接工艺方法，实现中锰钢的高质量焊接。

针对现有高强中锰钢在焊接过程中存在的技术难题，开展了中锰钢用气体保护焊焊丝的研究开发工作。所开发中锰钢气体保护焊实芯焊丝的主要化学成分为：$w(C) = 0.04\%~0.12\%$，$w(Si) = 0.50\%~1.20\%$，$w(Mn) = 1.00\%~2.50\%$，$w(P) = 0.004\%~0.018\%$，$w(S) = 0.002\%~0.015\%$，$w(Cr) = 0.05\%~0.50\%$，$w(Mo) = 0.20\%~0.80\%$，$w(Ti+B) = 0.02\%~0.12\%$，$w(Ni) = 3.50\%~4.50\%$，$w(N) \leqslant 0.005\%$，$w(O) \leqslant 0.002\%$，余量为 Fe 和其他不可避免的杂质。采用电弧

炉冶炼+LF 精炼+连铸或转炉+LF 精炼+连铸方法冶炼、三阶段轧制、经粗拉-退火-精拉成直径为 1.2mm 的实芯焊丝。焊丝中通过加入 Mn、Si 元素，能够有效降低熔敷金属固态相变温度，同时起到固溶强化的作用，提高焊接接头的强度及低温韧性；通过加入 Ni 与 Cr 元素，有效提高淬透性，防止在焊接中厚板时因散热不均导致焊接性能较差的问题。通过加入 Ti 元素，其高温析出相在焊接过程中仍能有效地钉扎原奥氏体晶界，从而细化晶粒，保证焊接强度的同时提高冲击韧性。

7.3　焊接热模拟

焊接热影响区的宽度很窄，通常只有几毫米，但组织变化很大。在实际焊接接头的分析中，可准确地检测出焊接热影响区中各个亚区的显微组织和显微硬度，但难以准确地测定其冲击韧性。究其原因，在厚度方向上焊接热影响区各亚区与其他亚区或母材交错在一起[17]。焊接热模拟技术正是利用一定尺寸的小试样重现焊接热影响区各亚区的焊接热循环过程，将焊接热影响区中各窄小的亚区放大，实现对各特定亚区低温冲击韧性研究，且在研究焊接热影响区脆化倾向方面的作用无法替代[18]。

7.3.1　SH-CCT 曲线

将淬火态 30mm 厚中锰钢钢板（化学成分见表 7-1）在 635℃ 回火保温30min，随后空冷至室温，测定其力学性能见表 7-2。

表 7-1　实验钢的化学成分（质量分数）　　　　　　（%）

化学成分	C	Si	Mn	P	S	Cr	Mo	Ni	N	Cu	Fe
质量分数	0.065	0.20	5.45	0.008	0.006	0.4	0.16	0.31	0.0063	0.15	Bal

表 7-2　实验钢的力学性能

屈服强度/MPa	抗拉强度/MPa	伸长率/%	屈强比	-40℃冲击功/J
723	835	26.34	0.87	149

回火态中锰钢的显微组织如图 7-1 所示，室温下呈回火马氏体+逆转变奥氏体的双相组织。由于奥氏体的耐腐蚀性较差，因此在 SEM 图中，凸起处为回火马氏体，凹陷处为逆转变奥氏体，如图 7-1（a）所示。板条状逆转变奥氏体均匀地分布在回火马氏体板条之间，逆转变奥氏体的板条宽度为 50 ~ 100nm，如图 7-1（b）所示。在回火过程中，马氏体板条发生回复，位错密度显著降低，C、Mn 原子不断向逆转变奥氏体中扩散，逆转变奥氏体的稳定性增强并保留至室温[4]。因此，中锰钢在室温下得到了回火马氏体+逆转变奥氏体的复合层状组织。

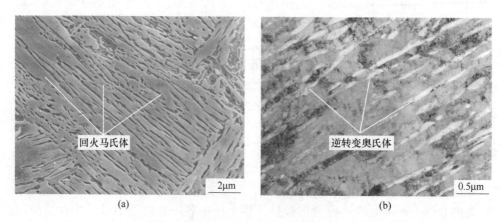

图 7-1　实验钢的显微组织

（a）SEM 照片；（b）TEM 照片

　　中锰钢的 SH-CCT 曲线如图 7-2 所示，SH-CCT 曲线反映了实验用中锰钢在焊接热循环条件下的组织性能变化规律。实验钢在 0.5~80℃/s 的冷却速度范围内，只存在马氏体相变，且相变温度较低。实验钢中较高的 Mn 含量显著提高了过冷奥氏体的热稳定性，从而降低了相变温度。随着冷却速度增加，马氏体的相变区间略有减小。因此，冷却速度对实验钢 CGHAZ 相变过程影响较小，室温组织均为板条马氏体。根据显微硬度检测结果可知，当冷却速度由 0.5℃/s 提高至 80℃/s 时，实验钢 CGHAZ 各试样的显微硬度由 365HV 增大至 383HV，其显微硬度远高于母材（280HV），显微组织硬化严重，且随着冷却速度增加，硬化程度不断增大。

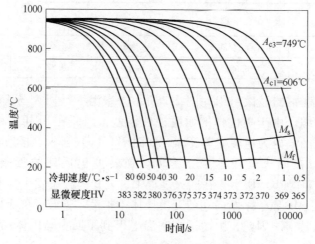

图 7-2　实验钢的 SH-CCT 曲线

7.3.2 焊接线能量对 CGHAZ 组织性能的影响

为研究焊接线能量对中锰钢 CGHAZ 显微组织和冲击韧性的影响规律，将焊接热模拟试样以 120℃/s 的速率加热至 1320℃，保温 1s，随后以不同的 $t_{8/5}$（焊接热循环过程中，从 800℃ 冷却至 500℃ 所经历的时间）冷却至 200℃。$t_{8/5}$ 分别选择 6s、13s、22s 和 49s，对应的焊接线能量分别为 10kJ/cm、15kJ/cm、20kJ/cm 和 30kJ/cm，焊接热循环曲线如图 7-3 所示。

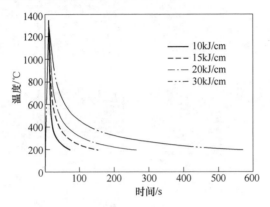

图 7-3 实验钢的焊接热循环曲线

不同焊接线能量条件下 CGHAZ 的金相组织如图 7-4 所示，CGHAZ 的显微组织为板条马氏体，且随着焊接线能量增加，原奥氏体晶粒尺寸增大，马氏体板条粗化。由于 CGHAZ 的峰值温度高，组织中的原奥氏体晶粒严重长大，奥氏体的均质化程度高，增大了淬硬倾向，形成粗大的板条马氏体组织。CGHAZ 中粗大的马氏体组织决定了该区具有较高的硬度、较低的塑性和韧性，易成为焊接接头中性能较差、存在一定焊接缺陷的薄弱环节。

不同焊接线能量条件下中锰钢 CGHAZ 的-40℃冲击吸收功和显微硬度值如图 7-5 所示。由图 7-5（a）可知，当线能量为 10kJ/cm、15kJ/cm、20kJ/cm 和 30kJ/cm 时，CGHAZ 各试样-40℃冲击吸收功分别为 39J、38J、32J 和 29J，远低于母材的 149J，为焊接 HAZ 的局部脆化区，脆化严重。随着线能量增加，焊接热源的能量密度不断减小，峰值温度后的冷却速度变慢，晶粒粗化程度严重，晶界结构疏松，抵抗冲击的能力减弱，因而脆性增大，韧性降低。由图 7-5（b）可知，当线能量为 10kJ/cm、15kJ/cm、20kJ/cm 和 30kJ/cm 时，CGHAZ 各试样的维氏硬度分别为 379HV、381HV、380HV 和 381HV，硬度较高，但差异较小。马氏体是 C 在 α-Fe 中的过饱和固溶体，过饱和 C 原子使 α-Fe 产生晶格畸变，形成强应力场，阻碍位错运动，因而马氏体具有较高的强度和硬度。焊接线能量对中锰钢 CGHAZ 的显微硬度影响较小，这与 SH-CCT 的实验结果相一致。硬度是组织的一种反应，间接证明了中锰钢 CGHAZ 组织稳定性较强。

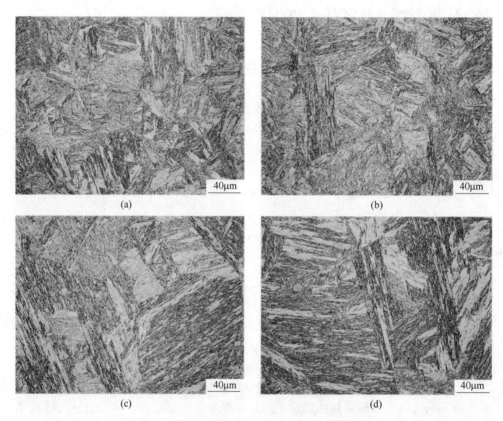

图 7-4　不同线能量条件下 CGHAZ 的金相组织

（a）10kJ/cm；（b）15kJ/cm；（c）20kJ/cm；（d）30kJ/cm

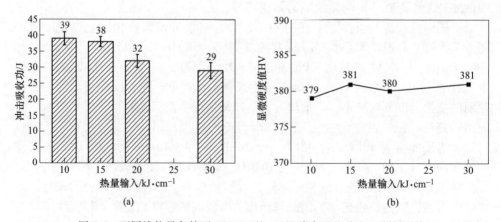

图 7-5　不同线能量条件下 CGHAZ 的-40℃冲击吸收功和显微硬度值

（a）冲击吸收功；（b）显微硬度值

不同焊接线能量条件下 CGHAZ 冲击断口中的放射区形貌如图 7-6 所示。由图 7-6（a）可知，当焊接线能量为 10kJ/cm 时，冲击断口表面呈河流花样，存在大量的解理小刻面，是典型的解理断裂。当焊接线能量升高至 30kJ/cm 时，断口表面的解理刻面被拉长，尺寸增大，河流花样更加明显，如图 7-6（b）所示。究其原因，随着焊接线能量增加，CGHAZ 组织中马氏体板条更加粗大，对解理裂纹扩展的阻碍能力不断降低，恶化了冲击韧性。

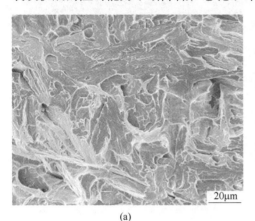
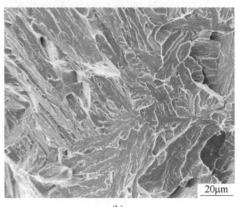

（a） （b）

图 7-6 不同线能量条件下 CGHAZ 的冲击断口形貌

（a）10kJ/cm；（b）30kJ/cm

图 7-7 为不同线能量下 CGHAZ 的取向图和晶界分布图。在取向图中，不同的颜色代表不同的晶体取向；在晶界分布图中，红线代表 2°~15° 的小角晶界，蓝线代表大于等于 15° 的大角晶界。在体心立方晶体结构材料中，微裂纹主要沿解理面（{001} 或 {110} 密排面）进行扩展[19]。当相邻晶粒的晶体学取向发生变化时，裂纹的扩展路径也随之改变[20]。因此，解理裂纹的扩展速率主要取决于解理面之间的晶界取向差[19]。

CGHAZ 试样中的 PAGB、马氏体 packet 和 block 边界均为大角晶界，而马氏体 packet 和 block 内部相互平行的马氏体板条则以小角晶界为主。大角晶界可有效改变裂纹的扩展方向，从而降低裂纹的扩展速率，而小角晶界对裂纹扩展的阻碍作用有限[21]。随着焊接线能量增加，峰值温度后的冷却速率减慢，原奥氏体晶粒不断长大，马氏体板条形态逐渐退化，亚结构发生合并，从而导致马氏体 packet 和 block 尺寸增大，大角晶界密度降低，抵抗解理裂纹扩展的能力不断弱化。因此，随着焊接线能量增加，CGHAZ 的低温冲击韧性不断减小。

7.3.3 峰值温度对 HAZ 组织性能的影响

在模拟焊接加热的情况下，测定中锰钢临界相变点 A_{c1} 和 A_{c3} 分别为 693℃ 和

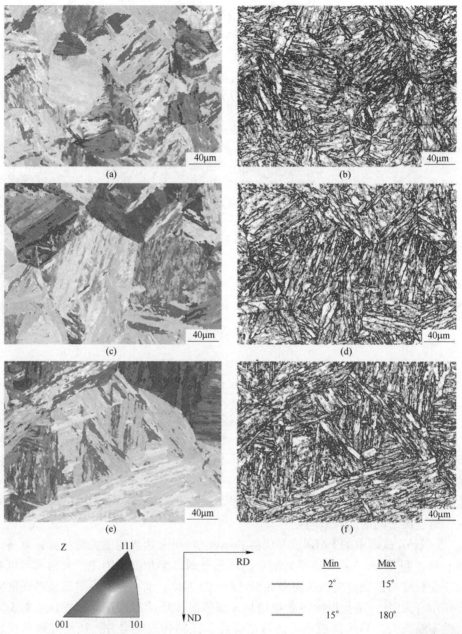

图 7-7　不同线能量条件下 CGHAZ 的 EBSD 晶体特征图

(a), (b) 10kJ/cm; (c), (d) 20kJ/cm; (e), (f) 30kJ/cm;
(a), (c), (e) 取向图; (b), (d), (f) 晶界分布图

扫描二维码
查看彩图

822℃。因此，将焊接热模拟实验中 CGHAZ、FGHAZ、ICHAZ 和 SCHAZ 的峰值温度分别设定为 1320℃、1050℃、750℃和 600℃。将焊接热模拟试样以 120℃/s 的速率加热至不同的峰值温度，保温 1s，随后以相同的 $t_{8/5}$（13s）冷却至 200℃，对应的焊接线能量 $E=15\mathrm{kJ/cm}$。模拟相同焊接热输入条件下焊接 HAZ 的不同亚区，研究峰值温度对 HAZ 显微组织和低温冲击韧性的影响规律，焊接热循环曲线如图 7-8 所示。

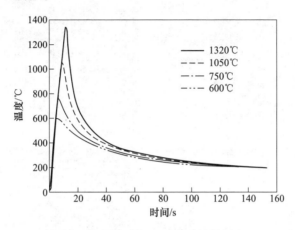

图 7-8　实验钢的焊接热循环曲线

不同 t_p 条件下中锰钢焊接 HAZ 的 TEM 显微组织如图 7-9 所示。CGHAZ 的显微组织由粗大的高位错密度马氏体组成，如图 7-9（a）所示。CGHAZ 的峰值温度高，原奥氏体晶粒长大严重，在一个原奥氏体晶粒内部形成多个马氏体 packet 或 block 结构。在焊接加热过程中，虽然 FGHAZ 的组织已完全奥氏体化，但 FGHAZ 的峰值温度相对较低，且峰值温度停留时间短，奥氏体晶粒并未长大，在冷却过程中形成了高位错密度的细小马氏体板条，马氏体板条宽度为 $0.1\sim0.3\mu\mathrm{m}$，如图 7-9（b）所示。当 FGHAZ 试样受到冲击载荷作用时，细小的马氏体板条可有效阻碍裂纹扩展，增加裂纹在扩展过程中的转折次数，因而其冲击韧性优于 CGHAZ。图 7-9（c）为 ICHAZ 的 TEM 显微组织，其中灰白色组织为回火马氏体基体，亮白色组织为残余奥氏体，灰黑色组织为新生成的马氏体，新生成马氏体的 SAED 谱如图 7-9（d）所示。

中锰钢的淬透性极强，属于易淬火钢，焊接热循环作用下的 CGHAZ 和 FGHAZ 为完全淬火区，ICHAZ 为不完全淬火区。ICHAZ 的峰值温度介于 $A_{c1}\sim A_{c3}$ 之间，在焊接加热时，组织中的回火马氏体基本不发生变化，在原奥氏体晶界处或回火马氏体和逆转变奥氏体板条间生成奥氏体。奥氏体的形成过程是一个溶 C 的过程，焊接热循环的加热速度快，峰值温度停留时间短，扩散能力较强的 C 原子会在新生成的奥氏体中富集，而扩散能力较差的 Mn 原子则未能在新生成奥氏

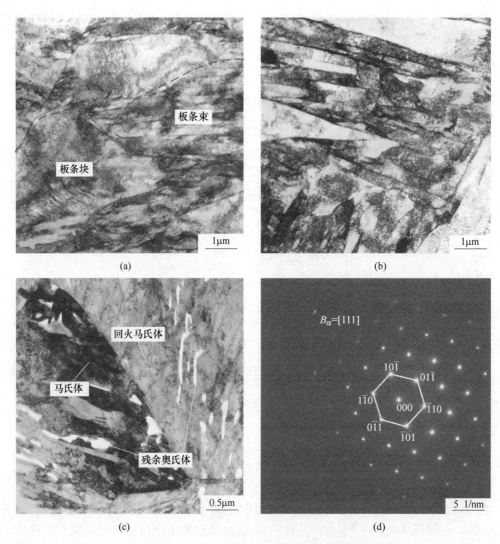

图 7-9 不同 t_p 条件下 HAZ 的 TEM 显微组织

（a）CGHAZ；（b）FGHAZ；（c）ICHAZ；（d）ICHAZ 中新生成马氏体的 SAED 谱

体中富集。也就是说，新生成的奥氏体富 C，但不富 Mn，因而其稳定性较差，不足以在室温下稳定存在，从而在随后的冷却过程中转变为马氏体。回火马氏体基体发生回复，基本保持了原始的形态和尺寸，基体内部的位错密度略有降低。因此，中锰钢 ICHAZ 的显微组织是由回火马氏体、逆转变奥氏体和新生成马氏体组成的混合组织。新生成的马氏体是硬脆相，在冲击载荷作用下极易萌生微裂纹，成为裂纹源，从而恶化冲击韧性。所以，ICHAZ 具有一定的脆性，韧性也较低，硬度高于 SCHAZ。

图 7-10 为 CGHAZ 和 FGHAZ 的取向图、晶界分布图和晶粒尺寸分布图。CGHAZ 和 FGHAZ 的显微组织均为板条马氏体，但马氏体板条的尺寸存在显著差异。CGHAZ 的原奥氏体晶粒粗大，约 100μm，如图 7-10（a）和（c）所示；FGHAZ 的原奥氏体晶粒尺寸细小，在 10~25μm，如图 7-10（b）和（d）所示。通常，马氏体的显微硬度主要是由其本身的 C 含量决定的，马氏体中的 C 含量越高，位错密度越大，其显微硬度就越高[22]。反之，则越低。然而，有研究表明，原奥氏体晶粒内部的马氏体 packet 和 block 尺寸对马氏体显微硬度有显著影响[23]。究其原因，马氏体 packet 和 block 对位错的运动起到类似于大角晶界的阻碍作用。因此，马氏体的显微硬度是由 C 含量和等效晶粒尺寸共同决定的。当一个原奥氏体晶粒内两个马氏体 packet 或 block 之间的晶界角度差大于等于 15°时，即可将马氏体 packet 或 block 定义为两个不同的亚晶粒[24]。CGHAZ 和 FGHAZ 的亚晶粒尺寸分布分别如图 7-10（e）和（f）所示，平均等效亚晶粒尺寸分别为 9.43μm 和 2.51μm。所以，CGHAZ 和 FGHAZ 显微硬度的差异主要是由亚晶粒尺寸的差异导致的。

此外，有效晶粒尺寸是表征显微组织抵抗冲击裂纹扩展能力的重要参数，即亚晶粒尺寸是 CGHAZ 和 FGHAZ 冲击韧性差异的决定性因素。与母材相比，CGHAZ 和 FGHAZ 的显微组织均为板条马氏体，不含有逆转变奥氏体，因而低

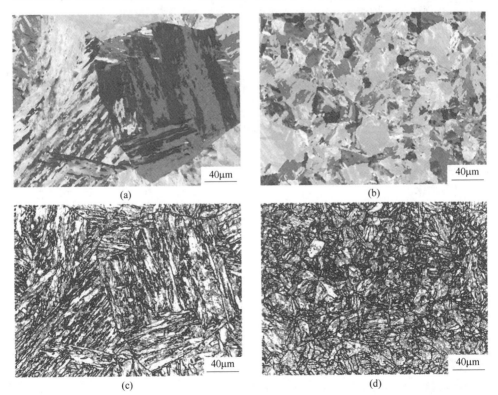

40μm　　　　　　　　40μm

(a)　　　　　　　　　(b)

40μm　　　　　　　　40μm

(c)　　　　　　　　　(d)

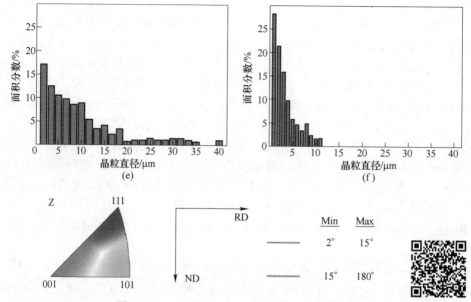

图 7-10　CGHAZ 和 FGHAZ 的 EBSD 晶体特征图

（a），（b）取向图；（c），（d）晶界分布图；（e），（f）晶粒尺寸分布图

扫描二维码
查看彩图

温冲击韧性存在不同程度的恶化。CGHAZ 的峰值温度高，接近实验钢的熔点温度，原奥氏体晶粒长大严重，室温下生成脆性较大的板条马氏体，马氏体板条较宽，且马氏体 packet 和 block 尺寸大，大角晶界比例低。因此，CGHAZ 的低温冲击韧性恶化严重。与 CGHAZ 相比，FGHAZ 的亚晶粒尺寸细小，大角晶界比例高，大角晶界的总长度更长。大角晶界是解理裂纹扩展的有效障碍，可改变解理裂纹的微观扩展平面，增长解理裂纹的扩展路径，降低解理裂纹的扩展速率，从而提高抵抗解理裂纹扩展的能力。因此，FGHAZ 的低温冲击韧性优于 CGHAZ。

7.3.4　二次热循环对再热 CGHAZ 组织性能的影响

将焊接热模拟试样以 120℃/s 的速率加热至一次热循环峰值温度 t_{p1} = 1320℃，保温 1s，线能量 $E = 15$kJ/cm，对应的 $t_{8/5} = 13$s。当一次热循环温度降低至 120℃后，施加二次热循环，二次热循环的峰值温度（t_{p2}）分别设定为 1320℃、1050℃、750℃和 600℃，分别代表再热粗晶热影响区的 UA CGHAZ、SCR CGHAZ、ICR CGHAZ 和 SR CGHAZ。在二次热循环中，加热速率为 120℃/s，峰值温度停留时间为 1s，线能量 $E = 15$kJ/cm，对应的 $t_{8/5} = 22$s，终冷温度为 200℃，二次焊接热循环曲线如图 7-11 所示。

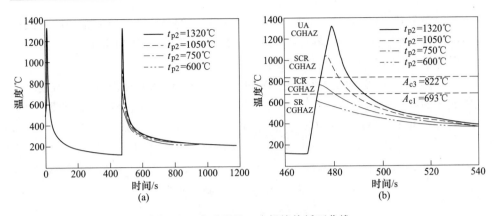

图 7-11　实验钢的二次焊接热循环曲线

（a）双道焊；（b）双道焊的放大图

当焊接线能量 $E=15\mathrm{kJ/cm}$、$t_{p1}=1320℃$ 时，不同 t_{p2} 条件下再热粗晶热影响区的金相组织如图 7-12 所示。UA CGHAZ 的显微组织为板条马氏体，马氏体 packet 和 block 尺寸较大，如图 7-12（a）所示。SCR CGHAZ 显微组织中的马氏体板条

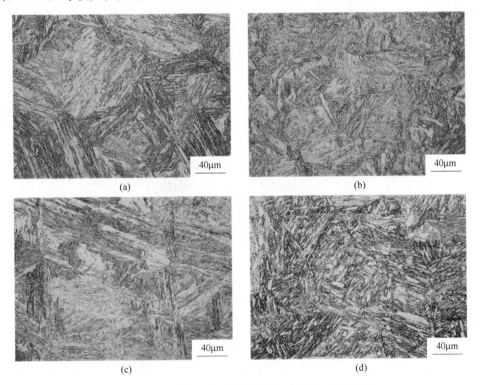

图 7-12　不同 t_{p2} 条件下再热 CGHAZ 的金相组织

（a）UA CGHAZ；（b）SCR CGHAZ；（c）ICR CGHAZ；（d）SR CGHAZ

细小，如图 7-12（b）所示。ICR CGHAZ 是由粗大的马氏体板条和细小的马氏体组成的混合组织，组织均匀性差，如图 7-12（c）所示。SR CGHAZ 的显微组织基本保持了 CGHAZ 粗大马氏体板条的特征，如图 7-12（d）所示。

不同 t_{p2} 条件下实验用中锰钢再热粗晶热影响区的 -40℃ 冲击吸收功和显微硬度值如图 7-13 所示。由图 7-13（a）可知，UA CGHAZ、SCR CGHAZ、ICR CGHAZ 和 SR CGHAZ 的 -40℃ 冲击吸收功分别为 38J、65J、26J 和 9J。UA CGHAZ 的冲击韧性与单道次焊接热循环中 CGHAZ 的冲击韧性相等，ICR CGHAZ 和 SR CGHAZ 的冲击韧性极差，脆化严重。由图 7-13（b）可知，UA CGHAZ、SCR CGHAZ、ICR CGHAZ 和 SR CGHAZ 的显微硬度值分别为 376HV、385HV、400HV 和 329HV。与 UA CGHAZ 相比，ICR CGHAZ 的显微硬度值升高，发生硬化；SR CGHAZ 显微组织中的马氏体板条发生回复，显微硬度值降低，发生软化。

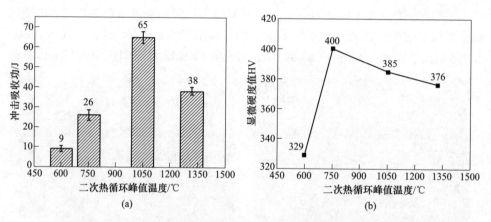

图 7-13　不同 t_{p2} 条件下再热 CGHAZ 的 -40℃ 冲击吸收功和显微硬度值

（a）冲击吸收功；（b）显微硬度值

图 7-14 为不同 t_{p2} 条件下再热 CGHAZ 冲击断口的放射区形貌。由图 7-14（a）可知，UA CGHAZ 冲击断口为典型的解理断裂，断口表面呈河流状花样，存在大量解理刻面。SCR CGHAZ 冲击试样为准解理断裂，断口表面存在大量解理刻面和一定量的小韧窝，如图 7-14（b）所示。在裂纹扩展过程中，与解理刻面相比，小韧窝吸收的能量更多，抵抗裂纹扩展的能力更强，因而 SCR CGHAZ 的 -40℃ 冲击韧性优于 UA CGHAZ。ICR CGHAZ 冲击断口表面的解理刻面平直，尺寸较大，且存在大量的撕裂棱和剪切脊，如图 7-14（c）所示。大尺寸解理面对裂纹扩展的阻碍能力较差，裂纹在扩展过程中的转折次数少，扩展速率快，吸收的能量少；剪切脊对裂纹的扩展起促进作用，会在一定程度上加速解理裂纹扩展，因而 ICR CGHAZ 的冲击韧性相对较差。SR CGHAZ 的冲击断口形貌如图

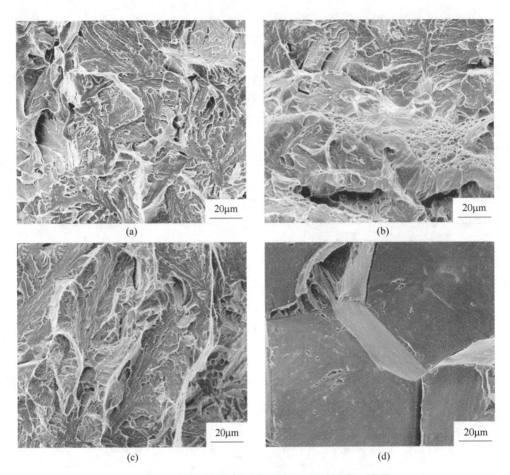

图 7-14　不同 t_{p2} 条件下再热 CGHAZ 的冲击断口形貌

（a）UA CGHAZ；（b）SCR CGHAZ；（c）ICR CGHAZ；（d）SR CGHAZ

7-14（d）所示，断口呈现出晶粒多面体的冰糖块状花样，晶粒明显，为典型的沿晶脆断，冲击韧性极差。通常，晶界间的结合力远高于晶粒内部的结合力，此时晶界是强化因素。如果晶界被弱化，晶界间的结合力低于晶粒内部的结合力时，晶界便成了弱化因素，作为裂纹扩展的优先通道，促进冲击裂纹的扩展，从而发生沿晶断裂。

　　图 7-15 为不同 t_{p2} 条件下再热粗晶热影响区的晶体取向图。与单道焊的 CGHAZ 相比，UA CGHAZ 的显微组织与晶体结构未发生明显变化，原奥氏体晶粒粗大，一个原奥氏体晶粒内部存在多个马氏体 packet 和 block 结构，如图 7-15（a）所示。与 UA CGHAZ 相比，SCR CGHAZ 的组织明显细化，马氏体 packet 和 block 尺寸细小，如图 7-15（b）所示。当单道焊 CGHAZ 经过峰值温度为 1050℃的二次焊接热循环作用后，在 PAGB 处重新形成了与原奥氏体无确定位

向关系的再结晶晶粒。由于 t_{p2} 相对偏低，且保温时间较短，再结晶晶粒来不及长大，因而尺寸较小。但 SCR CGHAZ 的组织比 FGHAZ 的组织粗大，这是因为母材的显微组织为亚微米尺度的回火马氏体+逆转变奥氏体，晶界密度高，奥氏体化时的形核点多，奥氏体形核后的长大空间小；而 CGHAZ 的原奥氏体晶粒尺寸粗大，晶界密度较低，奥氏体化时的形核点少，奥氏体形核后的长大空间大。当 t_{p2} 为 750℃ 时，单道焊 CGHAZ 组织中粗大的马氏体板条被回火，沿 PAGB 生成部分奥氏体，但新生成奥氏体的稳定性较差，在冷却过程中又转变为板条马氏体，如图 7-15（c）所示。SR CGHAZ 的二次热循环温度低于 A_{c1}，粗大的马氏体板条发生回复，如图 7-15（d）所示。

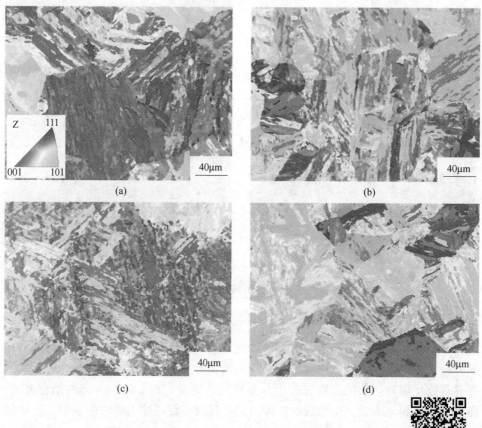

图 7-15　不同 t_{p2} 条件下再热 CGHAZ 的取向图

（a）UA CGHAZ；（b）SCR CGHAZ；（c）ICR CGHAZ；（d）SR CGHAZ

扫描二维码
查看彩图

　　图 7-16 为不同 t_{p2} 条件下再热粗晶热影响区的晶界分布图。与单道焊的 CGHAZ 类似，UA CGHAZ 显微组织中的大角晶界密度较低，如图 7-16（a）所示。与 UA CGHAZ 相比，SCR CGHAZ 的组织细化，大角晶界密度增加，如图

7-16（b）所示。ICR CGHAZ 的二次热循环峰值温度介于 $A_{c1} \sim A_{c3}$，组织中新生成的细小板条马氏体均为大角晶界，因此大角晶界密度高，如图 7-16（c）所示。SR CGHAZ 组织中粗大的马氏体板条发生回复，晶界密度降低，如图 7-16（d）所示。

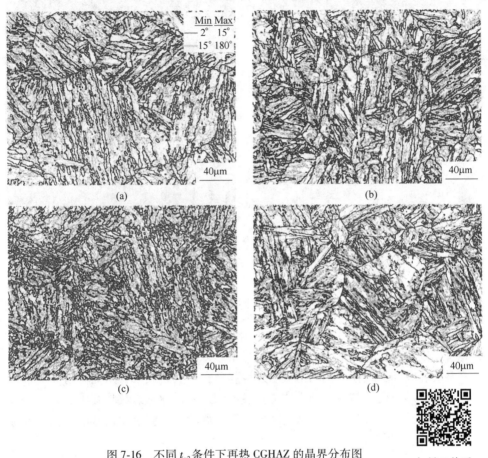

图 7-16　不同 t_{p2} 条件下再热 CGHAZ 的晶界分布图
(a) UA CGHAZ；(b) SCR CGHAZ；(c) ICR CGHAZ；(d) SR CGHAZ

扫描二维码
查看彩图

　　ICR CGHAZ 的 TEM 显微组织如图 7-17 所示。由图 7-17（a）可知，ICR CGHAZ 组织由高位错密度的板条马氏体和片状的孪晶马氏体组成，孪晶马氏体的 SAED 谱如图 7-17（b）所示。在二次焊接热循环作用下，在 PAGB 或马氏体板条边界重新生成了部分奥氏体，由于面心立方结构的奥氏体具有更强的溶 C 能力，马氏体中扩散能力较强的 C 原子不断向奥氏体富集，奥氏体中 C 含量增加。但由于 Mn 原子的扩散能力较差，且峰值温度停留时间较短，从而导致新生成奥氏体中的 Mn 与马氏体基体中的 Mn 含量几乎无差异。因此，新生成的奥氏体富 C，但不富 Mn，稳定性较差，不足以在室温下稳定存在。在随后的冷却过程中，高 C 含量的奥氏体转变为孪晶马氏体。在二次焊接热循环作用下，未奥氏体化的马氏体略有长大，位错密度降低。所以，ICR CGHAZ 在室温下形成了板条马氏体+孪晶马氏体的混合组织。

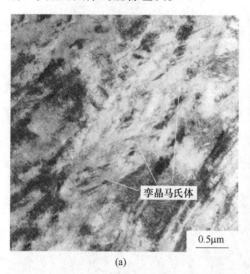
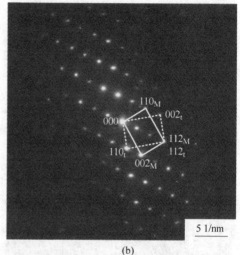

(a)　　　　　　　　　　　　　　　　　　(b)

图 7-17　ICR CGHAZ 的 TEM 显微组织

(a) ICR CGHAZ 组织中的孪晶马氏体；(b) 孪晶马氏体的 SAED 谱

　　板条马氏体不仅硬度高、强度高，而且具有一定的塑性和韧性，孪晶马氏体硬度更高，但韧性极差。板条马氏体本身就是硬相，当生成部分孪晶马氏体后，其总体硬度更高。孪晶马氏体的含量虽然不多，但对韧性的影响很大。硬而脆的孪晶马氏体在冲击载荷的作用下极易发生脆断，形成裂纹源，从而降低裂纹形成功；由于孪晶马氏体与板条马氏体之间硬度的差异，冲击裂纹将会沿着孪晶马氏体与板条马氏体的边界扩展，从而降低裂纹扩展功。也就是说，孪晶马氏体的存在是 ICR CGHAZ 韧性恶化的根本原因。

　　SR CGHAZ 的二次热循环温度低于 A_{c1}，未发生相变，相当于对单道焊 CGHAZ 显微组织中粗大的马氏体板条进行了一次短暂的高温回火。通常，适当的回火热处理可有效改善马氏体的冲击韧性。然而，SR CGHAZ 的冲击韧性却严重恶化，−40℃冲击功只有 9J。缩小 SR CGHAZ 试样冲击断口放大倍数后可知，断口表面除了冰糖块状的沿晶断裂外，还存在穿晶解理断裂，如图 7-18 (a) 所示。使用 EDS 能谱仪，分别检测了冲击断口表面晶界 (b 点) 和晶内 (c 点) 的元素含量。能谱检测结果分别如图 7-18 (b) 和 (c) 所示，晶界处的 Mn 元素含量 (质量分数) 为 6.37%，晶内的 Mn 元素含量 (质量分数) 为 4.96%，晶界处的 Mn 元素含量明显高于晶内，Mn 元素在晶界处富集。

　　Nasim 等人[25]的研究表明，将淬火态 0.04C-8.1Mn 钢加热至 450℃时，Mn 会迅速在晶界处偏聚，短短 12min 内就会达到平衡状态。Edwards 等人[26]研究了

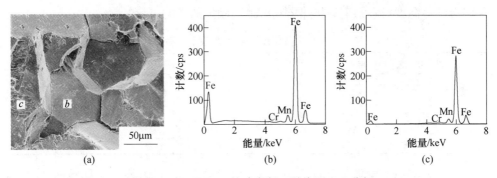

图 7-18 SR CGHAZ 的冲击断口形貌及 EDS 分析

(a) SR CGHAZ 的冲击断口表面；(b) 晶界处的 Mn 元素含量；(c) 晶粒内部的 Mn 元素含量

Fe-8Mn 钢的回火脆性，在 300~650℃ 这一温度区间回火时，P、N、S 和 Mn 等元素极易在晶界处偏聚。Hu 等人[8]研究了回火温度对 0.04C-5Mn 钢低温冲击韧性的影响规律，在 600℃ 回火时，晶界处生成少量高稳定性的逆转变奥氏体，逆转变奥氏体含量较少，在受到冲击载荷作用时，难以充分释放冲击过程中的应力集中，因而中锰钢的低温冲击韧性极差。此外，Mn 元素在晶界处偏聚，降低了晶界间的结合力，进一步恶化了冲击韧性，从而导致脆性断裂[27]。Yoo 等人[24]采用俄歇电子能谱等技术手段，分别检测了 Fe-8Mn-0.06C 钢 SCHAZ 试样晶间断口和解理断口处的元素含量。结果表明，与解理断口相比，晶间断口处无 P、N、S 和 As 等元素富集，但存在明显的 Mn 偏聚。因此，Mn 元素在晶界处偏聚是导致 Fe-8Mn-0.06C 钢 SCHAZ 产生回火脆性的根本原因。上述研究表明，当淬火态中锰钢在 A_{c1} 以下一定温度范围内回火时，Mn 元素会迅速在晶界处偏聚，为逆转变奥氏体的形核创造有利条件，但 Mn 偏聚会降低晶界的结合力，产生回火脆性。

7.4 CO₂ 气体保护焊

焊接是钢铁材料最主要的连接技术之一。CO₂ 气体保护焊具有焊接成本低、生产效率高、操作简便、焊后变形小和焊缝抗裂性能高等优点，可用于碳钢、耐热钢、低合金结构钢、不锈钢及高合金钢的焊接，因而在工程结构钢领域的应用非常广泛。

7.4.1 最高硬度实验

焊接热影响区最高硬度实验是国际上通用的评定钢材冷裂纹倾向的实验方法，参照《焊接性试验　焊接热影响区最高硬度试验方法》（GB/T 4675.5—1984）[28]进行实验。在 Quinto GLC403 半自动气体保护焊焊机上，采用 CO₂ 气体保护焊，进行单道次焊接实验，焊接工艺参数见表 7-3，其中 1 号、2 号和 3 号试样用于研究焊接线能量对中锰钢焊接热影响区最高硬度的影响，2 号、4 号和 5 号试样用于研究预热温度对中锰钢焊接热影响区最高硬度的影响。

表 7-3　中锰钢最高硬度实验工艺参数

试样编号	预热温度/℃	电流/A	电压/V	焊速/cm·min⁻¹	线能量/kJ·cm⁻¹	气体流量/L·min⁻¹
1 号	20	200	25	30	10	18
2 号	20	250	30	30	15	20
3 号	20	300	33.5	30	20	22
4 号	100	250	30	30	15	20
5 号	200	250	30	30	15	20

　　焊后钢板的宏观照片如图 7-19（a）和（b）所示。随着线能量增加，焊道宽度和余高均逐渐增大，如图 7-19（a）所示。当焊接线能量 $E=15$kJ/cm 时，提高预热温度对焊缝成形无影响，如图 7-19（b）所示。焊后在空气中静置 12h，采用机械加工的方法垂直切割焊缝中部，然后在此截面上切取最高硬度检测试样。经研磨、抛光后，使用体积分数为 4%硝酸酒精腐蚀液腐蚀。如图 7-19（c）所示，画一条既切于熔合线底部切点 O，又平行于轧制面的直线。在此直线上，测定切点 O 及左右两侧各 7 个点的维氏硬度，硬度测试点间隔为 0.5mm。

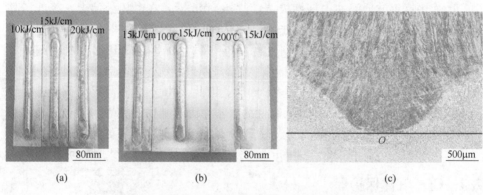

图 7-19　最高硬度实验的宏观图片及低倍显微组织
（a）不同线能量；（b）不同预热温度；（c）低倍显微组织

　　图 7-20 为中锰钢焊接 HAZ 最高硬度分布曲线，其中测试点位置 0 为图 7-19（c）的切点 O 处。由图 7-20（a）可知，在焊前不预热的情况下，中锰钢焊接 HAZ 的显微硬度随着焊接线能量的增加而降低，但降低幅度较小。随着焊接线能量增加，输出到钢板上的热量增大，焊后的冷却速率降低，HAZ 出现轻微软化。对于 10kJ/cm、15kJ/cm 和 20kJ/cm 三组不同的焊接线能量，实验钢板焊接 HAZ 最高硬度均出现在距熔合线底部切点（O 点）左侧 3mm 处的细晶区。由于细晶区组织中的马氏体板条尺寸小，位错密度高，因而具有较高的硬度。由图 7-20（b）可知，当焊接线能量 $E=15$kJ/cm 时，中锰钢焊接 HAZ 的显微硬度随着预热温度的升高而降低。究其原因，随着预热温度升高，在焊后空冷的过程中，焊

接 HAZ 的冷却速率降低，$t_{8/5}$增大，原奥氏体晶粒粗大，相变后的马氏体板条粗大。但由于 $t_{8/5}$ 的变化较小，导致焊接 HAZ 硬度值下降幅度较小。

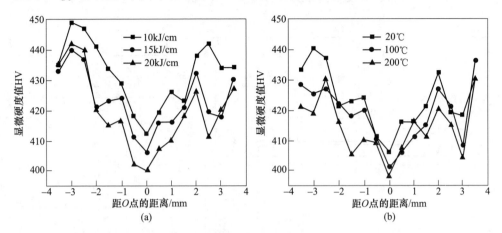

图 7-20 中锰钢焊接 HAZ 最高硬度分布曲线
（a）不同线能量；（b）不同预热温度

根据国际焊接学会及中国船级社对焊接热影响区最高硬度的规定，对于 690MPa 级高强钢，焊接 HAZ 允许的最高硬度值为 420HV。当焊接 HAZ 的最高硬度超过 420HV 时，即认为焊接接头具有冷裂倾向。对于实验用中锰钢，无论增大线能量还是升高预热温度，焊接 HAZ 的硬度值均在小幅度内降低，最高硬度仍高达 430HV。因此，在焊接中锰钢时，除了要选择合适的焊接工艺参数及焊前预热温度外，还应进行相应的焊后热处理，避免冷裂纹的产生。

7.4.2 斜 Y 型坡口冷裂纹实验

斜 Y 型坡口焊接裂纹实验方法是通过在试板两侧焊接全熔透焊缝，对试验焊缝施加拘束，以评价焊接接头在规定条件下的冷裂纹敏感性。按照《斜 Y 型坡口焊接裂纹试验方法》(CB/T 4364—2013)[29]的规定，制备斜 Y 型坡口试件，试件的形状和尺寸如图 7-21 所示。

试验焊缝的具体焊接工艺参数见表 7-4，其中 1 号、2 号和 3 号试样用于研究焊接线能量对中锰钢焊接冷裂纹的影响，2 号、4 号、5 号和 6 号试样用于研究预热温度对中锰钢焊接冷裂纹的影响。

焊完的试件静置在空气中自然冷却，48h 后采用精度不小于 0.02mm 的游标卡尺测量试验焊缝的表面裂纹长度，表面裂纹率按式（7-3）计算：

$$C_{\mathrm{f}} = \frac{\sum l_{\mathrm{f}}}{L} \times 100\% \qquad (7\text{-}3)$$

式中　C_{f}——表面裂纹率，%；

$\sum l_f$——表面裂纹长度之和，mm；

L——试验焊缝长度，mm。

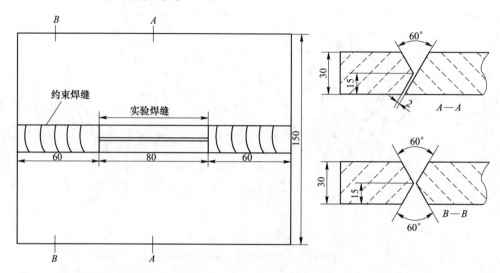

图 7-21　斜 Y 型坡口焊接冷裂纹实验的试样尺寸（mm）

表 7-4　中锰钢斜 Y 型坡口焊接冷裂纹实验工艺参数

试样编号	预热温度/℃	电流/A	电压/V	焊速/cm·min⁻¹	线能量/kJ·cm⁻¹	气体流量/L·min⁻¹
1 号	20	200	25	30	10	18
2 号	20	250	30	30	15	20
3 号	20	300	33.5	30	20	22
4 号	100	250	30	30	15	20
5 号	150	250	30	30	15	20
6 号	200	250	30	30	15	20

用机械方法去除拘束焊缝，在试验焊缝中间部位切取 5 个金相试样，取样过程中要避免大的振动，以免引起裂纹的扩展。按常规工序制备金相试样，测量试验焊缝的断面裂纹长度，断面裂纹率按式（7-4）计算：

$$C_s = \frac{H_c}{H} \times 100\% \tag{7-4}$$

式中　C_s——断面裂纹率，%；

　　　H_c——断面裂纹的高度，mm；

　　　H——试验焊缝的最小厚度，mm。

将试件着色后弯断，检测根部裂纹，每条试验焊缝的根部裂纹率按式（7-5）计算：

$$C_r = \frac{\sum l_r}{L} \times 100\% \tag{7-5}$$

式中　　C_r——根部裂纹率,%;

　　　$\sum l_r$——根部裂纹长度之和,mm;

　　　L——试验焊缝长度,mm。

斜 Y 型坡口焊接冷裂纹的实验结果见表 7-5,在焊前不预热的情况下,当焊接线能量由 10kJ/cm 增加到 20kJ/cm 时,表面裂纹率由 96.61% 降低至 89.09%;断面裂纹率由 95.10% 降低至 82.13%;根部裂纹率由 15.14% 降低至 11.87%。随着焊接线能量增加,焊缝金属的冷却速率减小,高温停留时间增长,产生冷裂纹的倾向降低。但中锰钢在不预热的情况下,随着焊接线能量增加,表面裂纹率、断面裂纹率和根部裂纹率均小幅度降低,冷裂倾向严重。

表 7-5　中锰钢斜 Y 型坡口焊接冷裂纹实验结果

试样编号	预热温度/℃	线能量/kJ·cm⁻¹	表面裂纹率/%	断面裂纹率/%	根部裂纹率/%
1 号	20	10	96.61	95.10	15.14
2 号	20	15	92.33	88.57	13.09
3 号	20	20	89.09	82.13	11.87
4 号	100	15	0	62.29	4.67
5 号	150	15	0	17.00	0
6 号	200	15	0	9.09	0

当焊接线能量 $E = 15$kJ/cm,焊前预热 100℃ 时,拘束焊缝表面未发现裂纹,断面裂纹率为 62.29%,根部裂纹率为 4.67%;当预热温度升高至 150℃ 时,表面裂纹和根部裂纹消失,断面裂纹率降低至 17.00%;当预热温度升高至 200℃ 时,无表面裂纹和根部裂纹,断面裂纹率降低至 9.09%。由于斜 Y 型坡口焊接裂纹实验的拘束度较大,焊后极易产生冷裂纹。因此,通常认为当断面裂纹率小于 20.00% 时,该焊接工艺参数在多层多道焊时是安全的,但不应该有根部裂纹。因此,在焊接中锰钢时,为了避免焊接冷裂纹的产生,除了要选择合适的焊接工艺参数外,焊前必须进行预热,预热温度为 150~200℃。

图 7-22(a)为实验钢斜 Y 型坡口焊接裂纹实验的宏观断面形貌。焊道根部的拘束应力最大,因而焊缝处的断面裂纹总是从根部起裂向中心扩展。由图 7-22(b)可知,焊接冷裂纹从根部起裂,沿紧邻熔合线的粗晶热影响区扩展。粗晶热影响区的峰值温度高,原奥氏体晶粒长大严重,相变后的组织异常粗大,因而粗晶热影响区有可能成为整个焊接接头性能最薄弱的环节。

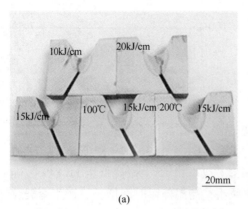
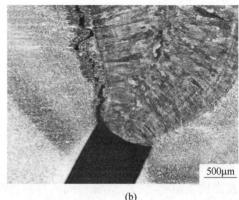

(a)　　　　　　　　　　　　　　　　　(b)

图 7-22　中锰钢斜 Y 型坡口焊接冷裂纹实验的横断面
(a) 宏观横断面；(b) 微观冷裂纹

7.4.3　中锰钢对焊实验

7.4.3.1　焊接工艺参数

按照《气焊、焊条电弧焊、气体保护焊和高能束焊的推荐坡口》（GB/T 985.1—2008）[30] 中的规定，将尺寸为 400mm × 200mm × 30mm 的中锰钢钢板加工成对称的双 V 型坡口，单边坡口 30°，钝边 2mm。焊前预热 200℃，层间温度控制在 180~200℃。为了研究焊接热输入和后热处理工艺对焊接接头组织性能的影响，对焊接电压、电流和后热温度进行调节，具体的焊接工艺参数见表 7-6。1 号、2 号和 3 号焊接工艺分析焊接线能量对焊接接头组织性能的影响，2 号和 4 号焊接工艺分析后热处理工艺对焊接接头组织性能的影响。

表 7-6　气保焊焊接工艺参数

试样编号	预热温度/℃	线能量/kJ·cm⁻¹	后热温度/℃	后热时间/min
1 号	200	10	200	120
2 号	200	15	200	120
3 号	200	20	200	120
4 号	200	15	630	30

按照《焊接接头拉伸试验方法》（GB/T 2651—2008）[31] 和《焊接接头冲击试验方法》（GB/T 2650—2008）[32] 的相关规定，分别加工焊接接头的拉伸和冲击试样。按照《焊接接头硬度试验方法》（GB/T 2654—2008）[33] 的规定，距金相试样上表面 2mm 处，采用 FM-700 显微硬度计测定焊接接头各个区域的维氏硬度值。

7.4.3.2 热输入对焊接接头组织性能的影响

A 焊缝组织

图 7-23 为焊缝的光学显微组织，不同焊接线能量和后热处理工艺条件下焊缝的显微组织均以纵横交错的针状铁素体为主，同时含有部分沿原奥氏体晶界析出的多边形铁素体。由图 7-23 (a)~(c) 可知，随着焊接线能量增加，焊缝组织中针状铁素体逐渐变得粗大，多边形铁素体含量不断增多。当焊接接头在 630℃ 保温 30min 后 (4 号)，焊缝组织中的多边形铁素体和针状铁素体长大，同时含有少量粒状贝氏体，如图 7-23 (d) 所示。

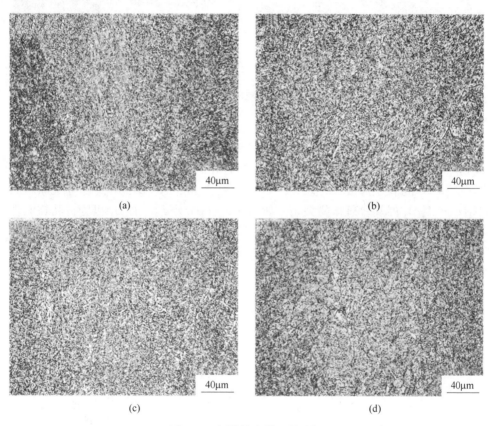

图 7-23　焊缝的光学显微组织
(a) 1 号；(b) 2 号；(c) 3 号；(d) 4 号

2 号焊接接头焊缝处的 TEM 精细组织如图 7-24 所示。图 7-24 (a) 为针状铁素体的精细形貌，针状铁素体之间彼此咬合、相互交错，且位错密度较高。图 7-24 (b) 为焊缝金属中的夹杂物、针状铁素体和多边形铁素体的 TEM 形貌，高位错密度的针状铁素体于夹杂物处晶内形核。

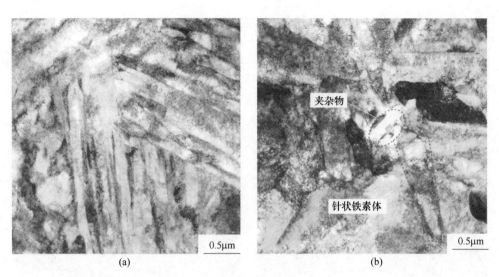

图 7-24　焊缝的 TEM 形貌

（a）针状铁素体；（b）夹杂物诱发针状铁素体形核

　　焊缝金属中的夹杂物分布情况及其 EDS 能谱分析如图 7-25 所示。大量的夹杂物均匀地分布在焊缝金属中，夹杂物的直径约 $0.3 \sim 1 \mu m$，如图 7-25（a）所示。经 EDS 能谱分析可知，该夹杂物主要包含 Al、Ti、Si、S 和 O 等元素，为 Al_2O_3 和 Ti_2O_3 的复合氧化物夹杂，如图 7-25（b）所示。Ti_2O_3 可为针状铁素体提供有效的形核点，促进针状铁素体形核。焊缝金属中均匀弥散分布的夹杂物在促进针状铁素体形核的同时，抑制了针状铁素体板条的长大，从而细化了焊缝的显微组织。

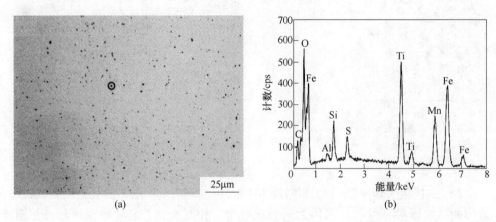

图 7-25　焊缝金属中的夹杂物分布及 EDS 能谱分析

（a）夹杂物分布；（b）EDS 能谱分析

B 显微硬度

由于在焊接中锰钢时所用的线能量较小，因而焊接接头中的 HAZ 宽度较窄，通常只有 3~4mm，宏观硬度计无法准确地测定各区域的硬度值。因此，采用 FM-700 显微硬度计分别测定了焊缝、粗晶区、细晶区、临界区和母材的硬度值，判断焊接接头是否存在硬化行为。焊接接头的显微硬度变化规律如图 7-26 所示。

图 7-26（a）为 1 号焊接接头的显微硬度变化规律，焊缝、粗晶区、细晶区、临界区和母材的平均硬度值分别为 324HV、379HV、402HV、353HV 和 278HV，焊缝和 HAZ 中的各区域均为局部硬化区。1 号焊接接头硬度变化规律：细晶区>粗晶区>临界区>焊缝>母材。

图 7-26（b）为 2 号焊接接头的显微硬度变化规律，焊缝、粗晶区、细晶区、临界区和母材的平均硬度值分别为 314HV、375HV、395HV、316HV 和 275HV，焊缝和 HAZ 中的各区域均为局部硬化区。2 号焊接接头硬度变化规律：细晶区>粗晶区>临界区>焊缝>母材。

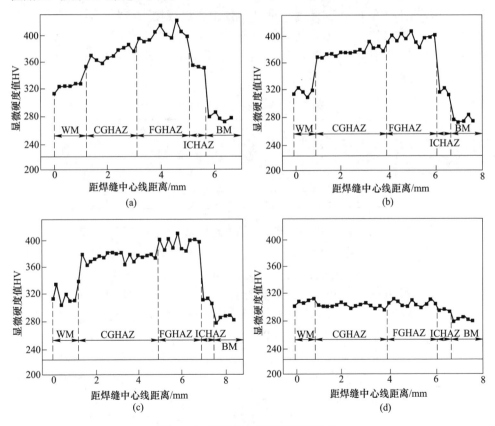

图 7-26 焊接接头的显微硬度分布

(a) 1 号；(b) 2 号；(c) 3 号；(d) 4 号

图 7-26（c）为 3 号焊接接头的显微硬度变化规律，焊缝、粗晶区、细晶区、临界区和母材的平均硬度值分别为 313HV、371HV、394HV、309HV 和 280HV，焊缝和 HAZ 中的各区域均为局部硬化区。3 号焊接接头硬度变化规律：细晶区＞粗晶区＞焊缝＞临界区＞母材。

图 7-26（d）为 4 号焊接接头的显微硬度变化规律，焊缝、粗晶区、细晶区、临界区和母材的平均硬度值分别为 306HV、295HV、304HV、293HV 和 279HV，焊缝和 HAZ 中的各区域均为局部硬化区，但 HAZ 的硬化比率较小，硬度值略高于母材。4 号焊接接头硬度变化规律：焊缝＞细晶区＞粗晶区＞临界区＞母材。

C　力学性能

焊接接头的拉伸性能检测结果见表 7-7。当后热温度为 200℃时，线能量为 10kJ/cm（1 号）和 15kJ/cm（2 号）的焊接接头拉伸试样均在母材处断裂，母材的抗拉强度即为焊接接头的抗拉强度，伸长率均为 20.00%；当焊接线能量升高至 20kJ/cm（3 号）时，焊接接头的抗拉强度降低至 819MPa，拉伸试样在焊缝处断裂，表明此时焊缝的强度已低于母材的强度，焊接接头的断后伸长率下降至 15.00%；当线能量为 15kJ/cm 的焊接接头在 630℃保温 30min（4 号）后，焊接接头的屈服强度和抗拉强度分别为 713MPa 和 854MPa，伸长率为 23.50%，拉伸试样在母材处断裂。

表 7-7　焊接接头的拉伸性能

试样编号	屈服强度/MPa	抗拉强度/MPa	伸长率/%	断裂位置
1 号	733	839	20.00	母材
2 号	736	845	20.00	母材
3 号	725	819	15.00	焊缝
4 号	713	854	23.50	母材

中锰钢焊接接头不同位置在 -40℃下的冲击吸收功见表 7-8。当焊接接头的后热温度为 200℃时，随着焊接线能量增加（1~3 号），焊接接头的低温冲击韧性逐渐降低。因此，中锰钢适合采用小线能量焊接。当线能量为 15kJ/cm 的焊接接头在 630℃保温 30min 后（4 号），焊接接头 WM、FL、FL+4 和 FL+7 处的 -40℃冲击吸收功分别为 58J、71J、110J 和 173J，较 2 号焊接接头 -40℃的冲击韧性有明显提高。所以，后热温度对中锰钢焊接接头的冲击韧性有显著影响。

表 7-8　焊接接头的 -40℃冲击吸收功

试样编号	WM 冲击功/J	FL 冲击功/J	FL+4 冲击功/J	FL+7 冲击功/J
1 号	67	43	76	153
2 号	60	42	68	140
3 号	49	31	57	117
4 号	58	71	110	173

图 7-27 为 2 号和 4 号焊接接头的冲击断口形貌。焊缝处冲击断口表面由均匀细小的韧窝组成，韧窝直径 3~5μm，如图 7-27（a）和（b）所示。2 号焊接接

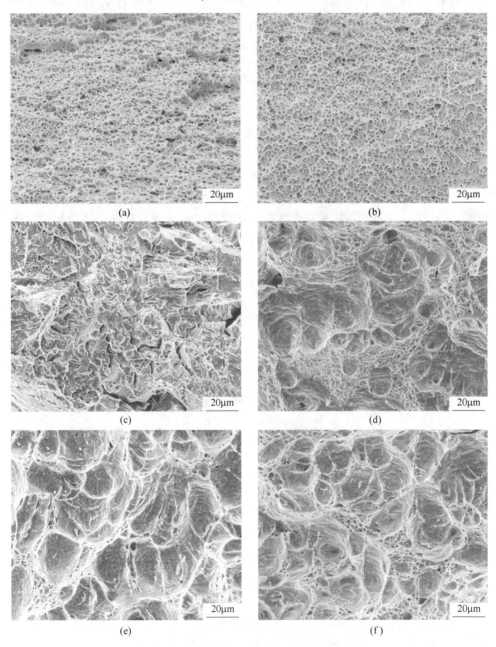

图 7-27　焊接接头不同区域 -40℃ 冲击断口形貌
（a），（b）WM；（c），（d）FL；（e），（f）FL+4；（a），（c），（e）2 号；（b），（d），（f）4 号

头 FL 处冲击断口表面包含大量的解理面和撕裂棱, 如图 7-27 (c) 所示; 2 号焊接接头 FL+4 处断口表面由少量的小韧窝和大韧窝组成, 如图 7-27 (e) 所示。4号焊接接头 FL 处冲击断口表面为大量的小韧窝和被拉长的大韧窝, 如图7-27 (d)所示; 4 号焊接接头 FL+4 处断口表面主要由大而深的韧窝组成, 大韧窝周围分布着小韧窝, 如图 7-27 (f) 所示。

7.4.3.3　后热温度对焊接接头组织性能的影响

A　显微组织

中锰钢焊接接头熔合区的显微组织如图 7-28 所示。由于熔合区很窄, 最多只有几十微米, 因此该区域通常称为熔合线, 即焊缝和粗晶热影响区的分界线。熔合区由部分熔化的母材和部分熔化的焊缝金属组成, 微观组织极不均匀。2 号焊接接头的熔合区包含板条马氏体、多边形铁素体和针状铁素体等组织, 如图7-28 (a)所示。4 号焊接接头熔合区的显微组织是由回火马氏体、多边形铁素体和针状铁素体组成的混合组织, 如图 7-28 (b) 所示。熔合区的温度高, 接近熔点温度, 部分熔化的母材在焊后冷却过程中生成粗大的板条马氏体, 熔化的焊缝金属除生成少量的先共析铁素体外, 主要生成大量的针状铁素体。

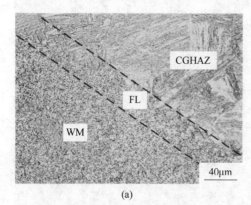
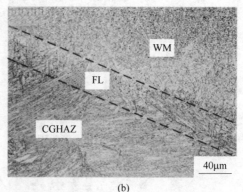

图 7-28　熔合线的显微组织

(a) 2 号; (b) 4 号

图 7-29 为 2 号焊接接头熔合线的取向图和晶界分布图, 并用黑色虚线在图中描绘出了熔合线的大概位置。由取向图可知, 焊缝组织中包含大量针状铁素体和少量多边形铁素体, 针状铁素体晶粒尺寸较小, 相邻针状铁素体板条之间具有不同的晶体学取向; 粗晶热影响区显微组织中的一个原奥氏体晶粒内包含多个马氏体 packet, 在一个 packet 内部的马氏体板条相互平行, 如图 7-29 (a) 所示。由晶界分布图可知, 焊缝组织中针状铁素体和多边形铁素体晶界均以大角晶界为主, 多边形铁素体直径 1~3μm, 针状铁素体长 3~8μm, 宽 1~3μm; 粗晶热影响

区中马氏体 packet 或 block 之间通常为大角晶界，但 packet 或 block 内部相互平行的马氏体板条为高比例的小角晶界，如图 7-29（b）所示。

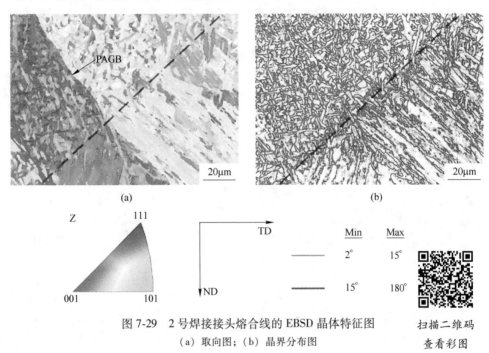

图 7-29　2 号焊接接头熔合线的 EBSD 晶体特征图

（a）取向图；（b）晶界分布图

扫描二维码
查看彩图

2 号焊接接头 CGHAZ 的金相组织如图 7-30（a）所示，其组织为板条马氏体，CGHAZ 的原奥氏体晶粒直径为 100~150μm，在一个原奥氏体晶粒内部含有几个马氏体 packet 或 block 结构。4 号焊接接头在 630℃ 后热处理过程中，CGHAZ 组织中的马氏体板条发生回复，转变为回火马氏体，如图 7-30（b）所示。

图 7-30　CGHAZ 的光学显微组织

（a）2 号；（b）4 号

　　图 7-31（a）为 2 号焊接接头 CGHAZ 的 TEM 形貌，其组织由高位错密度的板条马氏体组成，马氏体板条宽度约 0.5~1.5μm，马氏体板条中的高位错密度主要是由于切变机制引起的不均匀相变所致。图 7-31（b）为 4 号焊接接头 CGHAZ 的 TEM 形貌，其组织由回火马氏体+逆转变奥氏体组成，回火马氏体的位错密度较低，回火马氏体和逆转变奥氏体的板条宽度分别在 400~600nm 和 50~150nm 之间。逆转变奥氏体的暗场像如图 7-31（c）所示，逆转变奥氏体的 SAED 谱如图 7-31（d）所示。

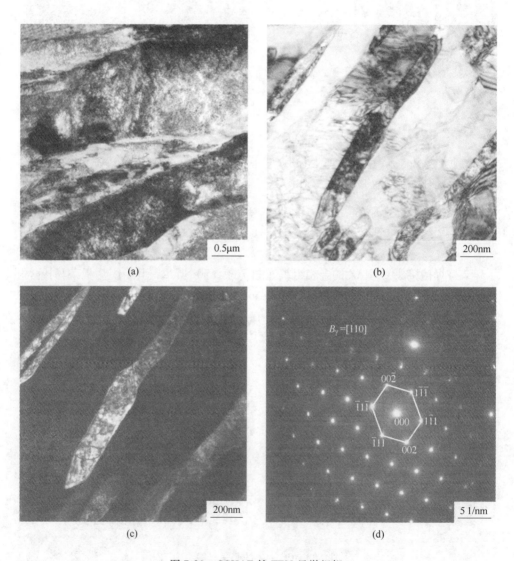

图 7-31　CGHAZ 的 TEM 显微组织

（a）板条马氏体（2 号）；（b）TEM 明场像（4 号）；（c）TEM 暗场像（4 号）；（d）奥氏体的 SAED 谱

当实验钢焊接接头未后热处理时，CGHAZ 的显微组织主要由粗大的高位错密度板条马氏体组成，间隙原子 C 和置换原子 Mn 在马氏体板条内处于过饱和状态。当焊接接头在 200℃后热时，C、Mn 原子的扩散驱动力较低，马氏体板条中过饱和的 C、Mn 原子难以扩散。当后热处理温度升高至 630℃时，C、Mn 原子的扩散能力增强，由板条马氏体内部向马氏体边界扩散。因此，C、Mn 原子在马氏体板条边界处富集，且浓度分布不均匀，原子排列不规则，易于产生浓度起伏和结构起伏，为奥氏体形核创造了有利条件。马氏体板条发生回复，转变为回火马氏体，在回火马氏体板条边界生成条状逆转变奥氏体。与体心立方晶格结构的马氏体相比，面心立方晶格结构的奥氏体能够容纳更多的 C、Mn 原子。C、Mn 原子不断地由回火马氏体向逆转变奥氏体中扩散，使逆转变奥氏体的稳定性不断增强。在随后的冷却过程中，部分稳定性较强的逆转变奥氏体保留至室温。因此，4 号焊接接头 CGHAZ 的室温组织为回火马氏体+逆转变奥氏体的混合组织。

B 显微硬度

由图 7-26 可知，1 号、2 号和 3 号焊接接头中的 WM 和 HAZ 均为局部硬化区，其中 WM 的硬化主要是由高体积分数针状铁素体的强化效应导致的。位错是一种极为重要的晶体缺陷，位错强化是一种重要的强化机制。当晶粒中的位错密度越高、缺陷越多时，位错开动所需的临界切应力就越大，宏观表现为材料更高的强度和硬度。WM 中针状铁素体的位错密度较高，位错相互缠结，存在大量的位错墙，因而 WM 的显微硬度较高，为焊接接头的局部硬化区。此外，WM 中大量弥散分布的 Al_2O_3 和 Ti_2O_3 复合氧化物在为针状铁素体提供形核点的同时，也在一定程度上提高了 WM 的显微硬度，因为复合氧化物的显微硬度远高于针状铁素体基体的显微硬度。随着焊接线能量增加，WM 中多边形先共析铁素体含量逐渐增多，WM 的显微硬度略有降低。

HAZ 的硬化主要是由马氏体组织导致的。中锰钢的淬透性较强，在焊接热循环作用下，完全奥氏体化的 CGHAZ 和 FGHAZ 在随后的冷却过程中转变为马氏体组织。马氏体组织中的 C 过饱和度直接影响其显微硬度，C 过饱和度越高，组织的显微硬度也越高，反之则越低。马氏体相变是以切变方式进行的，属于典型的无扩散型相变，原奥氏体中的 C 原子全部保留在马氏体中，C 过饱和度极高，从而导致焊接接头的 CGHAZ 和 FGHAZ 严重硬化。ICHAZ 的峰值温度介于 A_{c1} ~ A_{c3}，在加热过程中生成少量奥氏体，新生成的奥氏体稳定性较差，在冷却过程中又转变为马氏体，回火马氏体基体则未发生相变。室温下 ICHAZ 的组织为回火马氏体+残余奥氏体+新生成马氏体的混合组织，因而其显微硬度较母材稍有硬化。4 号焊接接头 HAZ 的硬化率较低，焊接接头在 630℃保温 30min 的后热处理过程中，马氏体板条发生回复，位错密度降低，C、Mn 原子向新生成的奥氏体中扩散，回火马氏体的碳过饱和度降低，从而降低了焊接 HAZ 的显微硬度。

随着线能量增加（1~3 号），焊缝组织中的针状铁素体逐渐长大，先共析多边形铁素体含量不断增多。彼此咬合、相互交错的针状铁素体抵抗裂纹扩展的能力较强，而多边形铁素体抵抗裂纹扩展的能力相对偏弱。随着焊接线能量增加，焊缝金属的抗拉强度降低。当线能量 $E = 20kJ/cm$ 时，焊缝金属的强度低于母材。因此，中锰钢应当采用小线能量焊接。

C　冲击韧性

当线能量为 15kJ/cm 的焊接接头经 630℃ 保温 30min 的后热处理时（4 号），焊接 HAZ 显微组织中的马氏体板条发生回复，转变为回火马氏体。此外，在回火马氏体板条边界和 PAGB 处生成稳定性较强的逆转变奥氏体。当焊接接头受到拉伸载荷时，显微组织中的逆转变奥氏体发生 TRIP 效应，转变为马氏体。TRIP 效应吸收大量应变能，松弛局部应力集中，有效延缓裂纹的萌生和扩展，推迟颈缩，增加均匀伸长率，从而提高焊接接头的断后伸长率。

4 号焊接接头在 630℃ 保温 30min 的后热处理过程中，相当于对接头中的母材部分又进行了一次回火热处理，组织中逆转变奥氏体含量略有增加，稳定性降低，逆转变奥氏体中的 Mn 元素分布更加均匀。逆转变奥氏体是软相，会降低母材的屈服强度，但逆转变奥氏体的含量增加后，加工硬化能力增强，会提高母材的抗拉强度。因此，4 号焊接接头拉伸试样虽然在母材处发生断裂，但其屈服强度低于 2 号焊接接头，抗拉强度高于 2 号焊接接头。

影响焊接接头低温冲击韧性的因素较多，如显微组织、有效晶粒尺寸、大小角晶界所占比例和夹杂物等级等。FL 的冲击韧性还受 WM 和 CGHAZ 两个相邻亚区的影响，FL+4 处的冲击韧性是由 CGHAZ、FGHAZ 和 ICHAZ 三个亚区共同决定的，而 FL+7 处的冲击韧性则取决于 FGHAZ、ICHAZ 和部分母材。随着焊接线能量的增加，焊接接头的低温冲击韧性逐渐恶化，这与焊接热模拟的实验结果一致。因此，本节将重点讨论后热处理温度对焊接接头低温冲击韧性的影响规律。

分别以 2 号焊接接头和 4 号焊接接头为研究对象，分析焊接接头低温冲击韧性的影响因素。2 号焊接接头的冲击韧性变化规律为：FL+7>FL+4>WM>FL；4 号焊接接头的冲击韧性变化规律为：FL+7>FL+4>FL>WM。2 号和 4 号焊接接头采用相同的焊丝和母材，即两对焊接接头 WM 和 HAZ 的夹杂物等级相同。因此，夹杂物不是导致其韧性差异的因素。

图 7-32 为 2 号和 4 号焊接接头不同亚区带有晶界分布的 EBSD 质量图。2 号焊接接头 WM 组织中针状铁素体和多边形铁素体边界主要为大角晶界，大角晶界所占比例高达 75.53%，如图 7-32（a）所示。在冲击载荷作用下，大角晶界可有效偏转甚至终止解理裂纹的扩展，且大角晶界含量高的区域具有较小的断裂单元，因而冲击韧性好。4 号焊接接头 WM 组织中针状铁素体和多边形铁素体稍有长大，针状铁素体和多边形铁素体组织仍以大角晶界为主，大角晶界比例为

62.87%，针状铁素体长 3~8μm，宽 2~4μm，多边形铁素体的直径 2~5μm，如图 7-32（b）所示。

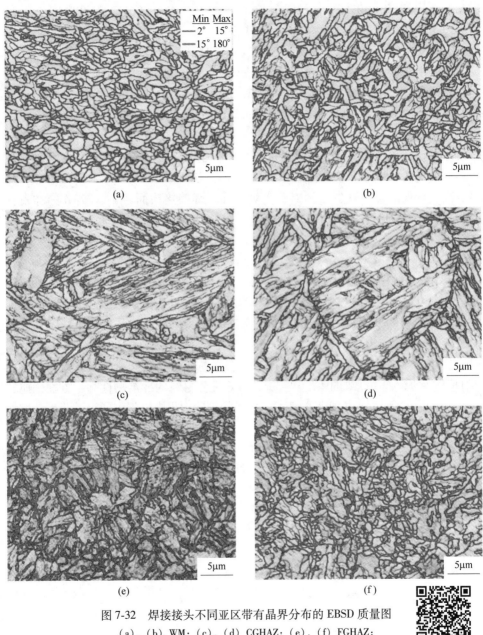

图 7-32　焊接接头不同亚区带有晶界分布的 EBSD 质量图

（a），（b）WM；（c），（d）CGHAZ；（e），（f）FGHAZ；

（a），（c），（e）2 号；（b），（d），（f）4 号

扫描二维码

查看彩图

　　2 号焊接接头 CGHAZ 的原奥氏体晶粒尺寸粗大，大角晶界比例低，组织中 packet 或 block 结构内部的马氏体板条相互平行，马氏体板条间以小角晶界为主，大角晶界比例仅为 40.57%，如图 7-32（c）所示。4 号焊接经过 630℃ 后热处理后，CGHAZ 组织中的马氏体板条发生回复，回火马氏体基体内的小角晶界含量降低，大角晶界比例为 49.92%，如图 7-32（d）所示。

　　2 号焊接接头 FGHAZ 组织为细板条马氏体，马氏体板条间的大角晶界密度高，等效晶粒尺寸为 5.61μm，如图 7-32（e）所示。4 号焊接接头 FGHAZ 的小角晶界含量少，等效晶粒尺寸为 3.42μm，如图 7-32（f）所示。根据 Petch 方程可知，等效晶粒尺寸与冲击韧性呈反比，即等效晶粒尺寸越小，冲击韧性越高。等效晶粒尺寸越小，阻碍裂纹扩展的晶界面积越大，裂纹在扩展过程中转折次数越多，消耗的能量越多，冲击韧性越高。与 CGHAZ 相比，FGHAZ 的大角晶界比例更高，等效晶粒尺寸更小。因此，对于同一焊接接头而言，FGHAZ 的冲击韧性明显优于 CGHAZ 的冲击韧性。

　　2 号焊接接头和 4 号焊接接头低温冲击韧性的差异主要是由其显微组织决定的。FL 紧邻 WM 和 CGHAZ，组织极不均匀，且 CGHAZ 的组织粗大，大角晶界密度低，易促进解理裂纹扩展。因此，2 号焊接接头 FL 处的韧性较差，-40℃ 冲击吸收功只有 42J。然而，当焊接接头经 630℃ 保温 30min 的后热处理后，CGHAZ 和 FGHAZ 组织中的板条马氏体发生回复，转变为回火马氏体，并生成了稳定性较高的逆转变奥氏体。与 2 号焊接接头相比，4 号焊接接头 FL、FL+4 和 FL+7 处的 -40℃ 冲击吸收功分别提高了 29J、42J 和 33J。逆转变奥氏体在冲击载荷作用下发生 TRIP 效应，抑制裂纹的萌生和扩展，有效提高材料的冲击韧性。一方面，逆转变奥氏体提高了材料塑性变形的能力，松弛局部应力集中，延迟裂纹的萌生，增加了裂纹形成功；另一方面，微裂纹尖端应力集中诱发逆转变奥氏体发生 TRIP 效应，释放裂纹尖端的应力集中，钝化裂纹，使解理裂纹的扩展路径发生偏折，并抑制甚至终止微裂纹的扩展，显著提高了裂纹扩展功。此外，与高位错密度的板条马氏体相比，低位错密度的回火马氏体具有良好的延展性，可在一定程度上提高焊接接头的冲击韧性。综上所述，回火马氏体+逆转变奥氏体的混合组织可有效提高冲击裂纹形成功和扩展功。因此，4 号焊接接头的低温冲击韧性优异。

参 考 文 献

［1］Han J, Nam J H, Lee Y K. The mechanism of hydrogen embrittlement in intercritically annealed medium Mn TRIP steel ［J］. Acta Materialia, 2016, 113: 1-10.

［2］Liu H, Du L X, Hu J, et al. Interplay between reversed austenite and plastic deformation in a directly quenched and intercritically annealed 0. 04C-5Mn low-Al steel ［J］. Journal of Alloys and

Compounds, 2017, 695: 2072-2082.

[3] Galindo-Nava E I, Rivera-Díaz-del-Castillo P E J. Understanding the factors controlling the hardness in martensitic steels [J]. Scripta Materialia, 2016, 110 (1): 96-100.

[4] Lee S J, Lee S, De Cooman B C. Mn partitioning during the intercritical annealing of ultrafine-grained 6% Mn transformation-induced plasticity steel [J]. Scripta Materialia, 2011, 64 (7): 649-652.

[5] Lan L Y, Qiu C L, Zhao D W, et al. Microstructural characteristics and toughness of the simulated coarse grained heat affected zone of high strength low carbon bainitic steel [J]. Materials Science and Engineering A, 2011, 529: 192-200.

[6] Xie H, Du L X, Hu J, et al. Effect of thermo-mechanical cycling on the microstructure and toughness in the weld CGHAZ of a novel high strength low carbon steel [J]. Materials Science and Engineering A, 2015, 639: 482-488.

[7] Amer A E, Koo M Y, Lee K H, et al. Effect of welding heat input on microstructure and mechanical properties of simulated HAZ in Cu containing microalloyed steel [J]. Journal of Materials Science, 2010, 45 (5): 1248-1254.

[8] Hu J, Du L X, Sun G S, et al. The determining role of reversed austenite in enhancing toughness of a novel ultra-low carbon medium manganese high strength steel [J]. Scripta Materialia, 2015, 104 (15): 87-90.

[9] Hu J, Du L X, Liu H, et al. Structure-mechanical property relationship in a low-C medium-Mn ultrahigh strength heavy plate steel with austenite-martensite submicro-laminatestructure [J]. Materials Science and Engineering A, 2015, 647: 144-151.

[10] Hu J, Du L X, Xu W, et al. Ensuring combination of strength, ductility and toughness in medium-manganese steel through optimization of nano-scale metastable austenite [J]. Materials Characterization, 2018, 136: 20-28.

[11] 苏冠侨. 海洋平台用高强韧中锰钢组织性能控制及腐蚀行为研究 [D]. 沈阳: 东北大学, 2018.

[12] Su G Q, Gao X H, Zhang D Z, et al. Impact of reversed austenite on the impact toughness of the high-strength steel of low carbon medium manganese [J]. JOM, 2018, 70 (5): 672-679.

[13] 孙宪进. 高性能海洋工程用钢的研究与开发 [D]. 北京: 北京科技大学, 2017.

[14] Lee H W. Weld metal hydrogen-assisted cracking in thick steel plate weldments [J]. Materials Science and Engineering A, 2007, 445/446 (1): 328-335.

[15] Haruyoshi S. Weldability of modern structural steels in Japan [J]. Transactions of the Iron and Steel Institute of Japan, 1983, 23 (3): 189-204.

[16] Rabi L, Oliver S, Andre S, et al. GMA-laser hybrid welding of high-strength fine-grain structural steel with an inductive preheating [J]. Physics Procedia, 2014, 56: 637-645.

[17] Qi X Y, Du L X, Hu J, et al. Enhanced impact toughness of heat affected zone in gas shield arc weld joint of low-C medium-Mn high strength steel by post-weld heat treatment [J]. Steel Research International, 2018, 89 (4): 1-8.

[18] 张元杰. TMCP890 钢焊接热影响区组织与性能研究 [D]. 昆明: 昆明理工大学, 2014.

［19］ Gourgues A F. Electron backscatter diffraction and cracking ［J］. Materials Science and Technology, 2002, 18（2）: 119-133.

［20］ 兰亮云. 焊接热循环下 Q690CF 钢的贝氏体相变特征与断裂微观机制 ［D］. 沈阳: 东北大学, 2013.

［21］ Qiao Y, Argon A S. Cleavage crack resistance of high angle grain boundaries in Fe-3%Si alloy ［J］. Mechanics of Materials, 2003, 35（3-6）: 313-331.

［22］ Morito S, Saito H, Ogawa T, et al. Effect of austenite grain size on the morphology and crystallography of lath martensite in low carbon steels ［J］. ISIJ International, 2005（45）: 91-94.

［23］ Morito S, Yoshida H, Maki T, et al. Effect of block size on the strength of lath martensite in low carbon steels ［J］. Materials Science and Engineering A, 2006, 438-440（25）: 237-240.

［24］ Yoo J, Han K, Park Y, et al. Correlation between microstructure and mechanical properties of heat affected zones in Fe-8Mn-0.06C steel welds ［J］. Materials Chemistry and Physics, 2014, 146（1-2）: 175-182.

［25］ Nasim M, Edwards B C, Wilson E A. A study of grain boundary embrittlement in an Fe-8%Mn alloy ［J］. Materials Science and Engineering A, 2000, 281（1-2）: 56-67.

［26］ Edwards B C, Nasim M, Wilson E A. The nature of intergranular embrittlement in quenched Fe-Mn alloys ［J］. Scripta Metallurgica, 1978, 12（4）: 377-380.

［27］ Raabe D, Herbig M, Sandlöbes S, et al. Grain boundary segregation engineering in metallic alloys: A pathway to the design of interfaces ［J］. Current Opinion in Solid State and Materials Science, 2014, 18（4）: 253-261.

［28］ GB/T 4675.5—1984, 焊接性试验 焊接热影响区最高硬度试验方法 ［S］.

［29］ CB/T 4364—2013, 斜 Y 型坡口焊接裂纹试验方法 ［S］.

［30］ GB/T 985.1—2008, 气焊、焊条电弧焊、气体保护焊和高能束焊的推荐坡口 ［S］.

［31］ GB/T 2651—2008, 焊接接头拉伸试验方法 ［S］.

［32］ GB/T 2650—2008, 焊接接头冲击试验方法 ［S］.

［33］ GB/T 2654—2008, 焊接接头硬度试验方法 ［S］.

8　中锰钢的疲劳性能

疲劳是指材料在循环应力或循环应变的作用下,在一处或几处逐渐产生局部的永久性累积损伤,并在一定循环次数后产生裂纹或使裂纹进一步扩展直至发生完全断裂的过程[1]。研究表明,疲劳断裂是金属构件主要的失效形式之一[2]。据统计,在各类机械零件失效中,大约有80%~90%是疲劳断裂[3]。金属材料在无限次交变载荷的作用下而不发生断裂的最大应力,称为疲劳强度或疲劳极限,通常以 S-N 曲线来表征[4,5]。

焊接接头是由焊缝、熔合区、热影响区和母材共同组成的区域,显微组织和力学性能极不均匀。在焊接热作用下,热影响区发生了物理和冶金的变化,焊接接头极易产生焊接缺陷和残余应力。与静载荷破坏相比,动载荷破坏并不取决于结构整体,而是由应力或应变较高的局部开始形成损伤并逐渐积累,最终导致疲劳断裂[6]。因此,焊接接头的疲劳性能可能会成为整个构件中的"薄弱环节"。

8.1　*S-N* 曲线及断口

实验用钢为工业化生产的 690MPa 级 30mm 厚中锰钢钢板,显微组织为亚微米尺度的回火马氏体+逆转变奥氏复合层状组织。在钢板 1/4 厚度位置沿轧向取样,加工成 ϕ12mm×110mm 的光滑圆棒。按照《金属材料　疲劳试验　轴向力控制方法》(GB/T 3075—2008)设计的疲劳试样如图 8-1 所示。

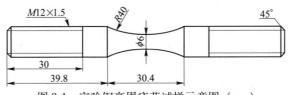

图 8-1　实验钢高周疲劳试样示意图(mm)

疲劳实验在 GPS-100 高频疲劳试验机上进行,实验采用纵向拉压的加载方式,应力比 $R=-1$,循环应力振幅为常规正弦波,工作频率为 150Hz,实验温度为室温。采用单试样法建立中锰钢的 S-N 曲线,采用升降法确定中锰钢的条件疲劳极限,升降法的有效试样数量为 13 根。应力增量($\Delta\sigma$)一般为预计疲劳极限的 3%~5%，约为 20MPa。实验在 3~5 级应力水平下进行，实验一直进行到试样断裂或 10^7 次时为止，用该方法测定的疲劳极限具有 50% 的存活率。

疲劳实验结果见表 8-1，其中编号 1~13 号的试样为采用升降法求疲劳极限所用数据，编号 14~21 号试样为高应力幅疲劳实验数据。由表 8-1 可知，随着应力幅值增加，循环次数逐渐减少。

表 8-1　中锰钢的疲劳实验结果

试样编号	应力幅/MPa	最大载荷/kN	最小载荷/kN	循环次数	状态
1	450	12.72	-12.72	8.29×10^6	断裂
2	430	12.15	-12.15	$>10^7$	未断
3	450	12.72	-12.72	$>10^7$	未断
4	470	13.28	-13.28	3.76×10^6	断裂
5	450	12.72	-12.72	8.65×10^6	断裂
6	430	12.15	-12.15	$>10^7$	未断
7	450	12.72	-12.72	9.01×10^6	断裂
8	430	12.15	-12.15	$>10^7$	未断
9	450	12.72	-12.72	$>10^7$	未断
10	470	13.28	-13.28	5.60×10^6	断裂
11	450	12.72	-12.72	$>10^7$	未断
12	470	13.28	-13.28	6.01×10^6	断裂
13	450	12.72	-12.72	$>10^7$	未断
14	470	13.28	-13.28	3.28×10^6	断裂
15	490	13.85	-13.85	5.35×10^5	断裂
16	490	13.85	-13.85	4.43×10^5	断裂
17	490	13.85	-13.85	3.44×10^5	断裂
18	510	14.41	-14.41	1.67×10^5	断裂
19	510	14.41	-14.41	1.01×10^5	断裂
20	530	14.98	-14.98	7.10×10^4	断裂
21	550	15.54	-15.54	2.09×10^4	断裂

当应力循环对称系数一定时，金属材料断裂前所能承受的应力循环次数与所受的最大交变应力存在对应关系，这种最大交变应力以对疲劳断裂周次作图绘成的曲线，称为疲劳曲线，经常简写成 S-N 曲线。

图 8-2 为中锰钢在载荷比 $R = -1$ 条件下的 S-N 曲线，S-N 曲线的水平直线段取值即为中锰钢的疲劳极限，疲劳极限代表着中锰钢在此应力大小下能经受无限

次疲劳循环而不发生断裂。经回归计算可知，中锰钢在高于条件疲劳极限的应力幅值 σ_a 与循环次数 N 满足以下线性关系：

$$\sigma_a = 705.23 - 37.40 \times \lg N \tag{8-1}$$

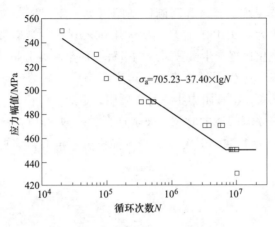

图 8-2　中锰钢的 *S-N* 曲线

中锰钢疲劳试样升降法实验结果如图 8-3 所示，疲劳极限 σ_{-1} 按式（8-2）计算：

$$\sigma_{-1} = \frac{1}{m} \sum_{i=1}^{n} v_i \sigma_i \tag{8-2}$$

式中　m——有效实验的总次数；

　　　n——实验应力水平数；

　　　σ_i——第 i 级应力水平，MPa；

　　　v_i——第 i 级应力水平下的实验次数（$i=1, 2, \cdots, n$）。

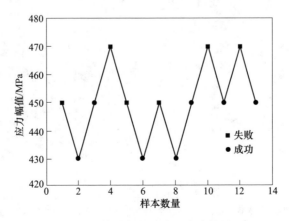

图 8-3　中锰钢的升降法实验结果

根据式（8-2）求出中锰钢的拉-压疲劳极限 $\sigma_{-1} = 450MPa$。因此，中锰钢的疲劳比（σ_{-1}/R_m）为 0.54，疲劳性能优异。

中锰钢的疲劳断口形貌如图 8-4 所示。图 8-4（a）为疲劳试样的宏观断口形貌，疲劳裂纹源、裂纹扩展区和瞬断区清晰可见。疲劳裂纹源位于疲劳试样表面，对应的应力幅为 470MPa，循环周次为 4.66×10^6 次。疲劳裂纹萌生是材料局部塑性变形加工硬化最终产生微区裂纹的过程，而金属疲劳是晶体往复滑移的过程。疲劳裂纹一般都萌生于试样表面，这主要是由于疲劳试样表面一侧不受约束，呈平面应力状态，滑移阻力小，易于屈服，造成疲劳损伤。图 8-4（b）为疲劳试样内部夹杂物导致的疲劳断裂，夹杂物直径约为 40μm，对应的应力幅 $\sigma_a =$ 510MPa，循环周次为 1.34×10^5 次。经 EDS 能谱分析可知，该夹杂物是由 Al_2O_3、

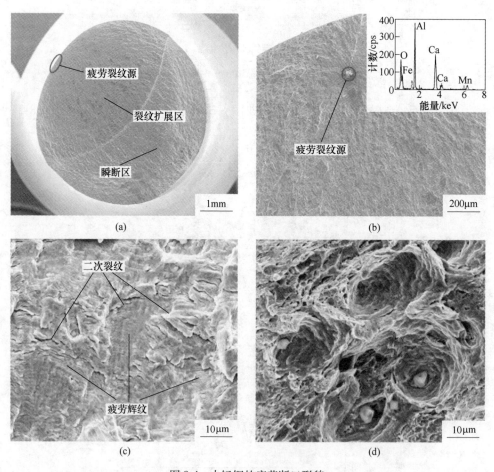

图 8-4　中锰钢的疲劳断口形貌

（a）疲劳断口的宏观形貌；（b）夹杂物处萌生的裂纹源及夹杂物的 EDS 能谱分析；

（c）裂纹扩展区；（d）瞬断区

MgO 和 CaO 等氧化物组成的复合夹杂物。由于夹杂物和基体之间弹性模量不匹配，当疲劳试样受到交替往复的循环应力时，易于在夹杂物和基体之间产生应力集中，从而在夹杂物周围萌生疲劳裂纹，最终导致疲劳断裂。通常，在夹杂物疲劳源附近，会产生一个光亮的平台，如图 8-4（b）所示。这是由于疲劳裂纹萌生后，在循环应力作用下，疲劳断面不断地摩擦、挤压，最终将韧窝磨平。

图 8-4（c）是对应图 8-4（a）中疲劳裂纹扩展区的高倍视图，疲劳裂纹扩展区中存在大量的疲劳辉纹和二次裂纹。疲劳辉纹是一系列相互平行的细小条纹，是主裂纹在扩展过程中每次循环载荷留下的微观痕迹，其长度方向垂直于主裂纹的扩展方向。当前进着的主裂纹扩展至位错塞积处，会造成一定程度的应力集中，从而引申出与主裂纹扩展方向呈 45°夹角的二次裂纹。二次裂纹的萌生和扩展需要消耗大量的能量，松弛应力集中，削减裂纹尖端的应力峰值，降低主裂纹的扩展驱动力，从而提高中锰钢的疲劳极限。图 8-4（d）是对应图 8-4（a）中疲劳裂纹瞬断区的高倍视图，瞬断区主要由大而深的韧窝组成，大韧窝周围分布着大量的小韧窝，与冲击断口的纤维区类似。

8.2 亚微米尺度层状组织对中锰钢疲劳强度的影响

当循环载荷作用于疲劳试样时，试样内相邻的、不同取向的晶粒受力产生变形，部分施密特因子大的晶粒内的位错源先开动，并沿一定晶面产生滑移和增殖。当位错滑移至晶界前沿时，位错的运动被晶界阻挡，造成位错塞积，从而阻碍了塑性变形由晶粒内部传播到相近晶粒中。当晶粒越细小、晶界越多、相邻晶粒间晶界取向差越大时，这种阻碍位错运动的能力就越强，金属的强度就越高。多晶体金属的屈服强度与晶粒大小的关系可由 Hall-Petch 公式[7]表示，即：

$$\sigma_s = \sigma_0 + KD^{-1/2} \tag{8-3}$$

式中 σ_s——多晶体的屈服强度，MPa；

  σ_0——单晶的屈服强度，MPa；

  K——与材料本身有关的常数；

  D——晶粒直径，μm。

疲劳实验用中锰钢室温下为回火马氏体+逆转变奥氏体复合层状组织，逆转变奥氏体板条宽度为 50~100nm，回火马氏体板条宽度为 200~750nm，等效晶粒尺寸细小，为亚微米尺度级别。等效晶粒越细小，总晶界面积就越大，界面曲折程度越高，越不利于疲劳裂纹扩展，从而提高了中锰钢的疲劳强度。

中锰钢是由许多晶粒组成的多晶体，多晶体金属的晶界多为大角晶界，大角晶界能有效偏转甚至终止疲劳裂纹的扩展[8]。在疲劳裂纹的扩展过程中，大角晶界增加了裂纹转折的次数，使单元裂纹扩展路径减小，总路径增长，消耗的能量增多，增大裂纹扩展的阻力[8]，从而有效地提高了中锰钢的疲劳强度。

8.3　逆转变奥氏体对中锰钢疲劳强度的影响

　　图 8-5 为疲劳试样及其断口处包含相组成的图像质量图，红色区域代表逆转变奥氏体，灰白色区域为回火马氏体。疲劳试样中的不规则多边形块状逆转变奥氏体主要分布于原奥氏体晶界和块状回火马氏体边界，板条状和薄膜状的逆转变奥氏体主要分布于回火马氏体板条间，如图 8-5（a）所示。与疲劳实验前的试样相比，应力幅 $\sigma_a = 550MPa$ 疲劳试样断口表面的逆转变奥氏体含量显著降低，如图 8-5（b）所示。这表明在疲劳实验过程中，大量的逆转变奥氏体发生了相变。由图 8-5（b）可知，疲劳试样断口表面残余的奥氏体主要呈板条状或薄膜状，块状奥氏体消失，这是由于块状奥氏体的机械稳定性相对偏低导致的。在疲劳实验过程中，机械稳定性较差的块状奥氏体转变为马氏体，而机械稳定性相对较高的薄膜状奥氏体和部分板条状奥氏体未发生相变。

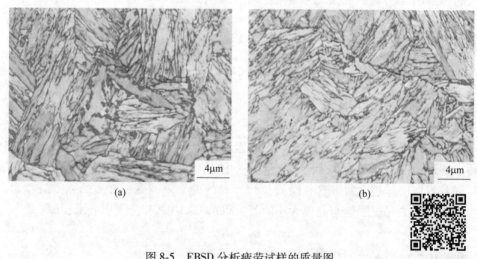

（a）　　　　　　　　　　　　　　　　　　　　　（b）

图 8-5　EBSD 分析疲劳试样的质量图
（a）疲劳实验前；（b）应力幅 $\sigma_a = 550MPa$ 疲劳试样断口表面

扫描二维码
查看彩图

　　与回火马氏体基体相比，逆转变奥氏体是软相。在疲劳实验过程中，循环载荷作用于疲劳试样上时，局部应力可能会达到甚至超过逆转变奥氏体的屈服强度，从而导致逆转变奥氏体产生微小的塑性变形，微小塑性变形所产生的应变将会诱发逆转变奥氏体向马氏体转变[9-11]。此外，在疲劳裂纹的扩展过程中，疲劳裂纹尖端微小塑性变形区内的逆转变奥氏体将会发生马氏体相变[12]。因此，疲劳断口表面的逆转变奥氏体含量明显降低。

　　采用 XRD 技术测定了疲劳断口表面残余奥氏体的体积分数，测定结果如图 8-6 所示。疲劳实验前，试样中逆转变奥氏体的体积分数为 19.89%，且 γ 相的 XRD 峰值清晰可见。随着应力幅值增加，疲劳断口表面 γ 相的 XRD 峰值强度逐渐减弱，如图 8-6（a）所示。当应力幅值由 470MPa 增加至 550MPa 时，疲劳断口表面的残余奥氏体含量由 13.92% 降低至 7.44%，奥氏体的转变率由 30.01% 升高至 62.59%，如图 8-6（b）所示。更大的应力幅值对应着更高的奥氏体转变率，这是由于更大的应力幅值导致更大的机械驱动力以及更大的塑性变形累积，从而促进了奥氏体的转变[9,13]。

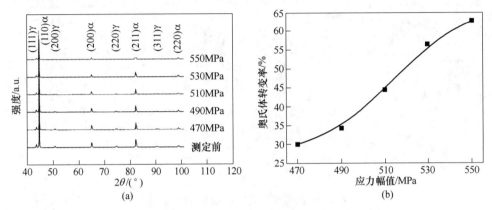

图 8-6 XRD 测定疲劳断口表面奥氏体体积分数
（a）XRD 图谱；（b）奥氏体转变率

图 8-7 为疲劳断口表面的 TEM 显微组织。在循环应力作用下，疲劳裂纹尖端会产生一个微小的塑性变形区，塑性变形区内部分机械稳定性较差的逆转变奥氏体转变为马氏体，部分稳定性较高的逆转变奥氏体未发生相变，片层状的残余奥氏体和位错清晰可见，如图 8-7（a）所示。在循环应力作用下，微小的塑性变形作用于基体上，晶体中的软取向部分会优先开动滑移系，位错增值，发生滑移和攀移，从而形成位错墙[12]，如图 8-7（b）所示。在逆转变奥氏体转变为马氏体的同时，会析出大量细小的棒状或颗粒状碳化物[14]。临近裂纹尖端微小塑性变形区内的碳化物颗粒可有效地阻碍位错的运动，从而降低裂纹的扩展速率，提高实验钢的疲劳强度[15,16]。

逆转变奥氏体主要通过应变诱导马氏体相变抑制疲劳裂纹的萌生，并阻碍裂纹的扩展，从而提高中锰钢的疲劳强度。一方面，在疲劳应力最大处发生微量的塑性变形，微小塑性变形所产生的应变将会诱发逆转变奥氏体向马氏体转变，产生加工硬化，松弛局部的应力集中，提高局部塑性变形的能力[17]。从而延缓显微裂纹的萌生和扩展，增加疲劳裂纹萌生所需的循环周次，增大疲劳裂纹萌生所需的能量，提高中锰钢的疲劳强度[18]。另一方面，当疲劳裂纹萌生后，在疲劳裂纹尖端会产生较大的应力集中，导致裂纹尖端发生微小的塑性变形，从而使微小塑性变形区域内的逆转变奥氏体向马氏体发生相变[12,19]。应变诱导马氏体相变是一个吸收能量的过程，会消耗裂纹尖端用于疲劳裂纹扩展的能量，降低疲劳裂纹的扩展速率。

Huo 等人[12]的研究表明，逆转变奥氏体对疲劳裂纹的扩展速率有显著影响。

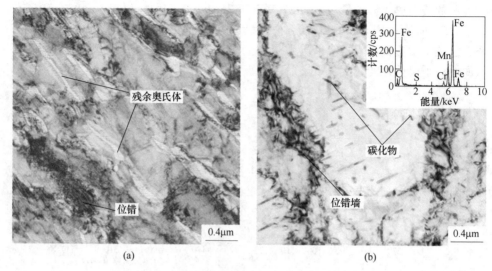

图 8-7　疲劳断口表面的 TEM 显微组织

（a）残余奥氏体和位错；（b）位错墙和碳化物及其 EDS 能谱

当疲劳裂纹扩展至逆转变奥氏体时，由于疲劳裂纹尖端较大的应力集中，会在裂纹尖端产生一个微小的塑性变形区域。当应变能累积到一定程度后，会诱发逆转变奥氏体向马氏体转变[9,18]。在发生马氏体相变的同时，会吸收大量应变能，松弛裂纹尖端应力集中，钝化裂纹[20]。此外，马氏体相变往往会伴随着体积膨胀，将对裂纹尖端产生一定程度的压应力。疲劳裂纹尖端的压应力可有效抑制疲劳裂纹扩展，只有当裂纹扩展的驱动力大于裂纹尖端的压应力时，裂纹才会继续扩展，从而大幅度地降低疲劳裂纹的扩展速率。此时，疲劳裂纹尖端新生成的马氏体板条处于微小的塑性变形区域内。随着塑性变形的进一步发生，大量的位错塞积在晶体的滑移面和板条马氏体间，在疲劳裂纹前缘局部区域聚集成损伤核心，诱发出许多间断的超显微裂纹[12]。在循环载荷作用下，显微裂纹进一步长大，疲劳裂纹穿过新生成的马氏体，与之相连。在疲劳裂纹穿过新生成的马氏体时，由于位错塞积导致的应力集中，将会引申出与疲劳裂纹扩展方向呈 45°夹角的二次裂纹。二次裂纹的萌生和扩展需要消耗大量的能量，松弛了应力集中，削减了疲劳裂纹尖端的应力峰值，有效地降低了疲劳裂纹的扩展速率。当疲劳裂纹尖端扩展至下一个逆转变奥氏体板条时，又重复了如上所述的过程。疲劳裂纹如此间断、往复式扩展，扩展速率降低，提高了中锰钢的疲劳强度。

8.4　焊接接头的疲劳

在焊接接头 1/4 厚度处垂直于焊缝方向取样，加工成 ϕ12mm × 110mm 的光滑圆棒，焊缝位于光滑圆棒的正中心。采用与中锰钢疲劳试样相同的加工方法，加工中锰钢焊接接头疲劳试样，疲劳试样尺寸如图 8-8 所示。焊接接头疲劳实验方案与中锰钢疲劳实验方案相同，在断裂的疲劳试样上取样，使用 FEI Quanta 600 扫描电镜观察疲劳断口形貌。

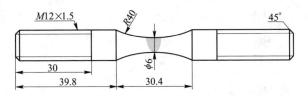

图 8-8　实验钢焊接接头的高周疲劳试样示意图（mm）

中锰钢焊接接头的疲劳实验结果见表 8-2，其中编号 1～13 号的试样为采用升降法求疲劳极限所用数据，编号 14～21 号试样为高应力幅疲劳实验数据。

表 8-2　中锰钢焊接接头的疲劳实验结果

试样编号	应力幅/MPa	最大载荷/kN	最小载荷/kN	循环次数	状态
1	350	9.89	-9.89	>10^7	未断
2	370	10.46	-10.46	>10^7	未断
3	390	11.02	-11.02	1.67×10^6	断裂
4	370	10.46	-10.46	3.29×10^6	断裂
5	350	9.89	-9.89	8.06×10^6	断裂
6	330	9.33	-9.33	>10^7	未断
7	350	9.89	-9.89	>10^7	未断
8	370	10.46	-10.46	4.02×10^6	断裂
9	350	9.89	-9.89	7.18×10^6	断裂
10	330	9.33	-9.33	>10^7	未断
11	350	9.89	-9.89	8.38×10^6	断裂
12	330	9.33	-9.33	>10^7	未断
13	350	9.89	-9.89	>10^7	未断
14	390	11.02	-11.02	1.46×10^6	断裂
15	390	11.02	-11.02	8.36×10^5	断裂
16	390	11.02	-11.02	7.79×10^5	断裂
17	390	11.02	-11.02	9.01×10^5	断裂
18	410	11.59	-11.59	3.09×10^5	断裂
19	410	11.59	-11.59	1.76×10^5	断裂
20	430	12.15	-12.15	7.31×10^4	断裂
21	450	12.72	-12.72	4.42×10^4	断裂

图 8-9 为中锰钢焊接接头在载荷比 $R = -1$ 条件下的 S-N 曲线，经回归计算可

知，在高于条件疲劳极限的应力幅值 σ_a 与循环次数 N 满足以下线性关系：

$$\sigma_a = 608.15 - 36.81 \times \lg N \tag{8-4}$$

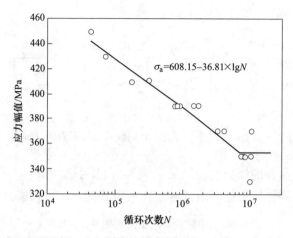

图 8-9　中锰钢焊接接头的 $S\text{-}N$ 曲线

中锰钢焊接接头疲劳试样的升降法实验结果如图 8-10 所示，由式（8-2）计算可得，中锰钢焊接接头的疲劳极限 $\sigma_{-1} = 353\text{MPa}$。

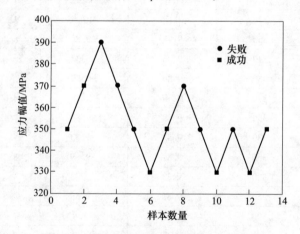

图 8-10　中锰钢焊接接头的升降法实验结果

中锰钢焊接接头的疲劳断口形貌如图 8-11 所示。当焊缝中存在焊接缺陷时，疲劳裂纹源萌生于微观缺陷处，疲劳源区平坦光亮，对应的应力幅 $\sigma_a = 430\text{MPa}$，循环周次为 7.31×10^4 次，如图 8-11（a）所示。疲劳源处存在着两个明显的凹陷区域，这是由焊缝金属溶解时产生的气体在焊缝凝固过程中未能及时溢出而产生的气孔造成的。当焊缝无焊接缺陷时，疲劳裂纹萌生于试样表面熔合线位置，在循环应力作用下，疲劳裂纹沿熔合线扩展，对应的应力幅 $\sigma_a = 390\text{MPa}$，循环周

次为 $8.36×10^5$ 次，如图 8-11 (b) 所示。这是因为焊接接头熔合线处存在较大的应力集中，疲劳强度大幅度低于母材，再加上焊接缺陷及残余应力的存在，势必使熔合线成为焊接接头疲劳性能最薄弱的环节。在疲劳裂纹扩展区存在着与疲劳裂纹扩展方向一致的放射线条，呈扇形向前扩展。图 8-11 (c) 为图 8-11 (b) 中疲劳裂纹扩展区的高放大倍数形貌，扩展区表面粗糙，存在二次裂纹。图 8-11 (d) 为图 8-11 (b) 中疲劳裂纹瞬断区的高放大倍数形貌，瞬断区表面存在大量均匀细小的韧窝，韧窝深度较浅，韧窝直径 $1 \sim 5 \mu m$。

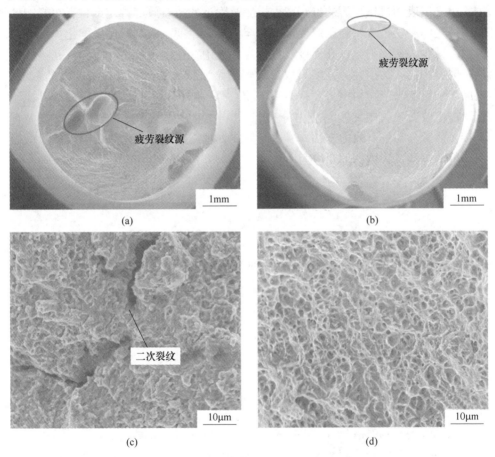

图 8-11 中锰钢焊接接头的疲劳断口形貌

(a) 疲劳源萌生于焊缝金属中的气泡处；(b) 疲劳源萌生于熔合线表面；(c) 裂纹扩展区；(d) 瞬断区

由于焊接接头中往往存在着应力集中、残余应力以及夹渣、气孔等焊接缺陷，从而使其疲劳实验数据呈现出相当大的分散性，疲劳强度也大幅度低于母材。如图 8-11 (a) 所示，当焊缝金属中存在气泡时，这些气泡可以认为是"先天"的疲劳裂纹，在疲劳载荷作用下产生应力集中，使得疲劳过程越过裂纹萌生阶段，直接进入裂纹扩展阶段，从而减少了疲劳断裂所需的循环周次，降低焊接接头的疲劳强度。此外，焊接接头在不均匀加热和冷却过程中极易产生残余应力，残余应力的存在改变了疲劳实验过程中的有效平均应力水平。当载荷比 $R \geq 0$ 时，在循环拉应力作用下，残余应力较快得到释放，对焊接接头疲劳强度的影响较小；而当载荷比 $R = -1$ 时，残余应力会显著降低焊接接头的疲劳强度[21]。

　　焊接结构的疲劳破坏主要起源于焊接接头应力集中区域，实验用中锰钢焊接接头疲劳试样表面光滑平整，从而降低了焊接接头的应力集中。在实际焊接结构中，可采用表面机械打磨的方法减少焊缝及附近的缺口效应，使母材、热影响区和焊缝之间平缓过渡，降低焊接接头的应力集中程度。同时，还应优化焊接工艺参数，减少焊接缺陷，提高焊接质量。当焊缝中存在微裂纹、夹渣和气孔等焊接缺陷时，焊接接头的疲劳强度只取决于焊缝金属抵抗疲劳裂纹扩展能力的强弱，表面机加工法去应力集中将变得毫无意义[22]。此外，优化焊接工艺参数可在一定程度上改善接头中的残余应力分布[23,24]。后热处理是降低残余应力、提高焊接接头疲劳性能最有效的方法，合适的后热处理工艺可以细化热影响区的显微组织，释放焊接接头内的残余应力[25,26]。

参 考 文 献

[1] Hu L L, Feng P, Zhao X L. Fatigue design of CFRP strengthened steel members [J]. Thin-Walled Structures, 2017, 119: 482-498.

[2] Bathias C. There is no in finite fatigue life in metallic materials [J]. Fatigue & Fracture of Engineering Materials & Structures, 1999, 22: 559-565.

[3] Park S H, Lee C S. Relationship between mechanical properties and high-cycle fatigue strength of medium-carbon steels [J]. Materials Science and Engineering A, 2017, 690: 185-194.

[4] Yu Y, Gu J L, Bai B Z, et al. Very high cycle fatigue mechanism of carbide-free bainite/martensite steel micro-alloyed with Nb [J]. Materials Science and Engineering A, 2009, 527 (1-2): 212-217.

[5] Dundulis G, Janulionis R, Grybėnas A, et al. Numerical and experimental investigation of low cycle fatigue behaviour in P91 steel [J]. Engineering Failure Analysis, 2017, 79: 285-295.

[6] 班丽丽. 中碳 Si-Mn 系高强度 TRIP 钢高周疲劳破坏行为研究 [D]. 昆明：昆明理工大学，2008.

[7] 胡军. V 微合金钢晶内形核铁素体相变及微观组织纳米化 [D]. 沈阳：东北大学，2014.

[8] 齐祥羽，董营，胡军，等. 高强韧低碳中锰钢的弯曲疲劳性能 [J]. 东北大学学报（自然科学版），2018，39 (12): 1712-1716.

[9] Diego-Calderón I. de, Rodriguez-Calvillo P, Lara A, et al. Effect of microstructure on fatigue behavior of advanced high strength steels produced by quenching and partitioning and the role of re-

tained austenite [J]. Materials Science and Engineering A, 2015, 641 (12): 215-224.

[10] Hilditch T, Beladi H, Hodgson P, et al. Role of microstructure in the low cycle fatigue of multiphase steels [J]. Materials Science and Engineering A, 2012, 534 (1): 288-296.

[11] Diego-Calderón I D, Knijf D D, Monclús M A, et al. Global and local deformation behavior and mechanical properties of individual phases in a quenched and partitioned steel [J]. Materials Science and Engineering A, 2015, 630 (10): 27-35.

[12] Huo C Y, Gao H L. Strain-induced martensitic transformation in fatigue crack tip zone for a high strength steel [J]. Materials Characterization, 2005, 55: 12-18.

[13] Haidemenopoulos G N, Kermanidis A T, Malliaros C, et al. On the effect of austenite stability on high cycle fatigue of TRIP 700 steel [J]. Materials Science and Engineering A, 2013, 573 (20): 7-11.

[14] 于燕, 张小萌, 刘云旭. TRIP 汽车钢板的高周疲劳性能 [J]. 吉林大学学报 (工学版), 2014, 44 (5): 1371-1374.

[15] Abareshi M, Emadoddin E. Effect of retained austenite characteristics on fatigue behavior and tensile properties of transformation induced plasticity steel [J]. Materials and Design, 2011, 32 (10): 5099-5105.

[16] Krupp U, West C, Christ H J. Deformation-induced martensite formation during cyclic deformation of metastable austenitic steel: Influence of temperature and carbon content [J]. Materials Science and Engineering A, 2008, 481-482 (25): 713-717.

[17] Song S M, Sugimoto K, Kandaka S, et al. Effects of prestraining on high-cycle fatigue strength of high-strength low alloy TRIP-aided steels [J]. Materials Science Research International, 2003, 9 (3): 223-229.

[18] Hu Z Z, Ma M L, Liu Y Q, et al. The effect of austenite on low cycle fatigue in three-phase steel [J]. International Journal of Fatigue, 1997, 19 (8-9): 641-646.

[19] Cheng X, Petrov R, Zhao L, et al. Fatigue crack growth in TRIP steel under positive R-ratios [J]. Engineering Fracture Mechanics, 2008, 75 (3-4): 739-749.

[20] Christodoulou P I, Kermanidis A T, Krizan D. Fatigue behavior and retained austenite transformation of Al-containing TRIP steels [J]. International Journal of Fatigue, 2016, 91: 220-231.

[21] 王若林, 高巍, 叶肖伟, 等. 焊接结构疲劳破坏的若干问题 [J]. 武汉大学学报 (工学版), 2013, 46 (2): 194-198.

[22] Xu W, Westerbaan D, Nayak S S, et al. Tensile and fatigue properties of fiber laser welded high strength low alloy and DP980 dual-phase steel joints [J]. Materials and Design, 2013, 43: 373-383.

[23] Bussu G, Irving P E. The role of residual stress and heat affected zone properties on fatigue crack propagation in friction stir welded 2024-T351 aluminium joints [J]. International Journal of Fatigue, 2003, 25 (1): 77-88.

[24] Ma N S, Cai Z P, Huang H, et al. Investigation of welding residual stress in flash-butt joint of U71Mn rail steel by numerical simulation and experiment [J]. Materials and Design, 2015, 88 (25): 1296-1309.

[25] Cheng X H, Fisher J W, Prask H J, et al. Residual stress modification by post-weld treatment and its beneficial effect on fatigue strength of welded structures [J]. International Journal of Fatigue, 2003, 25: 1259-1269.

[26] Yokoi T, Kawasaki K, Takahashi M, et al. Fatigue properties of high strength steels containing retained austenite [J]. Technical Notes, 1996, 17: 191-212.

⑨ 中锰钢的断裂韧性

随着工业生产技术的不断发展,高强度的金属材料构件日益增多。材料本身的高强韧性保证了构件不会在服役过程中因为发生塑性变形而断裂,但在安装、调试的过程中往往会发生低应力脆断。低应力脆断主要是由构件内部的裂纹或缺陷导致的,这种裂纹或缺陷是由显微组织内部的夹杂物或微裂纹引起的,在工作应力、疲劳载荷或服役环境等因素的作用下,裂纹扩展,最终导致脆断。当构件内部存在裂纹时,经典强度设计理论将不再适用。

在钢铁材料中,夹杂物和微裂纹等缺陷的存在是不可避免的,微裂纹一旦扩展,材料极易发生低应力脆断[1]。此时材料的强度主要取决于材料本身抵抗裂纹扩展能力的强弱,而断裂韧性是研究材料抵抗裂纹扩展能力最有效的方法[2]。在这一背景下,就产生了断裂力学这一新的力学分支[3]。断裂力学以线弹性力学为理论基础,主要是用于解决小范围屈服的问题。但对于钢铁材料而言,裂纹尖端附近由于应力集中而产生的塑性区,将导致大范围或者全面的屈服。此时线弹性理论不再适用,于是对裂纹尖端附近塑性区的研究发展成为弹塑性断裂力学。

对于钢铁等韧性材料,通常采用弹塑性断裂机制测定其断裂韧性,例如 J 积分和裂纹尖端张开位移（Crack Tip Opening Displacement, CTOD）[4]。CTOD 的概念是由 Wells[5] 作为一个工程上的断裂参数提出来的,而且在特定的条件下可以与应力强度因子 K 和 J 积分相互转换。CTOD 是一个适用于判定裂纹在钢铁材料中是否发生扩展的重要准则,主要用于测定海工钢、船板钢和压力容器用钢的断裂韧性[6,7]。中锰钢在海洋平台建造领域有着广阔的应用前景,可以用于制造半圆板、桩腿和齿条。因此,通过 CTOD 实验测定中锰钢的断裂韧性,对中锰钢的推广应用具有重要意义。

9.1 弹塑性条件下 CTOD 测试方法

CTOD 是指张开型裂纹在应力的作用下,在原裂纹尖端沿垂直于裂纹方向所产生的位移,通常以 δ 表示。δ 的大小直接反映了材料抵抗裂纹扩展能力的强弱,δ 越大,表明材料抵抗裂纹扩展的能力越强,韧性越好;反之,δ 越小,材料抵抗裂纹扩展的能力越弱,韧性较差[1]。CTOD 实验主要包括试样制备、预制疲劳裂纹、三点弯曲实验、断口裂纹长度测量、R 曲线拟合以及特征值计算等步骤。

　　测定断裂韧性的试样类型有多种，目前常用的有三点弯曲试样和紧凑拉伸试样两种。由于三点弯曲试样操作简单，在工程上通常采用三点弯曲实验测定材料的断裂韧性。试样磨削后，切出机械缺口，然后在疲劳试验机预制疲劳裂纹。

　　实验中所需的初始裂纹长度 a_0（机加工裂纹+疲劳裂纹）应为 $0.45W \sim 0.7W$，最大疲劳预制裂纹载荷由式（9-1）进行计算。

$$F_f = 0.8 \times \frac{B(W - a_0)^2}{S} \times R_{p0.2} \qquad (9\text{-}1)$$

式中　F_f——疲劳裂纹预制力，kN；

　　　　B——试样厚度，mm；

　　　　W——试样宽度，mm；

　　　　a_0——初始裂纹长度，mm；

　　　　S——跨距，mm；

　　$R_{p0.2}$——实验钢的屈服强度，MPa。

　　在三点弯曲实验过程中，首先取一个三点弯曲试样进行加载实验，当加载至试样的脆性失稳断裂点或最大载荷平台起始点时卸载，记录载荷 F 和裂纹嘴张开位移 V，并描绘出 F-V 关系曲线。再取试样进行加载实验，当加载曲线超过线弹性区后卸载，记录 F、V 数值，绘制 F-V 关系曲线。然后在裂纹嘴张开位移的最小值与最大值之间，均匀地插入 $5 \sim 6$ 个裂纹嘴张开位移值，并按此张开位移值进行加载，即可得到多个试样不同的 F-V 关系曲线。分别在每个试样所对应的 F-V 曲线上计算出最大力 F_{max} 和裂纹嘴张开位移塑性分量 V_p，其中 F_{max} 和 V_p 是计算 CTOD 值的重要参数。

　　三点弯曲实验完成后，对裂纹试样着色后压断，采用 9 点法测量断口的初始裂纹长度 a_0 和终止裂纹长度 a。其中 a_0、a 和稳定裂纹扩展长度 Δa，分别通过式（9-2）~式（9-4）计算获得。

$$a_0 = \frac{1}{8}\left(\frac{a_1 + a_9}{2} + \sum_{j=2}^{j=8} a_j\right) \qquad (9\text{-}2)$$

式中，$a_1 \sim a_9$ 为九点法测定的初始裂纹长度，mm。

$$a_0 = \frac{1}{8}\left(\frac{a_1 + a_9}{2} + \sum_{j=2}^{j=8} a_i\right) \qquad (9\text{-}3)$$

式中，$a_1 \sim a_9$ 为九点法测定的终止裂纹长度，mm。

$$\Delta a = a - a_0 \qquad (9\text{-}4)$$

裂纹尖端张开位移值 δ 按照式（9-5）计算：

$$\delta = \left[\frac{S}{W}\frac{F}{(BB_N W)^{0.5}} \times g_1 \frac{a_0}{W}\right]^2 \frac{1 - \nu^2}{2R_{p0.2}E} + \frac{(R - a - Z)V_p}{R} \qquad (9\text{-}5)$$

式中　B，B_N——当试样无侧槽时，$B_N = B$，mm；

　　　　　F——施加在每个试样上的最大力，kN；

　$g_1(a_0/W)$——应力强度因子系数；

　　　　　ν——泊松比；

　　　　　E——弹性模量，MPa；

　　　　　R——转动半径，mm；

　　　　　Z——引伸计装卡位置距离试样表面之间的距离，mm。

转动半径 R 由式（9-6）计算：

$$R/W = \frac{(a/W)^2}{1 - a/W} g(a/W) \tag{9-6}$$

式中，$g(a/W)$ 可由式（9-7）求得：

$$g(a/W) = 10.51080 - 18.23566(a/W) - 92.96373(a/W)^2 + 406.1855(a/W)^3 -$$
$$648.1842(a/W)^4 + 482.2612(a/W)^5 - 139.8167(a/W)^6$$

$$\tag{9-7}$$

通过上述对裂纹长度的测量及公式计算，每个实验温度下得到至少 6 组（Δa，δ）数据点，将数据点按指数方程式（9-8）进行拟合。

$$\delta = \alpha + \beta \Delta a^\gamma \tag{9-8}$$

式中，α、β 和 γ 均为系数，要求 $\alpha \geq 0$，$\beta \geq 0$，$0 \leq \gamma \leq 1$。

钝化线由式（9-9）求得：

$$\delta = 1.87(R_m/R_{p0.2}) \Delta a \tag{9-9}$$

式中，R_m 为实验钢的屈服强度，MPa。

在拟合后的断裂阻力曲线上确定实验钢的断裂韧性特征值，裂纹扩展量 $\Delta a = 0.2$mm 时拟合曲线所对应的断裂阻力值，即 $\delta_{0.2}$；拟合曲线与 0.2mm 偏置线的交点定义为非尺寸敏感断裂抗力，即 $\delta_{Q0.2BL}$。

9.2　CTOD 试样断口

通常，为了能够真实地反映实验钢板抵抗裂纹扩展的能力，CTOD 试样的厚度应在保证表面光洁度的前提下，尽量接近钢板的原始厚度。参考《金属材料准静态断裂韧度的统一试验方法》（GB/T 21143—2014）[8] 加工的三点弯曲试样，如图 9-1 所示。三点弯曲试样长度 200mm，厚度 20mm，宽度 40mm，线切割机械加工缺口深度 17mm，试样的长度方向垂直于轧向。实验温度分别为室温（Room Temperature，RT）和 -40℃（Low Temperature，LT）。

经过着色处理的室温下三点弯曲试样宏观断口图片如图 9-2 所示，灰黑色区域为机械加工缺口，浅蓝色区域为预制的疲劳裂纹区域，棕色区域为裂纹扩展区，亮白色区域为二次疲劳区，灰白色区域为脆断区。

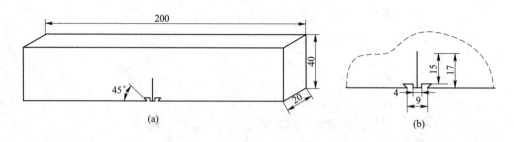

图 9-1　三点弯曲试样示意图（mm）

（a）三点弯曲试样；（b）缺口处的放大图

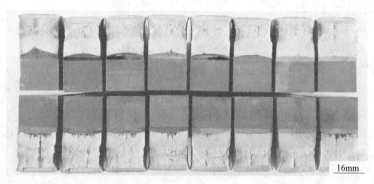

扫描二维码
查看彩图

图 9-2　室温下三点弯曲试样宏观断口图片

　　图 9-3 为中锰钢 CTOD 试样的断口形貌，断口表面通常包含预制疲劳裂纹区、裂纹伸张区、裂纹扩展区和瞬断区。在室温和-40℃温度下，低放大倍数的 CTOD 试样断口形貌分别如图 9-3（a）和（b）所示。在预制疲劳裂纹区前端存在一个极为光滑、平坦的区域，即为裂纹伸张区。裂纹伸张区是在疲劳裂纹预制过程中形成的，当疲劳裂纹逐渐向前扩展时，疲劳裂纹尖端微小塑性变形区内产生大量滑移，许多相应的交叉滑移使得断口呈现出蛇形滑移花样。随着载荷的不断增加，塑性变形逐渐增大，蛇形花样逐渐转变为涟波状花样。当载荷增大到一定程度后，涟波状花样变得平坦，从而形成裂纹伸张区[9]。

　　由图 9-3（a）和（b）可知，在室温和-40℃温度下，CTOD 试样断口表面裂纹伸张区宽度 W_{sz} 分别为 $181\mu m$ 和 $103\mu m$。裂纹伸张区宽度 W_{sz} 通常与 CTOD 值 δ 成正比，即 $W_{sz}=k\delta$，其中系数 k 是一个与材料性能有关的常数。裂纹伸张区宽度的变化，能更直观地反映中锰钢断裂韧性的优异。随着实验温度降低，实验钢裂纹尖端区域的塑性变形能力下降，裂纹扩展阻力减小。因此，随着实验温度降低，裂纹伸张区宽度和裂纹尖端张开位移值减小。

如图 9-3（c）和（d）所示，中锰钢 CTOD 试样断口裂纹扩展区由大小不均匀的韧窝组成，与冲击断口的纤维区相似。室温下，裂纹扩展区主要由大而深的韧窝组成；在-40℃温度下，裂纹扩展区中的韧窝相对较浅，小尺寸韧窝所占比例增加。在裂纹扩展过程中，大而深的韧窝可以吸收更多的能量。因此，裂纹在室温下扩展时需消耗更多的能量，裂纹的扩展阻力更大。

图 9-3（e）和（f）分别为中锰钢 CTOD 试样在室温和-40℃温度下的瞬断区断口形貌，瞬断区表面存在一定量的二次裂纹，二次裂纹的萌生和扩展会消耗能量，降低主裂纹的扩展速率。瞬断区存在大量的解理小刻面，为典型的解理断裂。室温下瞬断区的解理面较-40℃温度下瞬断区的解理面更小，这意味着裂纹在室温下扩展时，偏折的次数更多，消耗的能量更大。

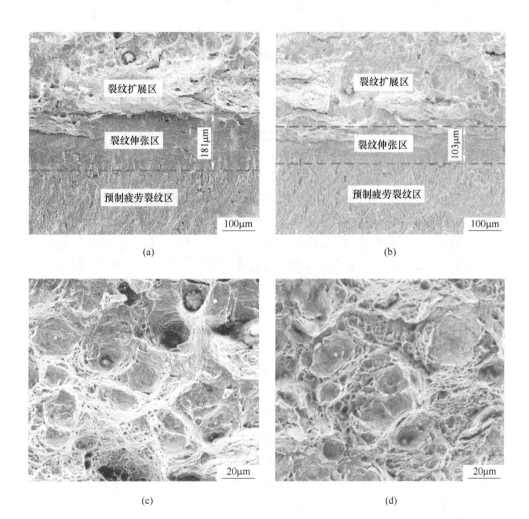

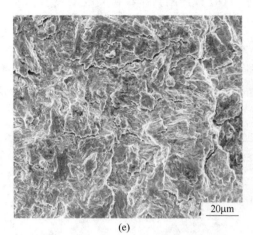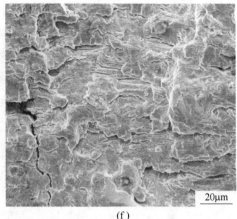

(e)　　　　　　　　　　　　　　　　　　　(f)

图 9-3　CTOD 试样的断口形貌

（a）RT 试样的低倍形貌；（b）LT 试样的低倍形貌；（c）RT 试样的裂纹扩展区；
（d）LT 试样的裂纹扩展区；（e）RT 试样的瞬断区；（f）LT 试样的瞬断区

9.3　*F-V* 曲线及断裂阻力曲线

中锰钢室温和−40℃温度下 CTOD 实验加载过程中的 *F-V* 曲线如图 9-4 所示。先将编号为 RT-1 的三点弯曲试样加载至最大载荷平台后停机卸载，此时的裂纹嘴张开位移值为 3.0704mm；再将编号为 LT-1 试样以同样方法加载，得出裂纹嘴最大张开位移值为 2.8074mm；然后选取编号为 RT-8 和 LT-8 的三点弯曲试样进行加载，当加载曲线超过线弹性区后停机卸载，RT-8 试样和 LT-8 试样的裂纹嘴最小张开位移值分别为 1.1053mm 和 0.7752mm；最后，在此最大位移和最小位移区间均匀地加入 6 个实验点，作为裂纹嘴张开位移，按此位移值进行加载，即可得中锰钢多试样法的 *F-V* 曲线，如图 9-4 所示。

分别以 RT-3 和 LT-3 试样为例，求出该试样的裂纹嘴塑性张开位移值 V_p。RT-3 试样的 *F-V* 曲线平整光滑，如图 9-5（a）所示。将曲线上的最大力平台定义为 F_m，做直线段的平行线，将平行线平移至 F_m 点，平行线与 x 轴的交点即为 RT-3 试样的裂纹嘴塑性张开位移值 V_p，$V_p = 1.97$mm。LT-3 试样的 *F-V* 曲线上存在位移突然增加伴随着加载力降低的现象，称之为 pop-in 现象，如图 9-5（b）所示。随着实验温度降低，中锰钢组织中部分逆转变奥氏体转变为马氏体，而马氏体是硬脆相，会促进裂纹的扩展，从而产生 pop-in 现象。由于 pop-in 现象的存在，导致 *F-V* 曲线出现一定的波动，但波动较小，且在断口表面未观察到明显的裂纹失稳扩展区域，因而在求 V_p 时可忽略不计，求出 LT-3 试样的裂纹嘴塑性张开位移值 $V_p = 1.58$mm。

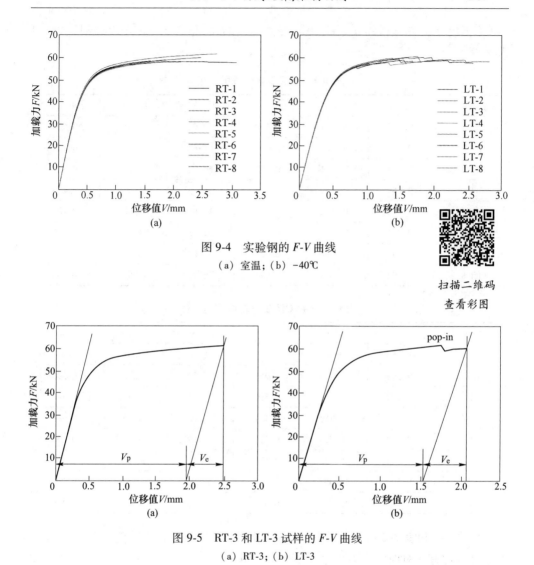

图 9-4 实验钢的 *F-V* 曲线

（a）室温；（b）-40℃

扫描二维码

查看彩图

图 9-5 RT-3 和 LT-3 试样的 *F-V* 曲线

（a）RT-3；（b）LT-3

CTOD 试样在-40℃的低温环境中，少量热稳定性较差的逆转变奥氏体转变为 ε 马氏体或 α′马氏体，新生成的马氏体具有较高的硬度和脆性，韧性和塑性较差。在 CTOD 实验过程中，随着载荷增加，回火马氏体基体内的位错先滑动，位错运动到晶界时会受阻，造成位错塞积。当塞积的位错达到一定程度后，再加上外力的作用会在预制的疲劳裂纹尖端形成应力集中，促使裂纹扩展。当裂纹扩展至 ε 马氏体或 α′马氏体时，马氏体脆性相会降低裂纹扩展所需的驱动力，加速裂纹的扩展，从而产生 pop-in 现象。

通过式（9-2）~式（9-4）计算可得到 a_0、a 和 Δa 的数值，结合 *F-V* 曲线上计算出的 F_{max} 和 V_p 值，代入式（9-5），即可得出各试样的 CTOD 值 δ。在室温和

−40℃温度下，各试样的 a_0、a、Δa、F_m、V_p 和 δ 的测量及计算结果分别见表 9-1 和表 9-2。

表 9-1　室温下各试样的 δ 值

试样编号	a_0/mm	a/mm	Δa/mm	F_m/kN	V_p/mm	δ/mm
RT-1	19.253	20.661	1.408	58.65	2.61	0.660
RT-2	19.090	19.784	0.694	62.48	2.25	0.608
RT-3	19.414	20.051	0.637	60.80	1.97	0.533
RT-4	19.369	19.889	0.520	58.95	1.66	0.459
RT-5	19.320	19.652	0.332	59.88	1.40	0.403
RT-6	19.275	19.536	0.261	59.25	1.13	0.339
RT-7	19.343	19.498	0.155	58.02	0.87	0.274
RT-8	19.292	19.383	0.091	56.73	0.57	0.200

表 9-2　−40℃温度下各试样的 δ 值

试样编号	a_0/mm	a/mm	Δa/mm	F_m/kN	V_p/mm	δ/mm
LT-1	19.264	20.566	1.302	58.94	2.33	0.601
LT-2	19.398	20.449	1.051	58.32	2.08	0.545
LT-3	19.280	19.766	0.486	59.61	1.58	0.444
LT-4	19.330	19.784	0.454	58.65	1.33	0.383
LT-5	19.368	19.779	0.411	58.02	1.12	0.332
LT-6	19.243	19.415	0.172	58.47	0.81	0.261
LT-7	19.299	19.388	0.089	58.02	0.57	0.203
LT-8	19.262	19.315	0.053	55.68	0.34	0.142

由表 9-1 和表 9-2 可知，在相同实验温度下，每个试样在一定的稳定裂纹扩展长度下均有一对应的 CTOD 值，两者在 Δa-δ 坐标系上对应于一点，对各点按照式（9-8）进行幂函数拟合，即可得出中锰钢在实验温度下的 R 曲线。

经拟合的 RT 试样中，$\alpha = 0.01343$，$\beta = 0.62315$，$\gamma = 0.47531$。所得出拟合 CTOD 阻力曲线函数关系为：

$$\delta = 0.01343 + 0.62315\Delta a^{0.47531} \tag{9-10}$$

拟合后的 LT 试样中，$\alpha = 0.07391$，$\beta = 0.48466$，$\gamma = 0.60103$。所得出拟合 CTOD 阻力曲线函数关系为：

$$\delta = 0.07391 + 0.48466\Delta a^{0.60103} \tag{9-11}$$

实验用中锰钢拟合后的 R 曲线如图 9-6 所示。

$\delta_{0.2}$ 和 $\delta_{Q0.2BL}$ 均为断裂韧性的特征值，其值的大小在一定程度上反映了中锰钢

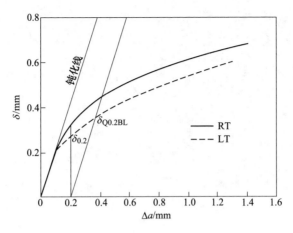

图 9-6　实验钢的 R 曲线

断裂韧性的优劣，$\delta_{0.2}$ 和 $\delta_{Q0.2BL}$ 越大，中锰钢的断裂韧性越好。中锰钢 CTOD 拟合曲线函数关系及其特征值见表 9-3。随着实验温度降低，断裂韧性特征值 $\delta_{0.2}$ 和 $\delta_{Q0.2BL}$ 均呈下降趋势。因此，中锰钢的断裂韧性随着温度的降低而减小。

表 9-3　CTOD 拟合曲线函数关系及特征值

试样编号	函数关系	$\delta_{0.2}$/mm	$\delta_{Q0.2BL}$/mm
RT	$\delta=0.01343+0.62315\Delta a^{0.47531}$	0.30341	0.42132
LT	$\delta=0.07391+0.48466\Delta a^{0.60103}$	0.25813	0.33941

9.4　显微组织对断裂韧性的影响

　　图 9-7 为实验钢含有相组成的晶界取向质量图及所对应的晶界角度差柱状图。在含有相组成的晶界取向质量图中，黄色区域代表组织中的逆转变奥氏体，灰白色区域为回火马氏体基体，如图 9-7（a）所示。回火马氏体板条间主要以大角晶界为主，大角晶界所占比例为 57.31%，如图 9-7（b）所示。与小角晶界相比，大角晶界阻碍裂纹扩展的能力更强，可有效地阻碍甚至终止微裂纹的扩展，从而降低主裂纹的扩展速率，提高中锰钢的断裂韧性。在回火马氏体板条间和原奥氏体晶粒边界处，均匀弥散分布的板条状和薄膜状逆转变奥氏体有效地分割了回火马氏体组织，减小了有效断裂晶粒尺寸，增大了裂纹扩展阻力[10-12]。逆转变奥氏体是韧性相，可有效改变裂纹的扩展方向，延长裂纹的扩展距离，从而降低裂纹的扩展速率[13,14]。此外，低位错密度的回火马氏体比高位错密度的板条马氏体具有更好的延展性，在一定程度上改善了中锰钢的断裂韧性。综上所述，亚微米尺度的回火马氏体+逆转变奥氏体复合层状组织可有效提高实验用中锰钢的断裂韧性。

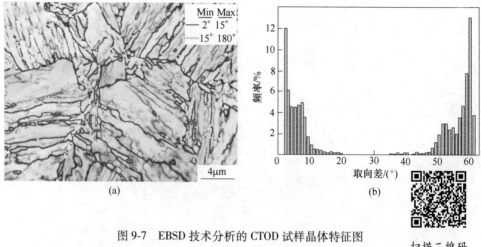

图 9-7　EBSD 技术分析的 CTOD 试样晶体特征图

（a）包含相组成的图像质量图；（b）晶界取向分布柱状图

扫描二维码
查看彩图

　　高强钢断裂韧性的优劣，很大程度上取决于组织中逆转变奥氏体的热稳定性和机械稳定性[15]。为测定中锰钢 CTOD 试样中逆转变奥氏体的机械稳定性，对中锰钢进行了不同真应变的中断拉伸实验。CTOD 试样中原始逆转变奥氏体的体积分数为 19.89%，拉伸试样中的逆转变奥氏体体积分数随着真应变的增加而减少。经计算，逆转变奥氏体的机械稳定性系数 $k = 10.15$。根据前期实验研究可知[16,17]，CTOD 试样中逆转变奥氏体的机械稳定性相对较高。高机械稳定性的逆转变奥氏体可在不发生应变诱导马氏体相变的情况下有效地抑制裂纹的扩展[10]，从而显著提高实验用中锰钢的断裂韧性。

　　在室温和-40℃温度下，CTOD 试样及 RT-1 和 LT-1 三点弯曲试样断口处的 XRD 衍射波谱如图 9-8 所示。当 CTOD 试样经-40℃低温处理后，试样中逆转变奥氏体的体积分数降低至 18.93%。在-40℃低温处理过程中，只有 0.96% 的逆转变奥氏体发生相变，表明显微组织中逆转变奥氏体的热稳定性较好。RT-1 和 LT-1 试样断口表面残余奥氏体的体积分数分别为 4.29% 和 2.07%。在裂纹扩展过程中，少量机械稳定性较高的薄膜状逆转变奥氏体未发生应变诱导马氏体相变。但这部分高机械稳定性的逆转变奥氏体将会发生塑性变形，缓解裂纹尖端的应力集中，提高基体塑性变形的能力，钝化并阻碍裂纹的扩展[10,12]，从而提高了中锰钢的断裂韧性。

　　然而，大部分逆转变奥氏体在 CTOD 实验过程中发生了相变。在室温及-40℃温度下，CTOD 试样断口表面的逆转变奥氏体转变率分别为 78.43% 和 89.06%。在-40℃温度下，逆转变奥氏体的转变率更高，因为逆转变奥氏体的稳定性不仅受化学成分、晶粒尺寸和形态的影响，同时还受温度的影响。随着实验温度降低，逆转变奥氏体的相变驱动力增大，显微组织中的层错能减小，从而降

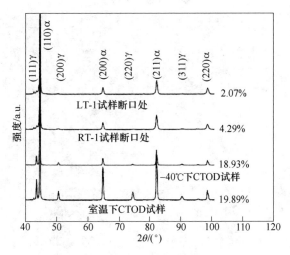

图 9-8　CTOD 试样及其断口处的 XRD 图谱

低了逆转变奥氏体的机械稳定性，更小的应变就会诱发逆转变奥氏体向马氏体转变[18]。因此，当 CTOD 试样的应变量几乎相同时，-40℃温度下的逆转变奥氏体的转变率更高。

9.5　诱导马氏体相变韧化机制

图 9-9 为室温下 CTOD 试样断口处的 TEM 显微组织。裂纹尖端微小塑性变形区内的逆转变奥氏体发生应变诱导马氏体相变，部分机械稳定性较低的逆转变奥氏体转变为马氏体，新生成马氏体的明场像和暗场像分别如图 9-9（a）和（b）所示，对应的 SAED 谱如图 9-9（c）所示。两组衍射斑中的逆转变奥氏体和新生成马氏体具有相同的晶粒取向关系，符合 K-S 取向关系。

逆转变奥氏体通过发生应变诱导马氏体相变，阻碍裂纹的扩展，减缓裂纹的扩展速率，从而提高中锰钢的断裂韧性。当施加载荷作用于 CTOD 试样上时，预制疲劳裂纹尖端会产生较大的应力集中，由于应力集中的作用，在裂纹尖端会产生一个微小的塑性变形区域[19]。处于微小塑性变形区域内的逆转变奥氏体会发生变形，积累一定量的应变能[10,20]。当应变能积累到足够大时，会诱发逆转变奥氏体向马氏体转变，称为应变诱导马氏体相变。

应变诱导马氏体相变是吸收能量的过程[12,21]。在逆转变奥氏体转变为马氏体的过程中，松弛了裂纹尖端的应力集中，消耗了用于裂纹向前扩展的能量[10,11,22]。逆转变奥氏体发生马氏体相变时，会产生大约 3% 的体积膨胀[23]。由于体积的膨胀，会对裂纹产生一个"闭合效应"，使裂纹处于压应力状态，且在裂纹尖端压应力达到最大值，阻碍裂纹的扩展，从而降低裂纹的扩展速率，提高中锰钢的断裂韧性[24,25]。当裂纹扩展至新相马氏体时，裂纹将沿着新相马氏体

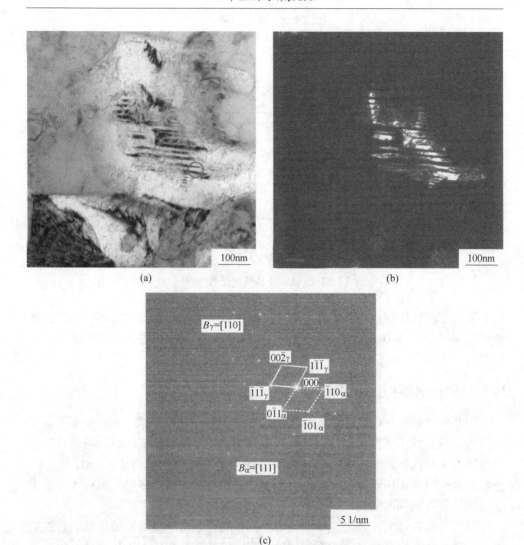

图 9-9　CTOD 试样断口处新生成马氏体的 TEM 显微照片

（a）新生成马氏体的明场像；（b）新生成马氏体的暗场像；（c）SAED 谱

和回火马氏体边界扩展，从而使裂纹的扩展路径更加曲折，消耗更多的能量。当裂纹扩展至下一个逆转变奥氏体片层时，将会重复上述过程。因此，CTOD 试样显微组织中均匀分布的片层状逆转变奥氏体，通过应变诱导马氏体相变显著提高中锰钢的断裂韧性。

　　然而，需要注意的是，由应变诱导马氏体相变生成的硬相马氏体可能会作为一个脆性相，为裂纹的加速扩展提供路径。因为新生成的硬相马氏体降低了导致断裂所需的应变积累量[26]。经 Thermo-Calc 热力学软件计算可知，CTOD 试样中逆转变奥氏体中的 C 含量为 0.16%。由于 C 原子较高的扩散系数，认为中锰钢在回火热过程中，C 原子在逆转变奥氏体中均匀分布。在发生应变诱导马氏体相变过程中，C 原子没有扩散，相变前逆转变奥氏体中的 C 含量即为相变后马氏体中的 C 含量。Parker 等人[23]和 Gerberich 等人[27]的研究表明，马氏体中的 C 含量对其脆性有显著影响。当马氏体中的 C 含量（质量分数）超过 0.27%时，马氏体倾向于解理断裂，而非剪切断裂；当马氏体中的 C 含量（质量分数）低于 0.24%时，马氏体的断裂方式为韧性断裂。因此，低 C 含量的马氏体仍然为韧性相，可有效降低裂纹的扩展速率[28]。所以，CTOD 试样中新生成的硬相马氏体，不会成为一个加速裂纹扩展的负面因素。

参 考 文 献

［1］王晓南. 热轧超高强汽车板析出行为研究及组织性能控制 ［D］. 沈阳：东北大学，2011.

［2］Zhu X K, Joyce J A. Review of fracture toughness（G，K，J，CTOD，CTOA）testing and standardization ［J］. Engineering Fracture Mechanics，2012，85：1-46.

［3］程靳，赵树山. 断裂力学 ［M］. 北京：科学出版社，2006.

［4］Iwamoto T, Tsuta T. Computational simulation on deformation behavior of CT specimens of TRIP steel under mode I loading for evaluation of fracture toughness ［J］. International Journal of Plasticity，2002，18（11）：1583-1606.

［5］Wells A A. Application of fracture mechanics at and beyond general yielding ［J］. British Welding Journal，1963，10：563-570.

［6］Chen J J, Jiang L W, Huang Y. A quantitative study on the influence of compressive stress on crack-tip opening displacement ［J］. Ocean Engineering，2017，143（1）：140-148.

［7］Newman J J C, James M A, Zerbst U. A review of the CTOA/CTOD fracture criterion ［J］. Engineering Fracture Mechanics，2003，70（3-4）：371-385.

［8］GB/T 21143—2014，金属材料　准静态断裂韧度的统一试验方法 ［S］.

［9］钟群鹏，赵子华. 断口学 ［M］. 北京：高等教育出版社，2005.

［10］Qiu H, Wang L N, Qi J G, et al. Enhancement of fracture toughness of high-strength Cr-Ni weld metals by strain-induced martensite transformation ［J］. Materials Science and Engineering A，2013，579：71-76.

［11］Miihkinen V T T, Edmonds D V. Fracture toughness of two experimental high-strength bainitic low-alloy steels containing silicon ［J］. Materials Science and Technology，1987，3：441-449.

［12］Miihkinen V T T, Edmonds D V. Influence of retained austenite on the fracture toughness of high strength steels ［J］. Fracture，1984，2：1481-1487.

［13］Wang C C, Zhang C, Yang Z G, et al. Analysis of fracture toughness in high Co-Ni secondary hardening steel using FEM ［J］. Materials Science and Engineering A，2015，646：1-7.

［14］Parker E R, Zackay V F. Microstructural features affecting fracture toughness of high strength steel [J]. Engineering Fracture Mechanics, 1975, 7: 371-375.

[15] Miihkinen V T T, Edmonds D V. Influence of retained austenite on the fracture toughness of high strength steels [J]. Fracture, 1984, 2: 1481-1487.

[16] Liu H, Du L X, Hu J, et al. Interplay between reversed austenite and plastic deformation in a directly quenched and intercritically annealed 0. 04C-5Mn low-Al steel [J]. Journal of Alloys and Compounds, 2017, 695: 2072-2082.

[17] Hu J, Du L X, Xu W, et al. Ensuring combination of strength, ductility and toughness in medium-manganese steel through optimization of nano-scale metastable austenite [J]. Materials Characterization, 2018, 136: 20-28.

[18] Sakuzna Y, Matlock D K, Krauss G. Interciiticaliy annealed and isothermally transformed 0. 15Pct C steel containing 1. 2Pct Si-1. 5Pct Mn and 4Pct Ni: Part Ⅱ. Effect of testing temperature on stress-strain behavior and deformation-induced austenite transformation [J]. Metallurgical Transactions A, 1992, 23 (4): 1233-1241.

[19] Huo C Y, Gao H L. Strain-induced martensitic transformation in fatigue crack tip zone for a high strength steel [J]. Materials Characterization, 2005, 55: 12-18.

[20] Qi X Y, Du L X, Hu J, et al. High-cycle fatigue behavior of low-C medium-Mn high strength steel with austenite-martensite submicron-sized lath-like structure [J]. Materials Science and Engineering A, 2018, 718: 477-482.

[21] Antolovich S D, Singh B. On the toughness increment associated with the austenite to martensite phase transformation in TRIP steels [J]. Metallurgical and Materials Transactions B, 1971, 2: 2135-2141.

[22] Nakanishi D, Kawabata T, Aihara S. Effect of dispersed retained γ-Fe on brittle crack arrest toughness in 9% Ni steel in cryogenic temperatures [J]. Materials Science and Engineering A, 2018, 723: 238-246.

[23] Parker E R, Zackay V F. Enhancement of fracture toughness in high strength steel by microstructural control [J]. Engineering Fracture Mechanics, 1973, 5 (1): 147-162.

[24] Hallberg H, Banks-Sills L, Ristinmaa M. Crack tip transformation zones in austenitic stainless steel [J]. Engineering Fracture Mechanics, 2012, 79: 266-280.

[25] Mei Z, Morris Jr J W. Analysis of transformation-induced crack closure [J]. Engineering Fracture Mechanics, 1991, 39 (3): 569-573.

[26] Chanani G R, Antolovich S D, Gerberich W W. Fatigue crack propagation in Trip steels [J]. Metallurgical Transactions, 1972, 3 (10): 2661-2672.

[27] Gerberich W W, Hemmings P L, Zackay V F. Fracture and fractography of metastable austenites [J]. Metallurgical and Materials Transactions B, 1971, 2: 2243-2253.

[28] Sudhakar K V, Dwarakadasa E S. A study on fatigue crack growth in dual phase martensitic steel in air environment [J]. Bulletin of Materials Science, 2000, 23 (3): 193-199.

⑩ 中锰钢海洋飞溅区腐蚀行为及其机理

对于海洋平台结构物来说,在服役过程中导致失效的主要原因来自海水的腐蚀。Humble[1]在 1949 年对海洋腐蚀的环境进行了划分,分别为海底泥土区、海水全浸区、海洋潮差区、浪花飞溅区和海洋大气区。而腐蚀最为严重的区域为处于海平面与空气之间的界面交换区,即浪花飞溅区。平台钢结构在此区域面对着海水的冲击、充足日照及温度变化等多场耦合作用,导致了严重局部腐蚀的发生[2]。钢铁材料在海洋飞溅区的腐蚀是一个由电解液干湿交替作用引发的腐蚀过程,电解液由于日照等原因导致了温度的不断变化,使得海水溶解氧的浓度不断达到极限而增加了电解液的对流,从而加速材料表面阳极和阴极的电化学反应。

相对于传统的海洋平台用钢 E690,中锰钢中的合金元素组成的变化会对钢结构在实际服役过程中的腐蚀过程产生改变。因此,对中锰钢在海洋环境中的腐蚀行为研究变得非常重要,可为新型海洋平台用钢防腐技术的进一步开发提供路径。利用干湿交替方法模拟中锰钢在海洋浪花飞溅区的腐蚀过程,并通过结合腐蚀产物的表面形貌、截面形貌和元素分布规律系统地阐述中锰钢的海洋飞溅区腐蚀机制,为优化新型钢种耐蚀能力的方案开发提供数据支持。

金属材料的电化学腐蚀过程的腐蚀介质绝大多数都是水溶液,其中主要含有 H^+ 和 OH^-,而控制这两种离子含量是由溶液的 pH 值决定的。腐蚀产物的稳定性不仅与电极电位有关,还与水溶液的 pH 值有关。将金属腐蚀体系的电极电势与溶液 pH 值的关系绘成图,就可直接判断在给定条件下发生腐蚀的可能性,这种图称为布拜图,即 E_h-pH 图。这种利用化学热力学原理形成的电化学平衡图,可对腐蚀产物的耐蚀能力评估及控制腐蚀电极电位起到指导性的作用。

10.1 中锰钢海洋飞溅区腐蚀行为

为了更准确地评价海洋平台用中锰钢在海洋飞溅区的腐蚀行为,选取了多种合金成分的中锰钢及对比钢种 Q345 钢,具体的合金成分见表 10-1。实验中锰钢的制备工艺和综合力学性能见表 10-2。

实验钢模拟海洋飞溅区的腐蚀实验依据国家标准《金属和合金的腐蚀 盐溶液周浸试验》(GB/T 19746—2018)进行。腐蚀实验设备采用西安同晟仪器制造公司生产的型号为 ZQFS-1200OZ 的周期浸润腐蚀实验箱。实验参数为:腐蚀液

槽内溶液温度为 25℃，箱内空气的温度和湿度分别为 27℃ 和 45%，腐蚀溶液的
pH 值为 6.5。腐蚀周期为 24h、72h、168h、288h、432h 和 600h。

表 10-1　实验中锰钢及参比钢种的合金成分（质量分数）　　　　　（%）

编号	C	Si	Mn	P	S	Al	Mo+Ni+Cu	Cr	Fe
1 号	0.04	0.2	5.08	0.005	0.003	0.011	0.8	0.4	Bal.
2 号	0.05	0.2	5.4	0.006	0.003	0.015	0.8	0.8	Bal.
3 号	0.04	0.2	5.6	0.005	0.003	0.03	0.2	—	Bal.
4 号	0.1	0.2	5.05	0.003	0.001	0.013	0.4	—	Bal.
Q345	0.17	0.3	1.38	0.019	0.009	0.04	—	—	Bal.

表 10-2　实验用中锰钢的力学性能及制备工艺

编号	屈服强度/MPa	抗拉强度/MPa	伸长率/%	屈强化	$A_{KV}(-60℃)$/J
1 号	737	858	21.7	0.85	226
2 号	708	840	23.7	0.84	120
3 号	685	806	27.3	0.85	179
4 号	740	856	32.5	0.86	127

10.1.1　腐蚀动力学

　　腐蚀动力学的表征主要有腐蚀速率的计算和极化曲线的测定两种方式。为了
清楚地表征实验钢的腐蚀动力学，首先要对实验钢的腐蚀速率进行测定，测试的
方法为失重法，即利用腐蚀前后的产物质量变化来评估实验钢的腐蚀性能。根据
ASTM G1-03（2011）标准中的公式（10-1）计算实验钢的腐蚀速率，可计算出
实验钢在模拟海洋飞溅区的环境下腐蚀速率随时间变化的规律，并以腐蚀动力学
曲线的方式绘制于图 10-1 中。

$$腐蚀速率(mm/a) = (K \times \Delta W)/(A \times T \times D) \tag{10-1}$$

式中　K——87600，一个对应着以 mm 单位计量年腐蚀速率的常数；

　　　ΔW——腐蚀前后质量的变化值，g；

　　　A——腐蚀的面积，cm^2；

　　　T——腐蚀时间，h；

　　　D——测试样品的物理密度，g/cm^3。

　　从图 10-1 中可以看出实验中锰钢和 Q345 钢的腐蚀速率随腐蚀时间的延长的
变化趋势分为三个阶段，分别为腐蚀速率的增加、下降及平稳阶段。所有实验中
锰钢的腐蚀速率在腐蚀初期均大于 Q345 钢，除了 3 号中锰钢的腐蚀速率在腐蚀
168h 达到了最大值（5.51mm/a）之外，其他实验钢的腐蚀速率增加区间均在
24~72h，在腐蚀 72h 后最大腐蚀速率值分别为 4.71mm/a（1 号中锰钢）、
4.54mm/a（2 号中锰钢），4.81mm/a（4 号中锰钢）和 3.92mm/a（Q345 钢）。结

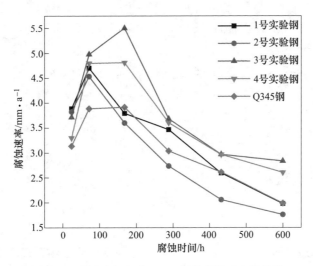

图 10-1 实验中锰钢和 Q345 钢的腐蚀动力学曲线

果表明，中锰钢的腐蚀速率在腐蚀初期均呈现快速增长的趋势且大于 Q345 钢的腐蚀速率，随着腐蚀时间的不断延长，腐蚀速率呈现出相似的逐渐下降并逐渐平稳的过程。在腐蚀 600h 后，实验中锰钢和 Q345 钢的年腐蚀速率分别为 1.98mm/a（1号中锰钢）、1.76mm/a（2 号中锰钢）、2.83mm/a（3 号中锰钢）、2.61mm/a（4 号中锰钢）和 1.97mm/a（Q345 钢）。此时，1 号和 2 号 Cr 合金化中锰钢的腐蚀速率要接近或小于 Q345 钢，表明中锰钢中 Cr 元素的添加可显著改善中锰钢的海洋飞溅区稳态腐蚀速率。

10.1.2 腐蚀产物物相分析

在干湿交替的腐蚀环境下，金属材料的表面随着溶解氧及腐蚀介质的作用不断在阳极发生电化学反应，形成产物的不断累积构成了调控腐蚀速度的电解层，即腐蚀产物层。因此，对腐蚀产物中的物相组成进行检测，可更好地定性分析腐蚀过程。利用 X 射线衍射仪（XRD）分别对实验中锰钢和 Q345 钢在模拟海洋大气区腐蚀产物的物相组成进行检测，测试结果如图 10-2 所示。

由图 10-2 可知实验中锰钢和 Q345 钢的腐蚀产物主要由 FeOOH、Fe_xO_y、$(Fe,Mn)_xO_y$ 和 Mn_xO_y 组成，但在钢中不同含量的合金元素作用下，这些腐蚀产物随腐蚀时间的演变却是不同的。腐蚀 24h，1 号中锰钢的腐蚀产物主要为 γ-FeOOH、Fe_xO_y、$(Fe,Mn)_xO_y$ 和 Mn_xO_y，同时还具有一定含量的 Fe 基体。随着腐蚀时间的延长，α-FeOOH 在腐蚀 168h 后出现在腐蚀产物中，结合 1 号中锰钢的腐蚀动力学曲线，可以观察到 α-FeOOH 的出现使得腐蚀速率迅速下降。而 2 号中锰钢在前两个腐蚀周期（24h 和 72h）的腐蚀产物中出现了 β-FeOOH，并

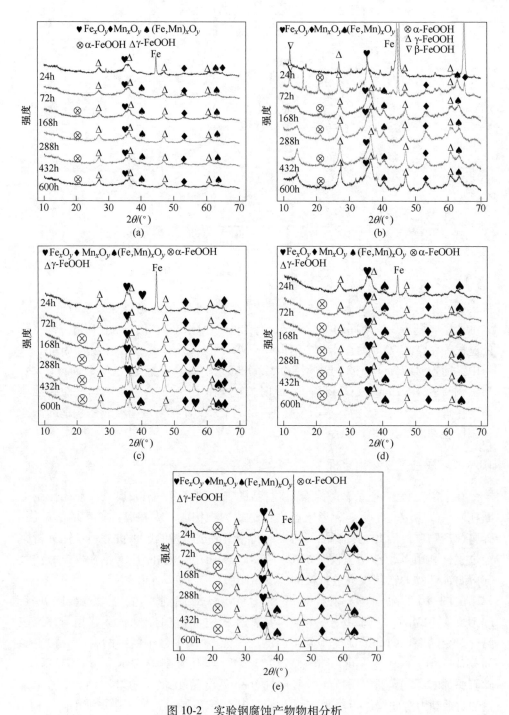

图 10-2　实验钢腐蚀产物物相分析

（a）1 号中锰钢；（b）2 号中锰钢；（c）3 号中锰钢；（d）4 号中锰钢；（e）Q345 钢

且 Fe 基体峰仍较大程度地存在，β-FeOOH 是一种具有较高电化学活性的物质，其可增加钢表面的局部腐蚀，这会导致实验钢表面发生不均匀性腐蚀从而减弱了钢表面的均匀溶解现象。在腐蚀 168h 后，腐蚀产物中的 β-FeOOH 消失，此时腐蚀产物的组成与 1 号实验钢相同，其他腐蚀产物的峰值强度随着腐蚀时间的继续延长并未发生明显的变化。而对于 3 号和 4 号两种中锰钢来说，腐蚀产物随腐蚀时间的演变过程与 1 号中锰钢相似，产物均为 γ-FeOOH、α-FeOOH、Fe_xO_y、$(Fe,Mn)_xO_y$ 和 Mn_xO_y 构成，而在腐蚀 168h 后，两种钢的腐蚀产物中 Fe_xO_y 的含量产生了差异，3 号中锰钢的 Fe_xO_y 的含量不断增长，而 4 号中锰钢却没有太大的变化，这主要是由于在腐蚀介质环境中腐蚀产物由于其自身展现出的不同阳极氧化能力导致的。

这种现象在 Q345 钢的腐蚀产物组成随腐蚀时间的变化图同样观察出，Fe_xO_y 的持续转化可使得腐蚀产物的致密性提高，从而导致腐蚀速率的下降。此外，Q345 钢与中锰钢的腐蚀产物组成的主要差异在于 $(Fe,Mn)_xO_y$ 含量的不同，这是由于钢中 Mn 元素的含量差异导致的，钢中较高的 Mn 元素含量会使腐蚀产物中 $(Fe,Mn)_xO_y$ 的含量增加。

钢中不同类型的 FeOOH 可控制着腐蚀速率的总体变化趋势，然而，Fe_xO_y、$(Fe,Mn)_xO_y$ 和 Mn_xO_y 这些物质在腐蚀过程中的相互转化是造成不同测试钢的腐蚀速率差异的主要原因。结合实验钢的腐蚀速率及合金元素组成分析得出，中锰钢由于 Mn 元素的含量偏高导致了加速腐蚀阶段的腐蚀速率均大于 Q345 钢，此阶段耐蚀元素并没有对腐蚀的进行产生影响，具体影响机制将结合后续腐蚀产物中元素的分布进行详细讨论。

10.1.3 腐蚀产物表面形貌

腐蚀产物的物相组成是导致实验中锰钢和参比 Q345 钢腐蚀速率差异的主要原因之一，而随着腐蚀时间延长，腐蚀产物表面结构形态的演变同样影响着腐蚀速率的变化，腐蚀产物表面形态可显著影响腐蚀介质的渗透能力。利用扫描电子显微镜（SEM）对不同实验中锰钢和参比 Q345 钢的腐蚀产物的表面形貌进行了观察。图 10-3 为 1 号实验中锰钢在不同腐蚀周期后的表面形貌，腐蚀 24h 后，片状的结构不均匀地分布于表面［见图 10-3（a）］，这种片状结构为 γ-FeOOH 的一种特征形貌[3]。此外，较大的孔洞存在于腐蚀产物间，导致腐蚀介质的不断传输，加速了腐蚀的进行。腐蚀 72h 后，表面的孔洞虽变小，但缝隙没有消失，片状结构产生了进一步叠加的现象［见图 10-3（b）］，此时的腐蚀速率增加的主要原因仍为 γ-FeOOH 和缝隙孔洞的共同作用造成的。在腐蚀 168h 后，片状的结构进一步堆积造成了表面的致密性不断提高，使得腐蚀速率下降［见图 10-3（c）］。图 10-3（d）中示出了腐蚀 288h 后的表面微观形貌，一种棉球状的结构出现在表面，表明腐蚀产物的组成发生了转化，α-FeOOH 形成进一步削弱腐蚀速率。1 号

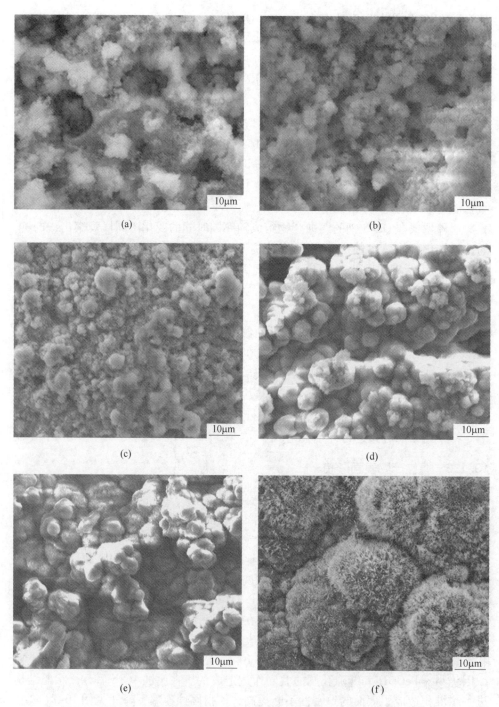

图 10-3　1 号实验钢在不同腐蚀周期后腐蚀产物的表面形貌
(a) 24h；(b) 72h；(c) 168h；(d) 288h；(e) 432h；(f) 600h

实验钢腐蚀432h，腐蚀产物的表面形貌发生了进一步转变，一种胡须状结构形成在棉球状结构上［见图10-3（e）］，这种α-FeOOH在形态上发生的变化，可使腐蚀产物表面对腐蚀介质的防护能力进一步被提高。在腐蚀600h后，腐蚀产物表面上这种α-FeOOH的形态上的转化被进一步加大，腐蚀产物的表面达到一个非常致密的状态，这会使得腐蚀速率达到平稳状态［见图10-3（f）］。

2号实验中锰钢在不同腐蚀周期后的表面微观形貌示于图10-4中。实验钢腐蚀24h后［见图10-4（a）］，夹杂着云团状的针状结构覆盖在腐蚀产物的表面，钢基体同样存在于表面，针状结构为γ-FeOOH的另一种特征形态，而云团状的形态为β-FeOOH的特征形貌，这两种腐蚀产物组成的表面虽不能很好地抵御腐蚀介质的渗入，但却使得初期腐蚀产物较1号中锰钢的产物变得更加均匀化，这会导致2号中锰钢的初期腐蚀速率小于1号中锰钢，如图10-1所示。2号中锰钢在腐蚀72h和168h后［见图10-4（b）和（c）］，表面主要由片状的γ-FeOOH组成，随着腐蚀时间的延长，片状结构的尺寸不断增大，但孔洞和缝隙的数量并没有发生太大变化，从而导致腐蚀速率的变化幅度很微弱。在腐蚀288h后［见图10-4（d）］，片状结构的进一步累积导致表面上孔洞和缝隙逐渐消失，腐蚀速率

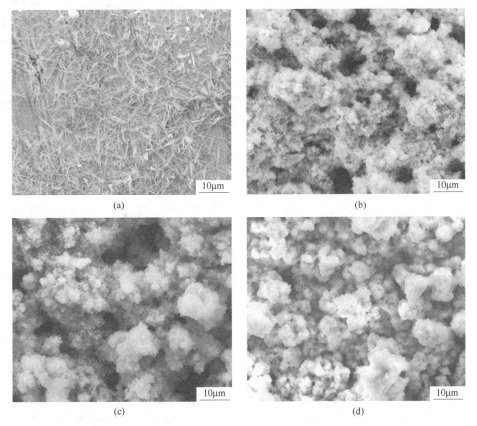

(a)

(b)

(c)

(d)

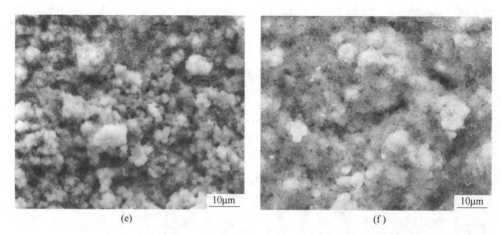

图 10-4　2 号实验钢在不同腐蚀周期后腐蚀产物的表面形貌
（a）24h；（b）72h；（c）168h；（d）288h；（e）432h；（f）600h

开始下降。而随着腐蚀时间被延长至 432h，表面的致密性已经达到了 1 号中锰钢腐蚀 600h 的程度，胡须状的 α-FeOOH 夹杂在片状 γ-FeOOH 之间。2 号中锰钢在腐蚀 600h 后 [见图 10-4（f）]，腐蚀产物的表面已经很难观察到缝隙或孔洞，且胡须状的 α-FeOOH 和片状 γ-FeOOH 在表面上的数量降低显著，腐蚀产物平整致密表面产生的主要原因是由于 FeOOH 向 Fe_xO_y 的转化导致的。

依据上述结果得出，两种 Cr 合金化中锰钢（1 号中锰钢和 2 号中锰钢）的表面形貌随腐蚀时间的变化趋势有一些差异，较高 Mn 含量的 2 号中锰钢在腐蚀初期形成了云团状的 β-FeOOH，而钢中耐蚀元素 Cr 元素含量的增加会导致 2 号中锰钢在此阶段的腐蚀速率相比于 1 号中锰钢并没有发生太大的变化；而在腐蚀后期，2 号中锰钢腐蚀产物的表面致密性提高程度要明显高于 1 号中锰钢，导致了两种 Cr 合金化中锰钢在模拟海洋飞溅区稳态腐蚀速率的差异。

相比于前面表征的两种 Cr 合金化中锰钢，3 号中锰钢和 4 号中锰钢的腐蚀速率均大于参比 Q345 钢，造成这种现象的主要原因之一是由于中锰钢耐蚀元素 Cr 的缺失，除此之外，腐蚀产物的表面形貌的差异也是造成此腐蚀速率增加现象的主要原因之一。图 10-5 示出了 3 号中锰钢在不同腐蚀周期后的腐蚀产物表面微观形貌。

相比于 Cr 合金化中锰钢的腐蚀产物，3 号实验中锰钢在所有腐蚀周期下的表面微观形貌均呈现出不均匀的状态。3 号中锰钢腐蚀 24h 后 [见图 10-5（a）]，片状结构的 γ-FeOOH 占据着表面的大部分区域，较大的缝隙存在于表面的剩余区域。由腐蚀动力学曲线观察可知（见图 10-1），此腐蚀时间点 3 号中锰钢的腐蚀速率与 1 号 Cr 合金化中锰钢相近。随着腐蚀时间延长至 72h 和 168h [见图 10-5（b）和（c）]，片状结构虽在累积程度上不断增加，但其之间的缝隙却进一步

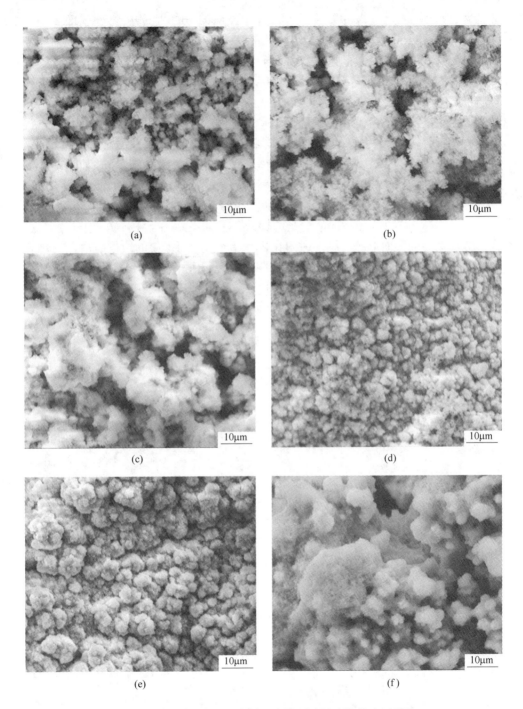

图 10-5 3 号实验钢在不同腐蚀周期后腐蚀产物的表面形貌

(a) 24h；(b) 72h；(c) 168h；(d) 288h；(e) 432h；(f) 600h

被加宽，从而导致了 3 号中锰钢的腐蚀速率在腐蚀 168h 之前始终处于增加的变化趋势。当 3 号中锰钢腐蚀 288h 后［见图 10-5（d）］，可以清楚地观察到棉球状结构的 α-FeOOH 出现在腐蚀产物的表面，导致了腐蚀速率在此腐蚀周期开始下降。随着腐蚀时间延长至 432h［见图 10-5（e）］，表面上腐蚀产物同样呈现出棉球状的 α-FeOOH 形貌，但相比于前一腐蚀周期，α-FeOOH 的尺寸发生增长，导致腐蚀产物缝隙率的降低，再次降低了腐蚀速率。腐蚀产物的表面微观形貌在腐蚀 600h 后发生了较大程度的变化，棉球状的 α-FeOOH 在表面的含量下降明显，大多数 FeOOH 在此阶段都已转化为具有较高稳定性的 Fe_xO_y，因此表面呈现出了较为平整的腐蚀产物分布状态，腐蚀速率接近于最稳态。

　　相比于 3 号实验中锰钢，4 号中锰钢中合金元素的主要差异在于 Mn 元素含量的降低、Ni 元素的缺失和 Mo 含量的提升。图 10-6 示出了 4 号实验中锰钢在不同腐蚀周期后的表面形貌。腐蚀时间在 24~168h，表面形貌的结构组成及变化规律均与 3 号中锰钢相似，片状的 γ-FeOOH 不断累积并伴随着缝隙尺寸的变大。随着腐蚀时间延长至 288h 和 432h，胡须状的 α-FeOOH 形成在由片状的 γ-FeOOH 堆积成的山丘状结构的侧面及缝隙处。而 4 号实验中锰钢在腐蚀 600h 后，片状

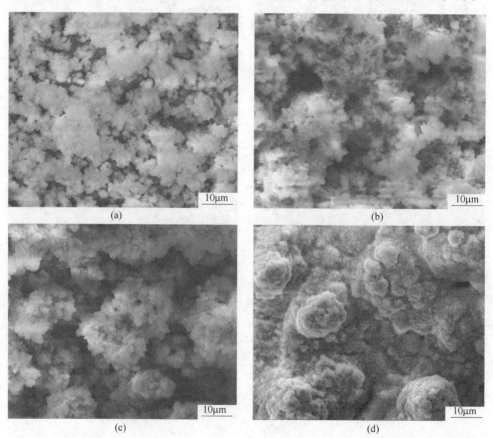

(a)　　　　　　　　　　　　　　　　(b)

(c)　　　　　　　　　　　　　　　　(d)

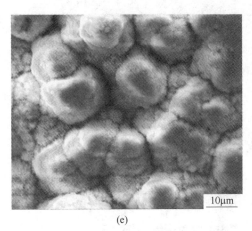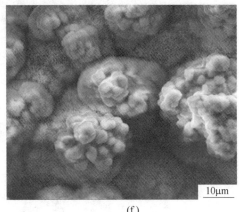

图 10-6 4 号实验钢在不同腐蚀周期后腐蚀产物的表面形貌

(a) 24h；(b) 72h；(c) 168h；(d) 288h；(e) 432h；(f) 600h

的 γ-FeOOH 堆积成的山丘状结构上形成了一些棉球状的 α-FeOOH。这种不同于 3 号中锰钢腐蚀产物表面形貌的变化规律，导致了腐蚀产物抵御 Cl 离子和溶解氧的渗透能力被提升，从而使得 4 号中锰钢的最终腐蚀速率小于 3 号中锰钢。

图 10-7 示出了 Q345 钢在不同腐蚀周期后的表面形貌。在腐蚀 24h 后，从 Q345 钢的腐蚀产物微观形貌可以看出，其致密性要好于所有测试中锰钢，表面主要由片状的 γ-FeOOH 和块状的 Fe_xO_y 组成，这种腐蚀初期 Fe_xO_y 的形成表明，Q345 钢在腐蚀初期就已经在部分区域发生了完整的钢表面阳极溶解和阴极去极化反应，阳极的 Fe 失电子后形成 Fe 离子同阴极的溶解氧和水在 Cl 离子的作用下转化为 FeOOH 随后被迅速氧化至 Fe_2O_3 或 Fe_3O_4，形成的 Fe 的氧化物可作为初期稳定产物使得 Q345 钢的初期腐蚀速率低于中锰钢。这种现象在腐蚀 72h 同样出现，而此周期下的片状 γ-FeOOH 累积程度却不断增加，而部分区域的 γ-FeOOH 累积使得缝隙或孔洞出现在表面从而导致腐蚀速率的增加。从图 10-7 (c) 中可以看出，Q345 钢腐蚀 168h 后，腐蚀产物表面形貌分布状态与上一周期相同，腐蚀速率并没有发生明显的改变。而 Q345 钢在后三个腐蚀周期下的腐蚀产物表面形貌仅发生了致密性的变化，缝隙逐渐消失，形成主要由 FeOOH 和 Fe_xO_y 组成的致密表面，腐蚀速率不断下降。

通过对腐蚀产物表面形貌进行了详细的表征，可以得出，实验中锰钢和 Q345 钢的表面的腐蚀产物主要由 γ-FeOOH 和 Fe_xO_y 组成，随着腐蚀时间的延长，缝隙和孔洞的消失现象是造成腐蚀速率不断变低的主要原因，中锰钢中由于合金元素含量的不同及添加的耐蚀元素使得表面的腐蚀产物出现 α-FeOOH 和 β-FeOOH，而 Q345 钢却没有发生这种转变现象，从而使得在腐蚀后期中锰钢与 Q345 钢的腐蚀速率呈现出大小不同的变化规律。而导致中锰钢在腐蚀前期的腐

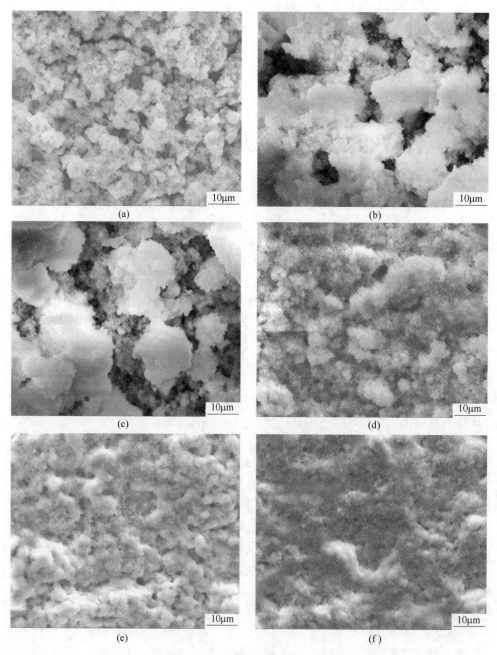

图 10-7   Q345 钢在不同腐蚀周期后腐蚀产物的表面形貌

(a) 24h；(b) 72h；(c) 168h；(d) 288h；(e) 432h；(f) 600h

蚀速率均高于参比 Q345 钢的原因是由于腐蚀产物内部不同合金元素存在区域的不同造成的。

10.1.4 腐蚀产物截面形貌及元素分布

不同周期的腐蚀产物的表面形态展现出了腐蚀产物的外表面防护能力及演变规律，而腐蚀产物的内层致密性及具体层厚则需要对截面形貌进行具体表征。表征方法采用场发射电子探针（EPMA）中的二次电子成像技术。图 10-8 示出了 1 号实验中锰钢在模拟海洋飞溅区环境下不同腐蚀周期后的腐蚀产物截面形貌，腐蚀 24h 后，腐蚀产物的厚度约为 44.7μm，外层的产物呈现出疏松多孔的状态，而靠近基体的内层产物却很致密，腐蚀产物的第一次防护效应在内层虽得到体现，但效果不佳。而 1 号中锰钢在腐蚀 72h 后，腐蚀产物的厚度约为 85.1μm，疏松多孔的腐蚀产物逐渐变得致密，外表面的形貌与图 10-3（b）中的形貌状态相似，但是仍存在少量较大的缝隙。腐蚀 168h 后，腐蚀产物的致密性进一步提

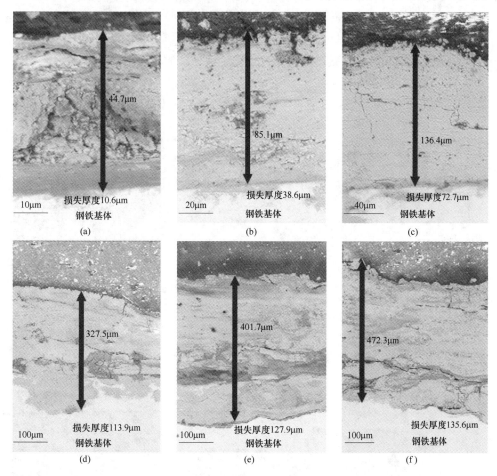

图 10-8　1 号实验钢在不同腐蚀周期后腐蚀产物的截面形貌
（a）24h；（b）72h；（c）168h；（d）288h；（e）432h；（f）600h

升，致密性内层的厚度增加至约为90μm，外表面出现了许多椭圆形的产物，这表明了α-FeOOH主要在外表面处形成，腐蚀速率在产物类型和致密性的共同作用下降低，腐蚀产物的总体厚度约为136.4μm。在腐蚀的后三个周期，腐蚀产物的致密性已经达到最优状态，厚度分别约为327μm（腐蚀288h后）、401.7μm（腐蚀432h后）和472.3μm（腐蚀600h后），腐蚀产物的防护能力随着厚度的增加不断提升。

　　腐蚀产物的防护能力不仅取决于产物表面和截面的形态，钢中合金元素在腐蚀产物中的分布状态同样调控着腐蚀速率。利用场发射电子探针（EPMA）对腐蚀产物中合金元素的分布规律进行表征，可对实验中锰钢在模拟海洋飞溅区的腐蚀行为进行更深入的分析。

　　图10-9示出了1号实验中锰钢在模拟海洋飞溅区环境中不同腐蚀周期后的腐蚀产物中的合金元素分布。腐蚀24h后，Fe元素和Mn元素在腐蚀产物的外层发生富集，主要是由于腐蚀初期外层的氧化还原反应造成的，Fe和Mn的化合物在此阶段存在于外层并向基体方向呈现一个扩散分布的状态，致密的腐蚀产物并未形成，腐蚀速率处于增长阶段，耐蚀元素Cu、Ni和Mo在腐蚀产物的外层少量富集，而Cr元素却没有在腐蚀产物中观察到富集现象。

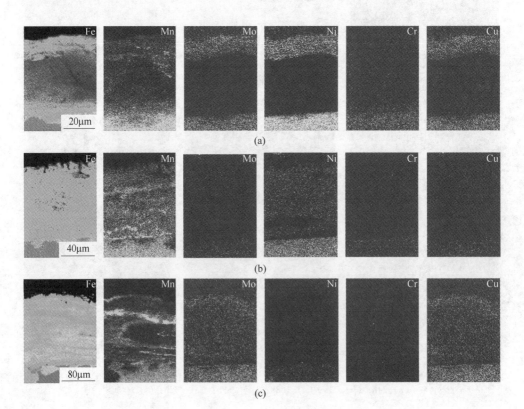

(a)

(b)

(c)

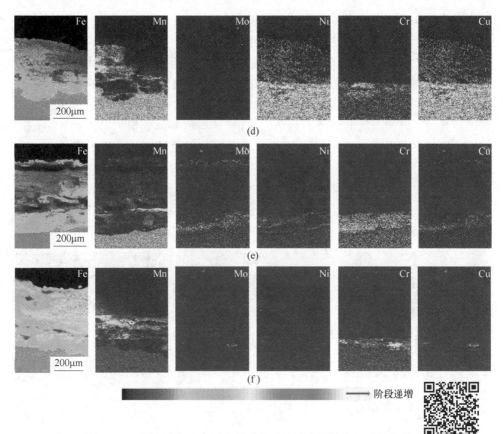

图 10-9　1 号实验钢在不同腐蚀阶段后腐蚀产物的合金元素分布
（a）24h；（b）72h；（c）168h；（d）288h；（e）432h；（f）600h

扫描二维码
查看彩图

　　当 1 号中锰钢经过 72h 的腐蚀后，腐蚀产物层呈现一个完全氧化态，Mn 元素在内层基体侧出现了富集，此时的所有耐蚀都没有在腐蚀产物富集，腐蚀速率达到最大值主要是由 Fe 和 Mn 化合物共同作用导致的。随着腐蚀时间延长至168h，Fe 元素的富集程度进一步加大，且此时 Mn 元素的富集区域迁移至腐蚀产物的外层附近，Mo 和 Cu 元素少量均匀分布在腐蚀产物中，元素的协同作用使得此时的腐蚀速率发生了下降的趋势。腐蚀 288h 后，Fe 元素在腐蚀产物中分布状态出现了不均匀的状态，内层富集程度明显高于外层，同时 Mn 元素在外层发生了富集，这种现象类似于初期腐蚀的元素分布状态，Ni、Cr 和 Cu 在基体与腐蚀产物的交界处富集，导致腐蚀速率的进一步下降。当 1 号中锰钢在腐蚀 432h 后，元素的分布状态与腐蚀 288h 后的大致相似，但 Mn 元素被耐蚀元素协同控制在富集在腐蚀产物的中间区域。这种现象在腐蚀 600h 后的腐蚀产物中同样被发现，可以说明，在腐蚀后期，腐蚀速率的下降的主要原因主要是耐蚀元素的协同控制Fe 元素和 Mn 元素向外扩散能力导致的，此外，Cr 元素在基体与腐蚀产物界面处发生了显著的局部富集，这会更大程度地降低 Fe 元素在腐蚀产物的扩散能力，进一步在腐蚀 600h 后提高腐蚀产物的防护能力。

相比于 1 号实验中锰钢的腐蚀产物截面形貌，2 号实验中锰钢的腐蚀产物在腐蚀初期出现了一些较大的缝隙，这些缝隙产生的原因主要是由于在样品制备过程中初期腐蚀产物致密性较差导致局部区域严重脱水形成的，如图 10-10 所示。腐蚀 24h 后，腐蚀产物的厚度约为 20.2μm，这与钢基体的损失厚度（10.4μm）相近，表明腐蚀产物中仍有大量 Fe 未被氧化，使得腐蚀产物并未由于体积扩张而使得厚度的增加。当 2 号中锰钢腐蚀 72h 和 168h 后，在腐蚀产物的外层出现了椭圆形的小团，并随着腐蚀时间的增加含量发生增加的现象，这种结果类似于 1 号中锰钢，代表着 α-FeOOH 的产生，从而降低了腐蚀速率，腐蚀产物的厚度分别约为 81.2μm 和 168.7μm。2 号中锰钢在前三个周期的外层腐蚀产物相比于 1 号

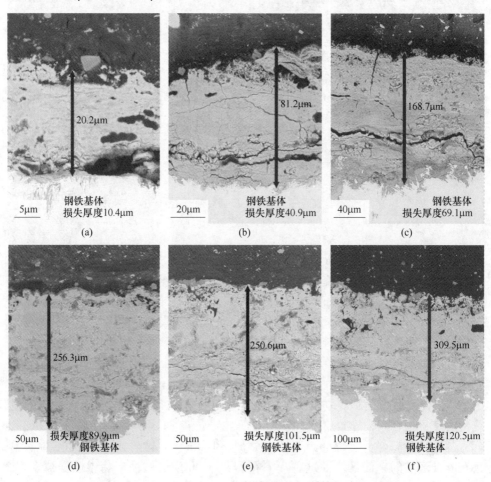

图 10-10　2 号实验钢在不同腐蚀周期后的腐蚀产物截面形貌
(a) 24h；(b) 72h；(c) 168h；(d) 288h；(e) 432h；(f) 600h

中锰钢并没有太大的变化，导致了两种中锰钢此阶段的腐蚀速率相近。而在后三个腐蚀周期，实验钢的腐蚀产物的致密性不断增加，同时腐蚀产物层的厚度变化相比于1号中锰钢减少的程度很大，说明腐蚀产物中合金元素氧化率不断降低，使得腐蚀产物在此阶段对基体的防护能力增加显著，已产生一个耐蚀隔离层的效果。

对于2号实验中锰钢来说，在模拟海洋飞溅区环境下腐蚀产物层的形成与钢中合金元素在腐蚀产物中的分布状态密切相关。图10-11示出了2号实验中锰钢在模拟海洋飞溅区环境中不同腐蚀周期后的腐蚀产物中合金元素分布。与1号实验中锰钢在合金元素上的差别是导致两种钢腐蚀速率差异产生的主要原因。当2号实验中锰钢腐蚀24h后，Fe元素均匀富集在腐蚀产物的大部分区域，Mn元素则呈弥散态分布在腐蚀产物中，所有元素都在腐蚀产物中产生了微量的富集，协同控制了初期腐蚀产物的形成。随着腐蚀时间延长至72h，Mn元素主要在腐蚀产物的外层富集，Cr元素则主要在未富集Mn元素内层产生富集，其他元素并没有发生太大变化。当2号中锰钢腐蚀168h，腐蚀产物中Mn元素富集的区域处产物的厚度要大于未富集的区域，这表明Mn元素在腐蚀产物中的富集会使产物的厚度增加，并使得腐蚀产物与基体的界面呈现出不平整的状态，而Cr元素在腐蚀产物中的Mn元素富集的临近基体侧区域和产物与基体的界面处富集，虽然其他元素的分布状态变化不明显，在钢中耐蚀元素的协同作用下，腐蚀产物的防护能力不断得到提升。

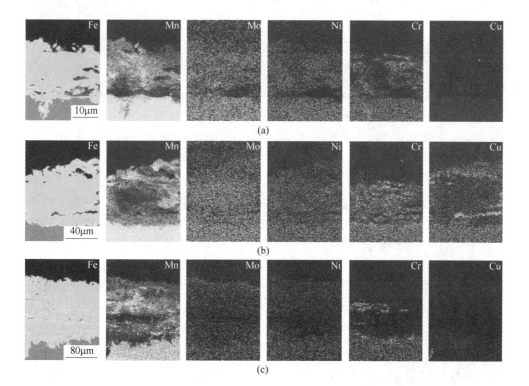

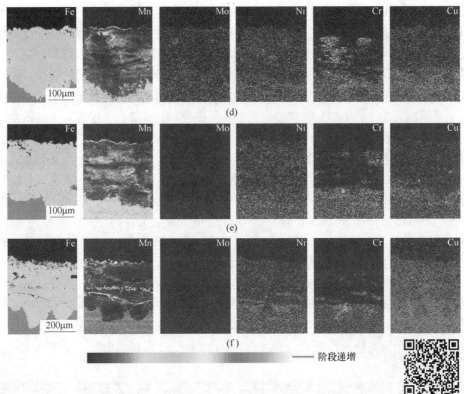

图 10-11   2 号实验钢在不同腐蚀阶段后的合金元素分布
(a) 24h；(b) 72h；(c) 168h；(d) 288h；(e) 432h；(f) 600h

扫描二维码
查看彩图

　　而当 2 号中锰钢腐蚀 288h 后，腐蚀产物中的合金元素富集区域并没有发生太大的变化，主要变化在外层形成了一层薄的 Mn 元素富集层，从图 10-11（d）可以看出，这个 Mn 元素的富集层致密地覆盖与腐蚀产物的外表面。腐蚀 432h 后，这种现象同样被观察到，而在腐蚀产物中 Mn 元素的富集程度增加，表明外表面的 Mn 元素的富集层对腐蚀产物中的 Mn 元素的扩散产生阻碍的作用，从而使得腐蚀产物的厚度并没有发生明显的变化，仅是质量损失量发生了增加。而当 2 号中锰钢腐蚀 600h 后，腐蚀产物中的 Mn 元素富集发生变化，富集的形态也转变为在腐蚀产物外表面的线性富集层形态，这种 Mn 元素在腐蚀产物的线性层化可进一步增加腐蚀产物的防护能力，使得腐蚀速率下降。但这种 Mn 元素的线性层化富集使得腐蚀产物的厚度发生了进一步增加的现象，结合对其他元素的富集区域观察，Cr 元素富集在最后一个周期发生了变化，富集区域逐渐由两个区域转变为在基体侧的单一区域，这种区域的变化是导致腐蚀产物厚度增加的另一个原因。腐蚀后期，除 Mn、Cr 外，其他合金元素在腐蚀产物中的变化不显著。

　　通过对两种 Cr 合金化中锰钢的腐蚀产物的合金元素分布进行表征，可以发现中锰钢 Cr 元素含量的增加是腐蚀速率降低的主要原因，Cr 元素在腐蚀产物中形成局部富集是调控腐蚀速率的主要途径。此外，Cu 元素在腐蚀产物的均匀富集程度要大于 Mo、Ni 元素，表明其在腐蚀产物中的也起到一定的防护效果，而其他耐蚀元素的防腐作用在元素分布检测中并没有得到很好的展现。

为了探究其他耐蚀元素对中锰钢腐蚀行为的影响，对 3 号和 4 号两种无 Cr、Cu 中锰钢的腐蚀产物利用电子探针的 EDX 线扫描测试技术进行检测，分别示于图 10-12 和图 10-13 中，可以看出 Mo、Ni 元素对中锰钢的腐蚀性能的影响程度。

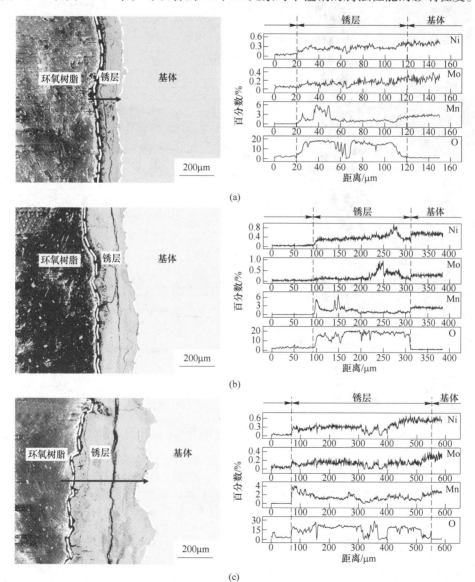

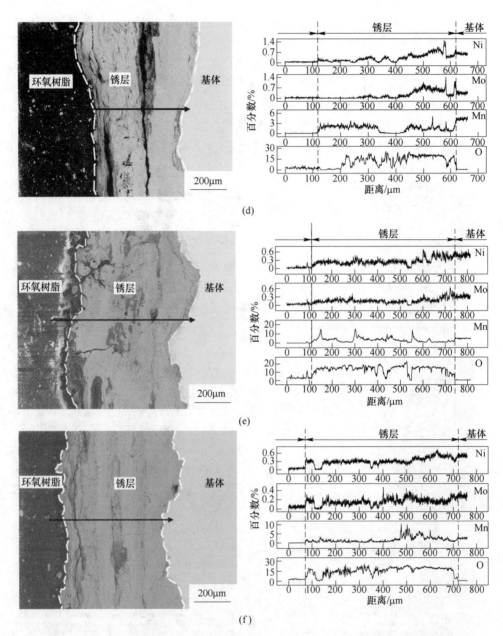

图 10-12　3 号实验钢在不同腐蚀阶段后腐蚀产物的截面形貌及合金元素分布

(a) 24h；(b) 72h；(c) 168h；(d) 288h；(e) 432h；(f) 600h

　　3 号中锰钢的腐蚀产物随着腐蚀时间的增加，厚度呈现出不断增加的趋势，对应着不同的腐蚀时间，厚度分别为 100.5μm（腐蚀 24h 后）、239.4μm（腐蚀 72h 后）、478.2μm（腐蚀 168h 后）、506.4μm（腐蚀 288h 后）、631.3μm（腐

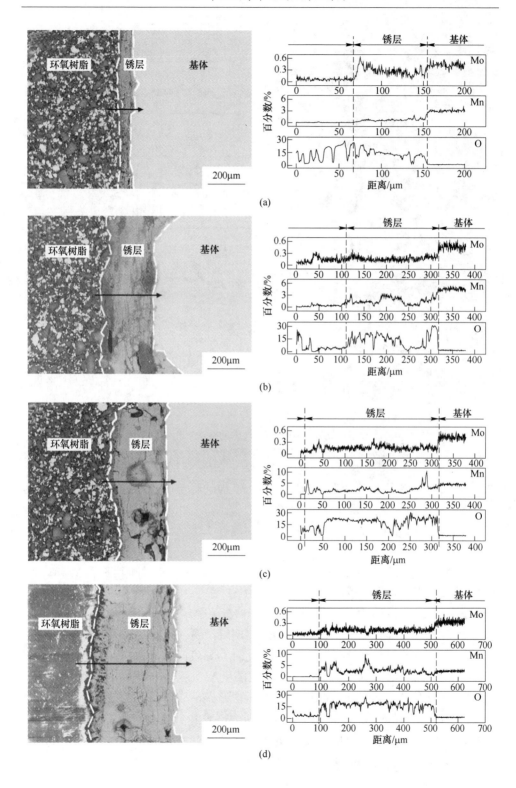

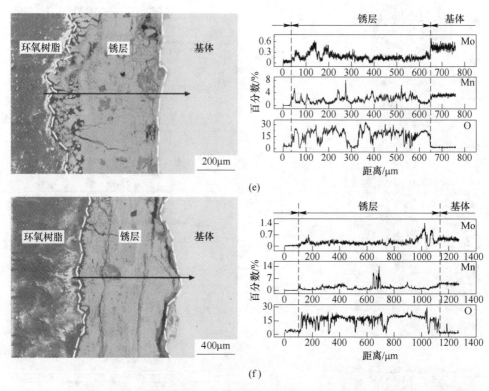

图 10-13　4 号实验钢在不同腐蚀阶段后的截面形貌及合金元素分布

(a) 24h；(b) 72h；(c) 168h；(d) 288h；(e) 432h；(f) 600h

蚀 432h 后）和 649.4μm（腐蚀 600h 后），增加的趋势由初期的显著变大转变为随后逐渐减小而平稳。由 EDX 线扫描可知，在腐蚀 24h 后的腐蚀产物中 Mo 元素和 Ni 元素并没有出现富集现象，如图 10-12（a）所示。随着腐蚀时间的延长，Mo 元素和 Ni 元素在第二个腐蚀周期下腐蚀产物的内层发生了富集，最高的质量分数达到 0.9% 左右，如图 10-12（b）所示。而随着腐蚀时间延长至 168h，Mn 和 Ni 的富集程度发生了下降，如图 10-12（c）所示。此外，前三个腐蚀周期后，Mn 元素都在腐蚀产物的外层产生了富集，如图 10-12（d）~（f）所示。

　　上述的结果表明，3 号中锰钢在腐蚀初期阶段腐蚀速率不断增加主要原因是由于在腐蚀产物外层 Mn 元素的不断形成化合物导致的，导致了耐蚀元素的扩散能力下降。而在腐蚀的后三个周期，Mo 元素和 Ni 元素在产物中的富集区域为腐蚀产物的内层，Mn 元素则不断地在腐蚀产物形成不均匀分布的状态。对于 3 号中锰钢来说，少量的 Mo 元素和 Ni 元素在腐蚀过程中的主要作用主要是在内层减弱了 Fe 元素的阳极氧化反应，而初期形成的 Mn 化合物的转化并没有受到抑制，导致最高的腐蚀速率呈现在腐蚀动力学计算结果中。

而在 4 号实验中锰钢腐蚀产物的 EDX 线扫描结果可以观察到，腐蚀 24h 后，Mn 元素并没有在腐蚀产物中出现明显的富集现象，而 Mo 元素则在腐蚀产物的外层出现了明显的富集现象，表明提高的 Mo 元素的含量抑制了腐蚀初期的 Mn 化合物的形成。随着腐蚀时间的延长，Mn 的化合物逐渐形成在腐蚀产物中，且富集的程度不断增加，而 Mo 元素的富集区域则不断地向内层迁移，其初期的抑制 Mn 元素扩散的能力逐渐转变为抑制 Fe 元素的扩散，腐蚀速率随着产物厚度的增加逐渐下降。此外，4 号中锰钢在不同周期下的腐蚀产物厚度均大于 Cr 合金化中锰钢，但却小于 3 号中锰钢，说明了通过提升 Mo 元素含量要比添加等量的 Ni 元素效果更优。

10.1.5 模拟海洋飞溅区腐蚀行为

10.1.5.1 合金元素的作用

利用周期浸润腐蚀方法模拟了多种不同合金成分的中锰钢及参比 Q345 钢在海洋飞溅区的腐蚀过程。通过结合腐蚀动力学曲线、腐蚀产物的 XRD 物相组成及元素分布规律分析，可以揭示在中锰钢中耐蚀元素对减缓腐蚀的作用机制。钢铁材料在飞溅区的腐蚀环境中，由于干湿交替环境导致温度和湿度不断产生变化，加速了钢表面与水中的 Cl 离子和溶解氧之间的电化学反应。依据测试钢中的合金成分及腐蚀速率的差异，可以得出，所有测试中锰钢在腐蚀的前期均展现出高于参比 Q345 钢的阳极反应活性，中锰钢虽含有少量的耐蚀元素，但在此阶段的防护作用不显著，而 Mn 元素的含量的高低是导致加速腐蚀程度大小的根本原因。Mn 元素在腐蚀介质中和铁元素同时产生了氧化反应，但随着 Mn 元素含量的提升，反应程度逐渐被加大。而在腐蚀的后期，中锰钢中耐蚀元素逐渐增加了腐蚀产物的防护能力。Cr 合金化中锰钢的腐蚀产物的防护能力最大，使得腐蚀速率随时间逐渐小于参比 Q345 钢，Cr 元素在模拟海洋飞溅区腐蚀过程作用的主要方式是在腐蚀产物中形成钝化产物，具体的反应过程示于式（10-2）中。随着 Cr 元素含量在中锰钢中的提升，富 Cr 钝化产物在腐蚀产物的比例不断增加，当含量（质量分数）为 0.8%（2 号中锰钢），富 Cr 钝化产物在腐蚀前期就已经在产物中形成，但由于初期腐蚀产物的致密性较差，此时 Cr 展现的防护能力很小。而对于两种 Cr 合金化中锰钢的腐蚀后期，富 Cr 产物在钢基体与腐蚀产物界面处形成，大幅度降低了腐蚀速率。

$$Cr + 3OH^- \longrightarrow Cr(OH)_3 + 3e^- \tag{10-2}$$

相比于中锰钢的 Cr 元素，Cu 元素的添加对腐蚀过程的主要作用机制是通过与 Mn 元素协同作用产生的，在 Cl 离子的腐蚀环境下，二价的 Mn 离子和一价的 Cu 离子会在腐蚀产物中形成，从而导致了阳离子渗透能力的下降。此外，Cu 在对中锰钢模拟海洋飞溅区的腐蚀产物的防护作用主要分为两种方式：一是在腐蚀产物通过减低腐蚀产物的结晶化程度从而导致钢表面均匀溶解；二是在腐蚀后期在基体与腐蚀产物之间形成 Cu 的析出物降低了腐蚀产物的传导能力。这两种抑制腐蚀的现象均可在两种 Cr 合金化中锰钢的腐蚀产物中观察到。

而 Mo 元素和 Ni 元素在中锰钢模拟海洋飞溅区腐蚀环境的防护能力同样通过对比实验被得出。腐蚀初期，Mo 元素就在腐蚀产物中发生了转化，形成的 MoO_4^{2-} 迅速与 Fe^{2+} 结合产生 $FeMoO_4$，随后这种难溶性的 $FeMoO_4$ 随着腐蚀的进行不断沉积在基体表面上，减低了腐蚀速率。此外，通过对比 3 号和 4 号中锰钢的腐蚀产物表面形貌，可以观察到中锰钢 Ni 元素的添加，导致 α-FeOOH 在腐蚀产物表面形成时间点被提前，但相比于 Mo 元素，在中锰钢中等量的 Ni 元素对腐蚀介质的防护能力要小。

10.1.5.2　模拟海洋飞溅区腐蚀过程

基于不同耐蚀合金元素的实验中锰钢与参比 Q345 钢的腐蚀动力学曲线及腐蚀产物表征，可知导致腐蚀前期中锰钢的较高腐蚀速率产生的主要原因是由于 Mn 元素含量过高。中锰钢在受到温度场变化及腐蚀性含 Cl 离子水溶液的干湿交替腐蚀环境时，表面首先发生铁的溶解过程，由阳极反应形成的二价 Fe 离子与阴极反应形成的 OH^- 结合形成 $Fe(OH)_2$，不稳定的 $Fe(OH)_2$ 经过再次氧化形成 FeOOH 和一些 Fe 的氧化物。此外，Mn 同样参与到初始的电化学反应中。阳极反应中形成的二价 Mn 离子会与 Fe 的化合物继续反应形成一些铁锰氧化物，从而导致了腐蚀产物的电负性降低，腐蚀程度被加大。腐蚀初期的腐蚀产物主要包括 FeOOH、Fe_xO_y、Mn_xO_y 和（Fe,Mn）$_xO_y$，这与腐蚀产物 XRD 测试结果一致。Fe_xO_y 的形成及 FeOOH 形态的转变有助于腐蚀产物的致密性提高，这种转变在腐蚀后期体现得非常显著，致密腐蚀产物层会使得腐蚀介质的渗入基体能力不断下降，导致了腐蚀速率减小。而在腐蚀后期，腐蚀产物中由 Mn 元素形成的化合物随着钢中 Mn 元素变化展现出了不同的作用，由于中锰钢中耐蚀元素的协同作用，使得 Mn 化合物在腐蚀后期展现出了除减低腐蚀产物电负性的作用之外的其他作用，当中锰钢合金元素中 Cr 的含量（质量分数）为 0.8%，在腐蚀后期 Mn 的化合物在腐蚀产物的外表面及内部出现了线性层化的现象，这种线性层化现象降低了腐蚀产物厚度增加的趋势，进一步优化了致密性，腐蚀产物隔离线性层的形成在耐蚀元素在基体表面的隔离作用下使得中锰钢的腐蚀产物防护能力得到提高。图 10-14 为实验中锰钢在模拟海洋飞溅区的腐蚀模型图。

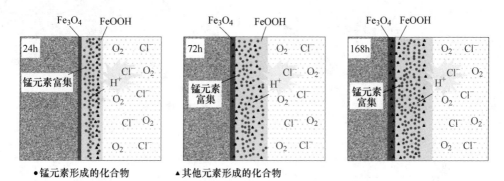

•锰元素形成的化合物   ▲其他元素形成的化合物

图 10-14   中锰钢在模拟海洋飞溅区的腐蚀模型图

10.2   中锰钢海洋飞溅区腐蚀产物电化学

实验中锰钢在经过模拟海洋飞溅区腐蚀后，采用武汉科思特公司生产的 CS 2350 型双单元电化学工作站对不同腐蚀周期后的腐蚀产物进行电化学测试。参比电极为饱和 KCl 甘汞电极，辅助电极为光亮箔片电极，经过模拟海洋飞溅区腐蚀后的中锰钢利用环氧树脂进行密封后作为工作电极。将参比电极通过鲁金毛细管盐桥在测试电解质溶液中与工作电极进行连接后，在工作电极附近的气泡全部消失后且开路电位稳定后开始测试。工作电极的测试面积为 $1cm^2$，测试温度利用恒温箱控制在 25℃，电解质溶液为利用由去离子水和分析纯等级氯化钠配制的质量分数为 3.5% 的 NaCl 溶液。

10.2.1   腐蚀产物电化学分析

腐蚀产物的极化曲线测试的扫描速度为 0.33mV/s。为了避免腐蚀产物对测试结果的影响，极化曲线由自腐蚀电位向阴极扫描，待阴极极化处理完成后再从自腐蚀电位向阳极扫描，动电位极化曲线的测试范围为 −400～400mV（相对于参比电极），极化曲线的拟合利用 CView 2 软件。电化学阻抗谱测试是在自腐蚀电位下进行的，采用交流激励信号幅值为 10mV 对 100kHz～0.1Hz 频率范围内结果进行搜集，并采用 ZView 2 软件对测试结果进行拟合。为了保证极化曲线和阻抗谱测试结果的准确性，3 次重复性实验被用于测试中。

10.2.1.1   极化曲线

通过前期的腐蚀动力学曲线可知，3 号和 4 号实验中锰钢的在模拟海洋飞溅区腐蚀的前 3 个周期均展现出了腐蚀速率不断增加的趋势，对腐蚀加速阶段的产物进行动电位极化曲线的测试可揭示腐蚀速率变化的主要起因。图 10-15 示出了 3 号和 4 号中锰钢在腐蚀加速阶段腐蚀产物的动电位极化代表性曲线。

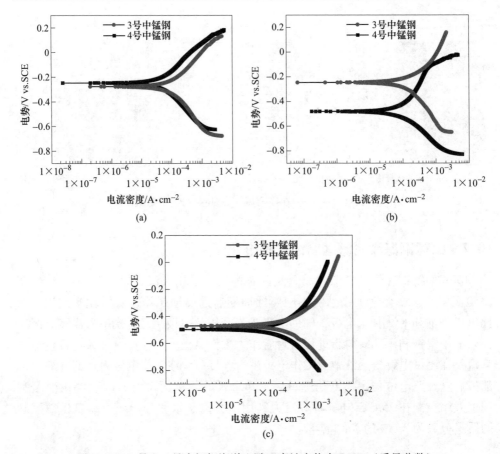

图 10-15　3 号和 4 号中锰钢海洋飞溅区腐蚀产物在 3.5%（质量分数）

NaCl 溶液中的电化学极化曲线

（a）24h；（b）72h；（c）168h

　　由图 10-15 可以看出，在两种实验钢的加速腐蚀阶段，在腐蚀产物中并没有形成钝化产物，图中对应腐蚀周期的电化学腐蚀参数 E_{corr}（腐蚀电位）、I_{corr}（腐蚀电流密度）、b_a 和 b_c 示于表 10-3 中。两种测试中锰钢在加速腐蚀的不同周期后，阳极和阴极的塔菲尔参数（b_a 和 b_c）均产生了显著的变化，表明两种中锰钢在模拟海洋飞溅区环境出现了不同的电化学腐蚀机制。4 号中锰钢在每个周期下的 I_{corr} 均要小于 3 号中锰钢，形成这种现象的主要原因是由于钢中 Mn 元素含量的差异，过多的 Mn 元素含量会加速电化学腐蚀的进行。

　　相比于 3 号和 4 号实验中锰钢，1 号和 2 号实验中锰钢在海洋飞溅区的最终稳态腐蚀速率要接近或小于参比 Q345 钢。为了更深入地表征腐蚀速率降低的原因，两种钢在不同腐蚀周期后腐蚀产物在 3.5%（质量分数）NaCl 溶液的动电位极化曲线图分别示于图 10-16 中。

表 10-3 3 号和 4 号中锰钢海洋飞溅区腐蚀产物在 3.5%（质量分数）NaCl 溶液中的电化学腐蚀参数

样 本	E_{corr}/V vs. SCE	$I_{corr}/mA \cdot cm^{-2}$	$b_a/mV \cdot dec^{-1}$	$-b_c/mV \cdot dec^{-1}$
4 号实验中锰钢（24h）	−0.248	0.0645	302	308
3 号实验中锰钢（24h）	−0.277	0.1528	345	430
4 号实验中锰钢（72h）	−0.482	0.1212	443	272
3 号实验中锰钢（72h）	−0.246	0.2323	282	626
4 号实验中锰钢（168h）	−0.497	0.3278	436	438
3 号实验中锰钢（168h）	−0.471	0.4039	326	391

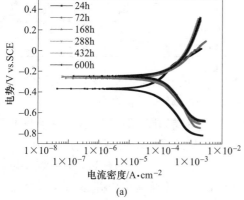

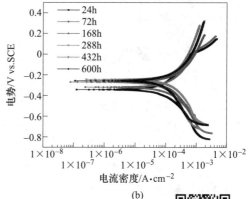

(a)　　　　　　　　　　　　(b)

图 10-16　1 号和 2 号中锰钢海洋飞溅区腐蚀产物在 3.5%
（质量分数）NaCl 溶液中的电化学极化曲线
（a）1 号中锰钢；（b）2 号中锰钢

扫描二维码
查看彩图

　　从对应的腐蚀动力学曲线和腐蚀产物形貌可以看出，随着腐蚀时间的延长，腐蚀产物的致密性不断提高，导致腐蚀产物的防护能力要比 3 号中锰钢和 4 号中锰钢要高很多。在 1 号中锰钢和 2 号中锰钢的腐蚀产物电化学极化曲线测试结果中，可以看出，随着腐蚀的进行，腐蚀电位（E_{corr}）首先向正向发生转变。图 10-16 中对应腐蚀周期的电化学腐蚀参数 E_{corr}（腐蚀电位）、I_{corr}（腐蚀电流密度）、b_a 和 b_c 见表 10-4。可以看出腐蚀产物的腐蚀电流密度（I_{corr}）随着腐蚀时间的延长先升高而后显著降低。腐蚀电位和腐蚀电流密度的变化规律表明随着腐蚀时间的延长，腐蚀产物对腐蚀介质的总体防护能力得到了提升。而与前述两种中锰钢不同，1 号和 2 号中锰钢在腐蚀 72h 后腐蚀产物的腐蚀电流密度降低了，这表明经过 Cr 合金化的中锰钢的腐蚀产物的防护能力得到提升。

表 10-4　1 号和 2 号中锰钢海洋飞溅区腐蚀产物在 3.5%（质量分数）
NaCl 溶液中的电化学腐蚀参数

样　本	E_{corr}/V vs. SCE	I_{corr}/mA·cm^{-2}	b_a/mV·dec^{-1}	$-b_c$/mV·dec^{-1}
1 号实验中锰钢（24h）	-0.368	0.220	355	717
1 号实验中锰钢（72h）	-0.268	0.238	367	821
1 号实验中锰钢（168h）	-0.256	0.170	406	386
1 号实验中锰钢（288h）	-0.249	0.152	368	586
1 号实验中锰钢（432h）	-0.266	0.131	270	678
1 号实验中锰钢（600h）	-0.246	0.127	509	364
2 号实验中锰钢（24h）	-0.344	0.193	318	595
2 号实验中锰钢（72h）	-0.320	0.259	399	667
2 号实验中锰钢（168h）	-0.269	0.193	336	704
2 号实验中锰钢（288h）	-0.243	0.172	294	708
2 号实验中锰钢（432h）	-0.268	0.109	208	326
2 号实验中锰钢（600h）	-0.256	0.092	456	393

依据 1 号和 2 号实验钢腐蚀产物在 3.5%（质量分数）NaCl 溶液中电化学极化曲线拟合的腐蚀电流密度，可以确定腐蚀产物在 3.5%（质量分数）NaCl 溶液中的耐蚀程度，腐蚀电流密度和腐蚀时间的拟合曲线如图 10-17 所示。由于两种测试钢合金元素差异主要为 Cr 元素和 Mn 元素，导致腐蚀电流密度差异的原因也主要依靠这两种元素引发的腐蚀电化学反应。在经过模拟海洋飞溅区腐蚀 24h 后，1 号中锰钢的腐蚀产物在 3.5%（质量分数）NaCl 溶液中电化学腐蚀电流要大于 2 号中锰钢，表明钢耐蚀元素对此时的产物耐蚀能力就已经起了改善作用，Cr 元素对初期腐蚀产物的耐蚀能力改善效果显著。

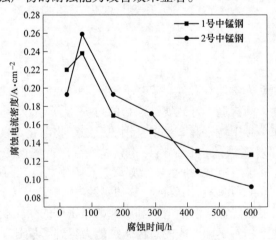

图 10-17　1 号和 2 号中锰钢海洋飞溅区腐蚀产物在 3.5%（质量分数）
NaCl 溶液中电化学腐蚀电流密度与腐蚀时间的拟合曲线

10.2.1.2　阻抗谱测试结果

1号和2号实验中锰钢在模拟海洋飞溅区不同周期的腐蚀产物在25℃浸泡于3.5%（质量分数）NaCl溶液中测得的阻抗谱Nyquist图如图10-18所示。所有的腐蚀产物的Nyquist图都是由一个高频区的容抗弧形状和一个低频的扩散线组成，随着腐蚀时间的延长，容抗弧的直径被不断延长，表明腐蚀过程中的电荷传输能力随着腐蚀时间的延长不断下降，耐蚀能力不断被提高，金属基体的溶解速率不断下降。两种实验钢腐蚀产物的容抗弧呈现出不同的变化，1号中锰钢的容抗弧直径随着腐蚀时间的延长一直增加，增加的幅度在腐蚀168h后的试样发生下降，说明了腐蚀产物的防护能力被升高，而2号中锰钢腐蚀产物的容抗弧的直径在腐蚀168h后要明显小于1号中锰钢，此时2号中锰钢腐蚀产物的防护能力要优于1号实验钢。

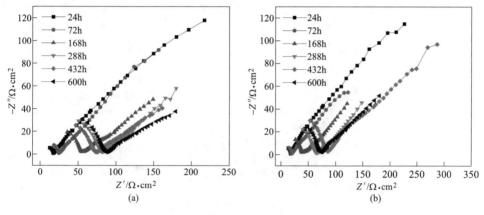

图10-18　实验中锰钢腐蚀产物的Nyquist图

（a）1号中锰钢；（b）2号中锰钢

从两种实验钢在不同腐蚀周期后腐蚀产物阻抗谱的Bode图及其拟合结果（见图10-19）可以看出，阻抗模值的绝对值（$|Z|$）随频率的变化规律整体趋势相似。在高频区的各周期腐蚀产物的阻抗模值的绝对值（$|Z|$）变化不大，而在低频区，2号实验钢高于1号实验钢，总阻抗值的提升大大提高了腐蚀产物的防护能力。

两种实验钢腐蚀产物的相位角随频率的变化规律同样呈现出整体趋势相似的变化，如图10-20所示。在高频区的相位角呈现相同的线性下降变化，随着频率降低至1kHz后，相位角开始增加。实验钢腐蚀产物的相位角与频率的变化存在着两个阶段，表明存在两种阻抗特性，分别为对应着相位角高频峰值范围内的纯电容以及中频范围的瓦尔堡（Warburg）阻抗。

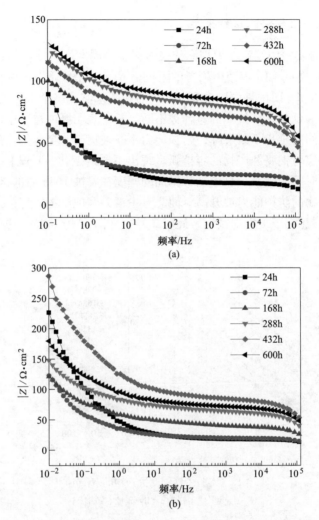

图 10-19　两种实验中锰钢腐蚀产物的 Bode 图（阻抗模-频率）

（a）1 号中锰钢；（b）2 号中锰钢

10.2.2　腐蚀产物布拜图分析

图 10-21 为采用热力学模拟软件 HSC Chemistry 6 绘制的标准大气压下、平衡温度 25℃、金属离子活度 $10^{-6.5}$ mol/L 的 Fe-H$_2$O 体系的电位-pH 图（E_h-pH 图），图中腐蚀区，也即在该区域内处于稳定状态的为可溶性离子，因此金属处于热力学不稳定状态，极易发生腐蚀。图中免蚀区，该区域金属 Fe 的电化学电位非常低，在热力学为固态物质，故金属不发生腐蚀。

而对于实验中锰钢的腐蚀产物来说，主要的腐蚀产物包括 Fe 的化合物和 Mn

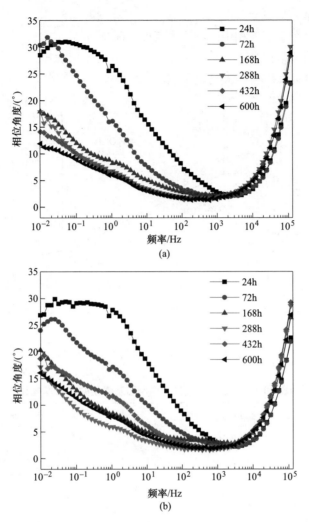

图 10-20　两种实验中锰钢腐蚀产物的 Bode 图（相位角-频率）

（a）1 号中锰钢；（b）2 号中锰钢

的化合物，不同腐蚀产物的 Gibbs 自由能是建立 E_h-pH 图的基础，实验中锰钢在腐蚀过程中主要涉及的物种在 25℃ 的自由能见表 10-5[4-6]。利用 Nernst 公式（10-3）可以建立出 Fe-H$_2$O 系统和 Fe-Mn-H$_2$O 系统的平衡态方程，见表 10-6 和表 10-7。

$$E(T) = E^{\ominus}(T) + \frac{RT}{nF}\ln\frac{a_O}{a_R} = \frac{\sum v\Delta G^{\ominus}(T)}{nF} + \frac{RT}{nF}\ln\frac{a_O}{a_R} \qquad (10-3)$$

式中　R——理想气体常数，8.314J/(K·mol)；

　　　$E^{\ominus}$——标准电极电势，V；

T——热力学温度，K；

a——存在于溶液相中的物质的活度，mol/cm^3；

F——法拉第常数；

n——电极反应中得失的电子数。

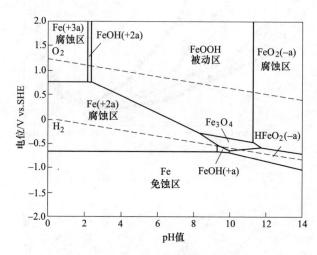

图 10-21　Fe-H_2O 体系的电位-pH 图

表 10-5　中锰钢腐蚀过程中所涉及物质的热力学参数

物质	$\Delta G^{\ominus}(298.15K)/J \cdot mol^{-1}$	物质	$\Delta G^{\ominus}(298.15K)/J \cdot mol^{-1}$
H_2	0	O_2	0
H^+	0	H_2O	−237191
Mn^{2+}	−228100	$Mn(OH)^{3-}$	−744200
$MnFe_2O_4$	−1121790	Mn_3O_4	−1283200
Fe	0	Fe^{2+}	−78900
FeO	−256354	Fe_2O_3	−740986
$FeOOH$	−485300	Fe_3O_4	−1015450

表 10-6　建立 Fe-H_2O 系的平衡态方程的公式

平衡态方程	计算公式
$3Fe^{2+}+4H_2O = Fe_3O_4+8H^++2e$	$E=0.8810+0.5\times(-3lg[Fe^{2+}]-8\times pH)$
$3FeO+H_2O = Fe_3O_4+2H^++2e$	$E=-0.0477+0.5\times0.0592\times(-2\times pH)$
$2Fe_3O_4+H_2O = 3Fe_2O_3+2H^++2e$	$E=0.2339+0.5\times0.0592\times(-2\times pH)$

表 10-7　建立 Fe-Mn-H$_2$O 系的平衡态方程的公式[7]

平衡态方程	计算公式
$Mn^{2+}+2FeOOH \Longrightarrow MnFe_2O_4+2H^+$	$13.4724=2\times pH+\lg[Mn^{2+}]$
$2Fe_3O_4+3Mn^{2+}+4H_2O=3MnFe_2O_4+8H^++2e$	$E=1.5472+0.5\times0.0592\times(-3\lg[Mn^{2+}]-8\times pH)$
$3Mn(OH)_3^-+2Fe_3O_4+H^+=3MnFe_2O_4+5H_2O+2e$	$E=-1.4914+0.5\times0.0592\times(-3\lg[Mn(OH)_3^-]-8\times pH)$
$3MnFe_2O_4+4H_2O=6FeOOH+Mn_3O_4+2H^++2e$	$E=0.6173+0.5\times0.0592\times(-2\times pH)$

　　通过观察建立的平衡态方程，可以得出中锰钢在水环境下的腐蚀产物主要包括 FeOOH、FeO、Fe$_2$O$_3$、Fe$_3$O$_4$、MnFe$_2$O$_4$和 Mn$_3$O$_4$，通过对比腐蚀产物 Gibbs 自由能的大小可知 MnFe$_2$O$_4$、Mn$_3$O$_4$和 Fe$_3$O$_4$为实验中锰钢腐蚀过程中的最终态腐蚀产物，而在腐蚀过程中这些化合物的形成会对腐蚀产物的防护能力产生不同的影响。

　　为了进一步阐明实验中锰钢在海洋飞溅区的腐蚀产物防护能力及 Mn 元素的具体作用机制，利用热力学模拟软件 HSC Chemistry 6 并结合 Nernst 公式对在 25℃下的 Fe-Mn-H$_2$O 系的 E_h-pH 图进行建立，如图 10-22 所示，图中虚线为在一个大气压下的氧和氢平衡态，由于本节中电化学测试的腐蚀溶液 pH 值为 6.5，因此在图中体系中的阳离子和阴离子浓度被设置为 $10^{-6.5}$mol/L，以模拟海洋飞溅区的腐蚀环境。图 10-22 中的 Fe$_3$O$_4$稳态区域和 MnFe$_2$O$_4$稳态区域分别用粗线和细线圈出，两种化合物在图中的部分区域发生重叠现象，这些腐蚀转变化合物可在这一小部分区域共存。通过这一现象可以说明，在实验中锰钢的腐蚀过程中，二价的 Mn 离子可参与至 Fe$_3$O$_4$的形成过程中，Fe$_3$O$_4$为一种具有反尖晶石结构的化合物，腐蚀过程中，一个二价 Mn 离子可以替换 Fe$_3$O$_4$晶体八面体中心的一个二价 Fe 离子[7]，通过观察 E_h-pH 图，这种替换过程主要发生在高碱性的条件下，而海洋飞溅区的测试环境为中性，在 E_h-pH 图中的中性附近的区域 Fe$_3$O$_4$

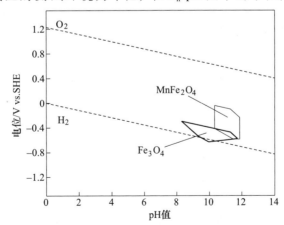

图 10-22　Fe-Mn-H$_2$O 体系的电位-pH 图

和 $MnFe_2O_4$ 并没有发生重叠现象，可以推测出，在实验钢模拟海洋飞溅区的中性腐蚀条件下，越来越多的阳极离子出现在腐蚀产物当中，减少了腐蚀产物的电负性。因此，实验钢中由于较高含量的 Mn 离子存在，因此不能有效地阻碍腐蚀介质中氯离子的渗透，加速了腐蚀的进行。

参 考 文 献

［1］Humble H A. Cathodic protection of steel piling in sea water ［J］. Corrosion, 1949, 5 (9)：292-302.

［2］钱备. 钢结构浪溅区腐蚀防护技术及缓蚀剂在干湿交替下的研究 ［D］. 青岛：中国科学院大学, 2014.

［3］Kamimura T, Hara S, Miyuki H, et al. Composition and protective ability of rust layer formed on weathering steel exposed to various environments ［J］. Corrosion Science, 2006, 48 (9)：2799-2812.

［4］Marcus Y. Ion properties ［M］. New York：Marcel Dekker Inc, 1997.

［5］Fleet M E. The structure of magnetite ［J］. Acta Crystallographica Section B, 1981, B37：917-920.

［6］Ghali E L, Potoin R J A. The mechanism of phosphating of steel ［J］. Corrosion Science, 1972, 12 (7)：583-594.

［7］Hao L, Zhang S, Dong J, et al. Atmospheric corrosion resistance of MnCuP weathering steel in simulated environments ［J］. Corrosion Science, 2011, 53 (12)：4187-4192.

11　中锰钢海洋大气区腐蚀行为及其机理

　　海洋平台用钢在实际服役中不仅需要面对海水的侵蚀,海平面以上和沿海地区的大气环境也会对平台板桩支架结构产生很强的破坏。钢铁材料在海洋大气区的腐蚀过程是一个电解质层在基体上形成的单向过程,电解质层是由极度薄的湿气层和具有数百微米厚的腐蚀产物层组成,其形成的驱动力主要来源于含有氯离子的水溶液（例如雨水或水雾等）,伴随着温度的变化而产生汽化现象并最终通过湿气凝结的方式沉降在钢铁材料的表面,随着湿气层中盐浓度不断提升,材料表层的电导性大幅提高,并倾向于破坏腐蚀产物层[1]。因此,研究海洋平台用钢在模拟海洋大气的腐蚀行为,可为海洋平台结构的安全服役提供理论数据支撑。

　　Barton 等人[2]对钢铁材料在含有氯离子的大气腐蚀行为进行了相关的讨论,然而造成钢铁材料的大气腐蚀速率较高的原因却有很多种,主要包括湿度、腐蚀产物的溶解度和类型。在氯离子环境中,较低的相对湿度就会使加剧电化学腐蚀过程；而相比于 Cu 或 Zn 材料,钢铁材料很容易在表层溶解氯化物；此外,腐蚀产物通常分为纤铁矿（γ-FeOOH）、针铁矿（α-FeOOH）、四方纤铁矿（β-FeOOH）和磁铁矿（Fe_3O_4）等[1]。而对于海洋平台用中锰钢来说,较高的 Mn 含量可能会对大气腐蚀行为产生影响。本章通过对两种 Cr 合金化中锰钢采用中性盐雾腐蚀实验来模拟海洋大气区腐蚀过程,结合相关测试结果阐述腐蚀产物的形成机制并探索出中锰钢的海洋大气区腐蚀行为。

11.1　中锰钢海洋大气腐蚀动力学

　　实验材料为两种 Cr 合金化中锰钢,1 号中锰钢（低 Cr 中锰钢）主要成分为：Fe-0.04C-5.08Mn-0.4Cr-0.8（Ni+Cu+Mo）（质量分数,%）,2 号中锰钢（高Cr 中锰钢）主要成分为：Fe-0.05C-5.4M-0.8（Ni+Cu+Mo）（质量分数,%）。两种钢的合金成分的主要差异为 Mn 元素和 Cr 元素的含量不同,两种中锰钢的综合力学性能分别在临界区回火条件为 650℃/30min、650℃/50min 达到最优化。实验钢模拟海洋大气区的腐蚀实验依据国家标准《人造气氛腐蚀实验　盐雾试验》（GB/T 10125—2012）进行。盐雾腐蚀实验设为 6 个腐蚀周期,分别为 24h、72h、168h、288h、432h 和 600h。

　　两种 Cr 合金化中锰钢在模拟海洋大气区环境下的腐蚀动力学曲线如图 11-1

所示。曲线的绘制基于每个腐蚀周期下的腐蚀速率的计算平均值，腐蚀速率计算方法为失重法，即利用腐蚀前后的产物质量变化来评估实验钢的腐蚀性能。腐蚀速率具体的计算公式如下：

$$腐蚀速率(mm/a) = (K \times \Delta W)/(A \times T \times D) \qquad (11\text{-}1)$$

式中　K——$K=87600$，一个对应着以 mm 单位计量年腐蚀速率的常数；

　　　ΔW——腐蚀前后质量的变化值，g；

　　　A——腐蚀的面积，cm^2；

　　　T——腐蚀时间，h；

　　　D——测试样品的物理密度，g/cm^3。

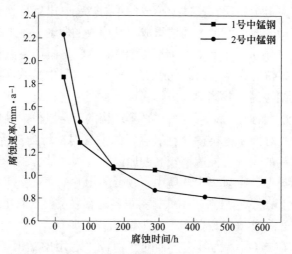

图 11-1　实验中锰钢在盐雾环境下的腐蚀动力学曲线

　　从两种实验中锰钢的腐蚀动力学曲线可以得出，随着腐蚀时间的延长，曲线呈现出三阶段的变化规律。第一阶段为腐蚀速率的快速下降阶段（24~168h），此阶段处于腐蚀的初期阶段，且由于实验钢的腐蚀产物的产生是一个不断累积的过程，形成的产物已经逐步起到抵御腐蚀介质侵入的作用，导致腐蚀速率不断下降。结合两种实验钢的合金成分差异，Mn 元素含量的不同导致了在此阶段 1号（低 Cr）中锰钢的腐蚀速率要小于 2 号（高 Cr）实验钢，高 Cr 中锰钢中 Cr元素含量的增加并没有在此阶段产生很好地减轻腐蚀速率的作用。第二阶段为腐蚀速率的缓慢下降阶段（168~432h），两种实验钢的腐蚀速率在此阶段发生的互换现象，2 号中锰钢的腐蚀速率逐渐低于 1 号中锰钢，由腐蚀产物构成的屏障已经有效地减弱了基体与腐蚀介质的电化学反应。第三阶段为腐蚀速率的平稳阶段（432~600h），腐蚀速率达到稳定值，1 号和 2 号中锰钢的腐蚀速率分别达到0.96mm/a 和 0.77mm/a，最终的腐蚀速率是反映实验钢的腐蚀行为的重要指标，此时的腐蚀产物组成已稳定，腐蚀介质对基体的侵蚀能力也达到最小。

11. 2　腐蚀产物物相分析

利用 X 射线衍射仪（XRD）分别对两种实验钢在模拟海洋大气区腐蚀产物的物相组成进行检测。低 Cr 中锰钢在不同腐蚀周期后的腐蚀产物 XRD 结果如图 11-2 所示。在腐蚀 24h 后，Fe 基体的峰值显著大于其他腐蚀产物，试样表面并没有被腐蚀产物完全覆盖，基体的部分裸露现象造成此阶段的腐蚀速率最高，腐蚀产物由较多含量为 γ-FeOOH 以及少量的 α-FeOOH、Mn_xO_y、Fe_xO_y 和 $(Fe,Mn)_xO_y$ 组成。随着腐蚀时间被延长至 72h 和 168h，此时还有部分基体未被腐蚀，同时 γ-FeOOH 的含量在腐蚀 72h 后达到最大之后小幅下降，而其他腐蚀产物的含量并没有出现明显的变化。腐蚀产物在后三个周期发生变化，随着时间的延长，γ-FeOOH 的峰值逐渐减小，Fe_xO_y 和 α-FeOOH 峰值逐渐增加，所有峰在后两个腐蚀周期达到稳定。此外，Mn_xO_y 和 $(Fe,Mn)_xO_y$ 的峰值强度在整个腐蚀过程中变化不明显。

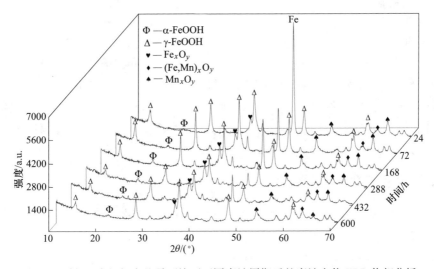

图 11-2　低 Cr 中锰钢在盐雾环境下不同腐蚀周期后的腐蚀产物 XRD 物相分析

高 Cr 中锰钢在不同腐蚀周期后的腐蚀产物 XRD 结果如图 11-3 所示。实验钢腐蚀 24h 和 72h 后，Fe 基体的峰值显著大于其他腐蚀产物，腐蚀产物中出现了少量的 β-FeOOH 和 α-FeOOH，且 $(Fe,Mn)_xO_y$ 和 Fe_xO_y 的含量呈现出增长的现象并在腐蚀 72h 达到所有周期的最大值。随着腐蚀时间的延长至 168h，腐蚀产物中的 β-FeOOH 消失，腐蚀产物由大比例的 γ-FeOOH 占据，以及少量的 α-FeOOH、Mn_xO_y、Fe_xO_y 和 $(Fe,Mn)_xO_y$ 等。在后三个腐蚀周期，γ-FeOOH 和 $(Fe,Mn)_xO_y$ 的含量降低后稳定，α-FeOOH、Fe_xO_y 和 Mn_xO_y 的含量则发生增加后稳定的现象。

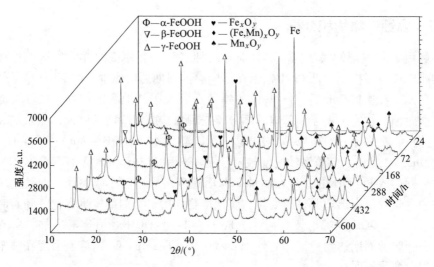

图 11-3　高 Cr 中锰钢在盐雾环境下不同腐蚀周期后的腐蚀产物 XRD 物相分析

通过以上 XRD 结果并结合两种实验钢的腐蚀动力学曲线和合金成分的差异，可以得出，高 Cr 实验钢由于更多的 Mn 含量导致前两个周期的腐蚀速率的要大于低 Cr 实验钢，同时造成了具有较大活性的β-FeOOH 产生。腐蚀初期的产物主要由较高含量的 γ-FeOOH 和少量 α-FeOOH、（Fe，Mn）$_x$O$_y$、Fe$_x$O$_y$ 和 Mn$_x$O$_y$，随着腐蚀的不断进行，腐蚀产物中 γ-FeOOH 和（Fe，Mn）$_x$O$_y$ 的比例降低，同时 α-FeOOH 和 Mn$_x$O$_y$ 的比例提高，这种转化使得实验钢的腐蚀速率下降并达到稳定。

11.3　腐蚀产物表面形貌

利用扫描电子显微镜（SEM）对不同腐蚀周期后的腐蚀产物表面形貌进行观察，低 Cr 实验钢在不同腐蚀周期后的表面形貌如图 11-4 所示，腐蚀 24h 后，表面呈现出短绒毛状的结构覆盖在一种片状结构的产物的状态，绒毛状结构是一种初期产生的 α-FeOOH 的典型形貌［见图 11-4（a）中局部扩展图］，而片状结构为 γ-FeOOH 的特征形貌。此时表面存在着大量的缝隙，这些缝隙可作为腐蚀盐雾的主要传输通道，从而造成实验钢在腐蚀初期表现出较高的腐蚀速率。在腐蚀 72h 后，腐蚀产物的表面形貌达到一种较为致密的状态，图 11-4（b）中的局部扩展插图显示出一种棉球状的形态，这是从绒毛状的 α-FeOOH 转变的另一种特征形貌，在此周期下，α-FeOOH 的底部出现了一种相对均匀平整的结构，这种结构代表着 Fe$_x$O$_y$（主要由 FeO、Fe$_2$O$_3$ 和 Fe$_3$O$_4$ 混合组成），伴随着这些形貌的转变，腐蚀速率大幅下降。随着腐蚀时间延长至 168h 和 288h，腐蚀产物的致密性不断提高，缝隙越来越小，在棉球状的 α-FeOOH 上覆盖了一种胡须状的结构，其与腐蚀 24h 后 α-FeOOH 的形貌相似，代表着在棉球状 α-FeOOH 上的不断形成的一种新的 α-FeOOH 形貌，如图 11-4（c）和（d）所示。可以很清楚地看到，这种胡须状 α-FeOOH 在腐蚀 432h 进一步伸长并变密，长度约在 5~10μm 之间，如图 11-4（e）所示。此外，一些块状结构在表面上出现，其为 FeOOH 向 Fe$_x$O$_y$ 转化的一种特征产物，这种转化会使得腐蚀速率达到一个稳定的状态。在最后腐蚀周期，腐蚀产物的表面大部分由这种小块状结构覆盖，如图 11-4（f）所示，形成的致密腐蚀产物使得腐蚀速率达到稳定态。

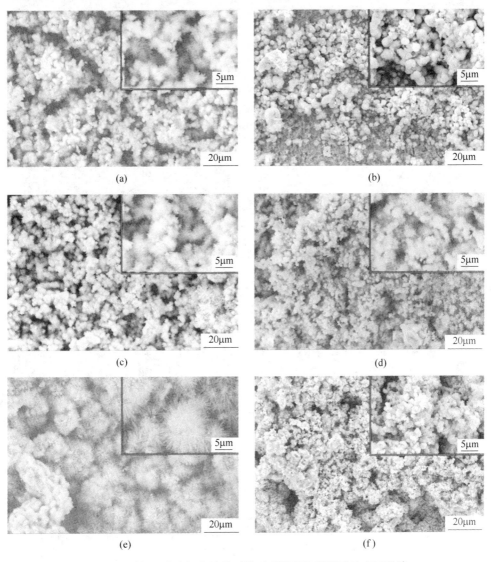

图 11-4　低 Cr 实验钢在盐雾环境下不同腐蚀周期后的表面形貌

（a）24h；（b）72h；（c）168h；（d）288h；（e）432h；（f）600h

　　图 11-5 所示为高 Cr 中锰钢试样在中性盐雾环境中经过不同腐蚀时间后的表面微观形貌。在腐蚀 24h 和 72h 后，腐蚀产物主要由块状的 γ-FeOOH 和夹杂在

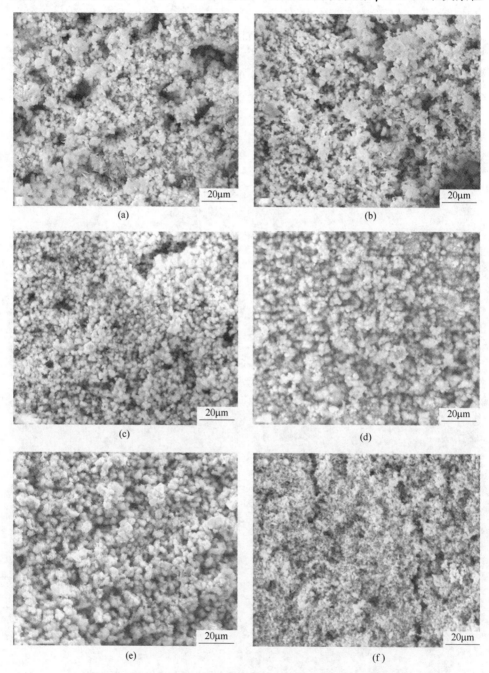

图 11-5　高 Cr 实验钢在盐雾环境下不同腐蚀周期后的表面形貌

(a) 24h；(b) 72h；(c) 168h；(d) 288h；(e) 432h；(f) 600h

其中的少量的绒毛状的 α-FeOOH 及云团状的 β-FeOOH 组成，如图 11-5（a）和（b）所示，在腐蚀初期 β-FeOOH 的产生主要是盐雾腐蚀液在表面的凝结引起局部区域 Cl 离子过高造成的，其较高的电化学活性是导致高 Cr 中锰钢在初期的腐蚀速率高于低 Cr 中锰钢的主要原因之一。随着腐蚀时间的延长，腐蚀产物变得致密，从图 11-5（c）中可以看出棉球状和胡须状的 α-FeOOH 产生，但云团状的 β-FeOOH 却消失不见，这种形貌上的变化使得腐蚀速率大幅下降。在腐蚀 288h 后，前一周期腐蚀产物之间较大的缝隙消失，致密性得到进一步增加，如图 11-5（d）所示，实验钢在 168h 和 288h 腐蚀后的腐蚀产物形貌相似，基本上是由棉球状和胡须状的 α-FeOOH 和块状 γ-FeOOH 组成，腐蚀速率的缓慢下降原因只是由于两个时间点的腐蚀产物致密性不同导致的。在腐蚀 432h 后棉球状形态的 α-FeOOH 发生了进一步的长大现象，直径增至 $5\sim10\mu m$，如图 11-5（e）所示。此外，最后一个周期的产物组成特征与低 Cr 中锰钢相似，腐蚀形态趋于从棉球状和片状 FeOOH 转化为块状的 Fe_xO_y，使得腐蚀速率稳定，如图 11-5（f）所示。

11.4　腐蚀产物截面形貌

为了直观地表征出在不同腐蚀周期后腐蚀产物的厚度与结构致密性，利用场发射电子探针（EPMA）中二次电子衍射技术对腐蚀产物进行观察。

图 11-6 示出了低 Cr 中锰钢的腐蚀产物截面形貌及 EDX 检测结果。依据腐蚀速率的变化趋势，可把腐蚀过程分为三个阶段：第一阶段为腐蚀 24h 后，第二阶段和第三阶段分别为腐蚀 168h 和 432h 后。在腐蚀的第一阶段，一种单层的形态形成在钢基体上，EDX(1) 结果显示腐蚀产物主要为一些 Fe 和 Mn 的化合物，此时的腐蚀产物厚度约为 $7.1\mu m$，如图 11-6（a）和（d）所示。随着腐蚀过程进行至第二阶段，腐蚀产物包含外层和内层两个部分，通过 EDX(2) 结果表明外层主要包含 Fe 的化合物和一些其他产物，在这些其他产物当中 Mn 的化合物含量最高，约为 5.1%（质量分数），而在腐蚀产物的内层中，Mn 的化合物同样存在，

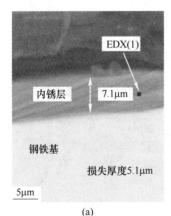

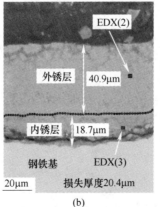

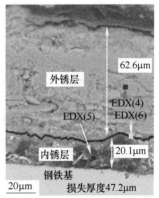

（a）　　　　　　　　　　　　　（b）　　　　　　　　　　　　　（c）

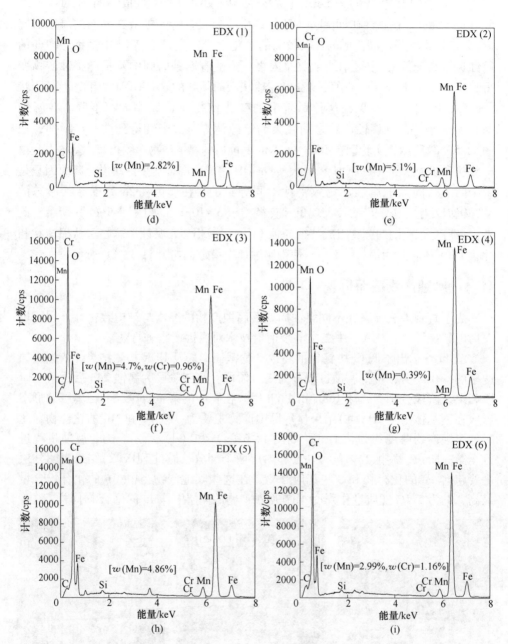

图 11-6   低 Cr 中锰钢在盐雾环境下不同腐蚀周期后的腐蚀产物截面形貌及 EDX 分析

（a）第一阶段（24h）；（b）第二阶段（72h）；（c）第三阶段（168h）；

（d）~（i）箭头位置 EDX 结果

但除了 Mn 的化合物外，在内层 Cr 的化合物也逐渐产生且相比于 Cu、Ni、Mo 的

化合物含量要高，如图 11-6 (f) 所示，此时外层和内层的厚度分别约为 40.9μm
和 18.7μm。在第三阶段，腐蚀产物的厚度增加程度减弱，厚度的增加主要在外
层（相对于第二阶段约增加 21.7μm），内层仅增加 1.4μm。通过 EDX 对腐蚀产
物进行检测可知，外层上 Mn 的化合物基本消失不见，如图 11-6 (g) 所示，内
层仍保持着较高含量的 Mn 化合物，而在内外层的界面处 Cr 的化合物含量
很高。

相比于低 Cr 中锰钢的腐蚀产物截面形貌表征结果，高 Cr 中锰钢的腐蚀产物
在厚度增加上产生了一些差异。在腐蚀 24h 后腐蚀产物的厚度与低 Cr 中锰钢相
似，厚度约为 6.1μm，如图 11-7 (a) 所示，但此时的形貌的致密性要差很多，
这主要是由于初期形成β-FeOOH 导致的，使得腐蚀速率明显大于低 Cr 中锰钢。

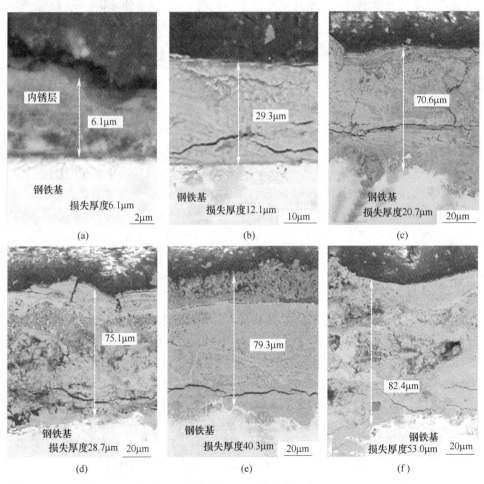

图 11-7 高 Cr 中锰钢在盐雾环境下不同腐蚀周期后的腐蚀产物截面形貌
(a) 24h；(b) 72h；(c) 168h；(d) 288h；(e) 432h；(f) 600h

随着腐蚀时间延长至 72h 和 168h，腐蚀产物的厚度增加程度明显大于低 Cr 中锰钢，分别约为 29.3μm 和 70.6μm，如图 11-7（b）和（c）所示，同时致密性不断提高，坚实的腐蚀产物形成使得腐蚀产物的防护能力得到很大的改善，抑制腐蚀介质的渗透能力。图 11-7（d）~（f）分别示出了实验钢经过后三个腐蚀周期后的腐蚀产物的截面形貌，可以观察到腐蚀产物的厚度增加，但增加的程度却逐渐减小，分别为 75.1μm（腐蚀 288h 后）、79.3μm（腐蚀 432h 后）和 82.4μm（腐蚀 600h 后），而且腐蚀产物的致密性随着腐蚀时间增加而持续提升。

高 Cr 中锰钢的内外层分布规律也与低 Cr 中锰钢类似，腐蚀 24h 后仅表现为单层结构，随着腐蚀时间的延长，出现了分层现象，与低 Cr 中锰钢不同的是，内层的厚度随着腐蚀时间的增加而逐渐变小，在最后一个腐蚀周期下，腐蚀产物的分层现象消失仅表现单一均匀的层状结构，这时的产物对腐蚀介质的防护能力达到最大化，稳定了腐蚀速率。

11.5　腐蚀产物截面元素分布

对于海洋平台用中锰钢来说，合金元素不仅对综合力学性能的优化起到关键的作用，其对于腐蚀速率的变化过程也具有非常重要的作用。对应着腐蚀产物的截面形貌，利用场发射电子探针（EPMA）对不同腐蚀周期后的产物中合金元素分布进行了检测。图 11-8 示出了低 Cr 中锰钢在不同腐蚀阶段的腐蚀产物合金元素分布图，在腐蚀的第一阶段 [见图 11-8（a）]，Cu 和 Ni 元素富集与腐蚀产物中，同时 Mn 元素在基体与腐蚀产物之间产生了一定的富集，而 Mo 和 Cr 元素并没有在腐蚀产物中产生富集现象。随着腐蚀进行到第二阶段 [见图 11-8（b）]，腐蚀产物的内外层均富集了大量的 Mn 元素，并呈现出一种不均匀分布的弥散态，Cr 和 Cu 仅在内外层界面富集，而 Ni 和 Mo 的富集主要存在于外层并均匀分布。腐蚀时间延长至 432h [见图 11-8（c）]，Mn 元素在内层严重密集且其富集区域并不含有 Fe 元素，同时 Cu、Ni、Mo 等元素在外层均匀富集，但相对于前一阶段，Cr 元素的富集位置并没有明显的变化，同样富集在内外层的界面处。上述这些现象，说明低 Cr 中锰钢的合金元素对腐蚀起到不同的作用，Cr 元素在第二阶段时就已经扮演了一个屏障抑制 Mn 元素的扩散。而在第三阶段中，Fe 元素在 Mn 元素富集区域消失的现象说明 Mn 元素在此时已经转变 Mn_xO_y 并占据了腐蚀产物中的一定区域，同时，富集在外层的 Cu、Ni 和 Mo 元素并没有对 Mn 元素起到很好的抑制扩散作用。

高 Cr 中锰钢腐蚀初期的合金元素分布状态与低 Cr 中锰钢相似，除了 Cr 元素，其他合金元素都在单层结构中富集并呈现一种均匀的分布状态，如图 11-9（a）所示。腐蚀 72h 后 [见图 11-9（b）]，Mn 元素在产物中显著富集且其 Fe 元素同样存

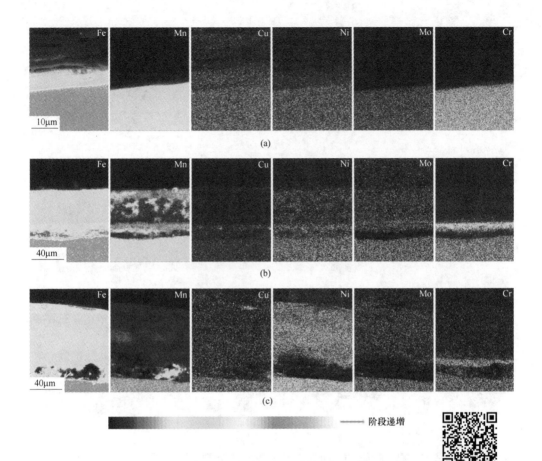

图 11-8　低 Cr 中锰钢在盐雾环境下不同腐蚀阶段后的合金元素分布

（a）第一阶段（24h）；（b）第二阶段（72h）；（c）第三阶段（432h）

扫描二维码
查看彩图

在于富集区域中，对应着 XRD 中的结果，表明此时产生了大量的 $(Fe,Mn)_xO_y$，而其他元素的富集状态与前一周期相同。高 Cr 中锰钢在腐蚀 168h 后 [见图 11-9（c）]，Cr 元素和 Cu 元素富集在产物中并呈现出一种包裹基体的现象，同时 Mn 元素在外层中产生了严重的富集且浓度已超过了实验钢的基体。

　　而在后三个腐蚀周期下，随着腐蚀时间的延长，产物中的 Mn 元素呈现出一个由基体向外界逐渐扩散的趋势，但扩散的量却很小，而基体处的 Mn 元素含量随腐蚀时间的延长逐渐提高，Cu 和 Cr 元素已在基体上形成了富集并形成了一个隔离的屏障，这使得基体中 Mn 元素与腐蚀介质的电化学反应削弱，Mn 元素被困在基体中，难以扩散。相比于 Cu 和 Cr 元素，Ni 和 Mo 元素在腐蚀产物一直保持着一个均匀分布的状态。

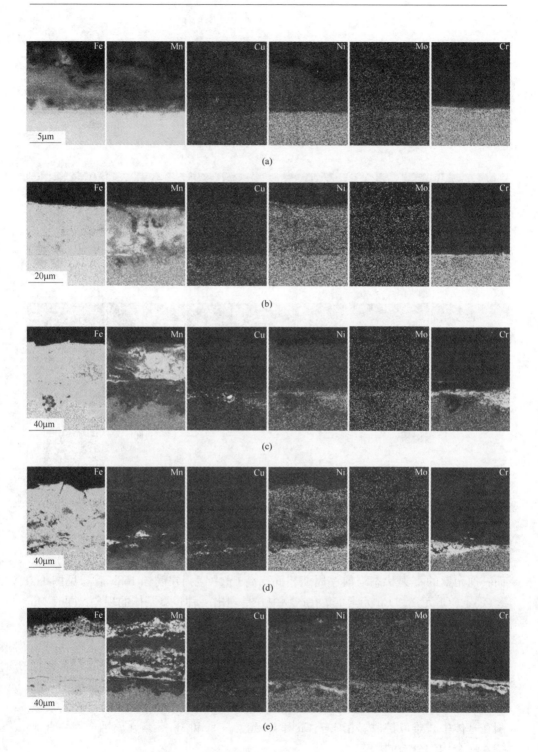

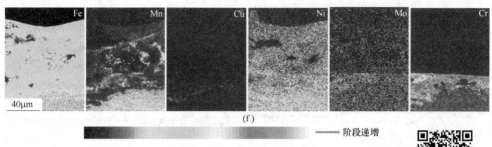

(f)

━━━ 阶段递增

扫描二维码
查看彩图

图 11-9 高 Cr 中锰钢在盐雾环境下不同腐蚀时间后的合金元素分布

(a) 24h；(b) 72h；(c) 168h；(d) 288h；(e) 432h；(f) 600h

11.6 腐蚀产物元素价态

通过对实验钢在不同腐蚀周期后腐蚀产物的 XRD 物相组成和元素分布进行测试后可知，在快速腐蚀阶段腐蚀产物中存在着 $(Fe,Mn)_xO_y$，为了确定这种腐蚀产物及其他产物的具体化学形式，利用 X 射线光电子射线能谱仪（XPS）对腐蚀产物的价态进行测定。

图 11-10 示出的 XPS 结果仅包含 Fe、Mn 和 Cr 三种元素，这是由于其他合金元素的特征峰并没有检测出。基于 XPS 数据库手册对三种元素的特征峰进行标定，说明在腐蚀产物中存在这氧化态和金属态的 Fe 2p、Mn 2p 和 Cr 2p，为了进一步确定这些元素在腐蚀过程中的作用，其具体价态转变行为需要被揭示。通过图 11-10 (a) 和 (b) 中 Fe 2p 和 Mn 2p 的 XPS 图谱可知，在每个腐蚀周期下，Fe 2p 特征峰都位于键能为 711.4eV 和 724.6eV 位置处，分别对应着 Fe $2p_{3/2}$ 和 Fe $2p_{1/2}$，表明腐蚀产物中存在着氧化态的三价铁离子。通过对 Mn 2p 的特征峰进行观察，其 Mn $2p_{3/2}$ 和 Mn $2p_{1/2}$ 的键能分别为 642.3eV 和 654.0eV，可得到在腐蚀产物中存在着氧化态的二价锰离子。因此，可以确定腐蚀产物 XRD 结果中 $(Fe,Mn)_xO_y$ 为 $MnFe_2O_4$。此外，通过对图 11-10 (c) 中 Cr 2p 的 XPS 图谱分析可知，不同于 Fe 2p 和 Mn 2p 的强度，Cr $2p_{3/2}$ 和 Cr $2p_{1/2}$ 的特征峰在每个腐蚀周期下都很弱，键能分别位于 576.6eV 和 577.2eV 处，结合相关文献可知 Cr $2p_{3/2}$ 特征峰的位置表明离子化的 Cr 以 Cr_2O_3 和 $Cr(OH)_3$ 存在于腐蚀产物中，形成的 Cr 和氧化物或氢氧化物可以提高腐蚀产物的耐蚀能力。

为了更好地表征整个腐蚀过程，对在不同腐蚀周期下腐蚀产物中离子态的 Fe 进行定性分析。利用 XPS PEAK 4.1 软件对不同周期下 Fe 元素的 XPS 结果进行了拟合（见图 11-11），Fe $2p_{3/2}$ 特征峰可分解为两个峰，分别为 Fe 的三价峰和二价峰。

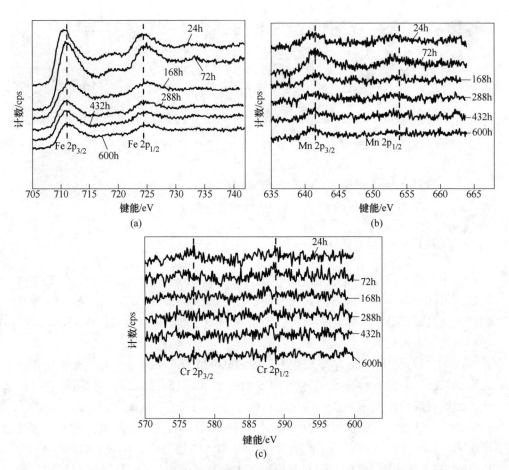

图 11-10　低 Cr 中锰钢在盐雾环境下不同腐蚀时间后的腐蚀产物 XPS 图谱

（a）Fe $2p_{3/2}$ 和 Fe $2p_{1/2}$；（b）Mn $2p_{3/2}$ 和 Mn $2p_{1/2}$；（c）Cr $2p_{3/2}$ 和 Cr $2p_{1/2}$

在腐蚀 24h 和 72h 后，拟合的结果示出 Fe 的三价峰和二价峰均存在，同时一个卫星峰存在于 Fe 的三价峰的右侧，这种结果表明此阶段的腐蚀产物中 Fe 的氧化物主要以 Fe_2O_3 形式存在，较高的 XPS 强度说明了此阶段发生了剧烈的氧化反应。而当腐蚀时间延长至 168h 后，拟合后的图谱 Fe $2p_{3/2}$ 中仅显示为 Fe 的三价峰，同时此时的峰值强度显著下降，这种 Fe $2p_{3/2}$ 峰的转变现象说明了此周期下的腐蚀产物中 $MnFe_2O_4$ 生成且在腐蚀过程作为一种新的阳极材料存在，由于其具有较高的活性而使得腐蚀过程中的 H^+ 溶解率不断提升，导致腐蚀产物的氧化能力并未被削弱。而对于腐蚀过程的后三个周期，Fe 的二价峰和卫星峰再次存在于 Fe 2p 图谱中，同时峰值的强度不断下降，表明腐蚀的后期，具有较高稳定性的 Fe_3O_4 成为了主要的腐蚀产物，Fe 的二价峰的再现现象由于 $MnFe_2O_4$ 的不

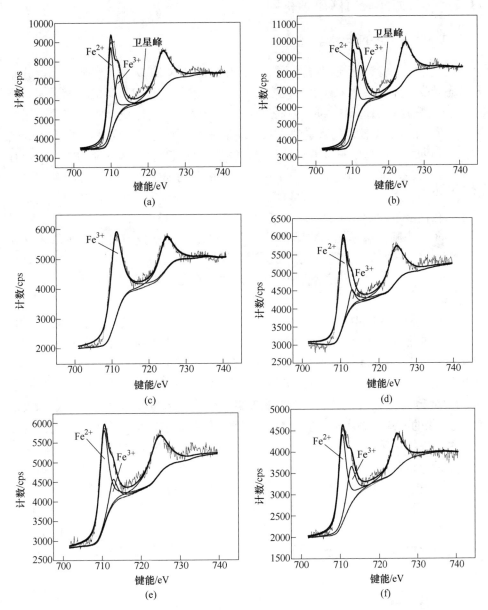

图 11-11　低 Cr 中锰钢在盐雾环境下不同腐蚀周期的 XPS 图谱中的 Fe 2p 拟合图
（a）24h；（b）72h；（c）168h；（d）288h；（e）432h；（f）600h

断转变及耐蚀元素的存在协同作用造成的，这种转变现象会不断地降低腐蚀速率，Cr 元素和 Cu 元素在此阶段表现出的包裹基体现象会再次弱化腐蚀，从而使得腐蚀速率达到稳定。

11.7　模拟海洋大气区腐蚀机理

11.7.1　合金元素的作用与影响

通过结合实验钢在模拟海洋大气区的腐蚀产物的 XRD 物相组成、元素分布及价态转变，可以揭示中锰钢在模拟海洋大气区腐蚀过程中所含的合金元素的作用。Cu 元素在腐蚀过程中通常会促进保护性的腐蚀产物形成，对于实验中锰钢来说，Cu 元素由于较低的含量使得其提高耐蚀能力的途径主要是通过形成 CuO_x 并提供初期腐蚀产物中更多的形核位置，较高的腐蚀产物的形核能力可在一定程度上削弱腐蚀速率，Cu 的这种作用在两种中锰钢的模拟海洋大气区的初期腐蚀阶段都得到一定程度的显示，具体表现为在腐蚀产物中的基体侧的均匀轻度富集现象。在盐雾条件下，实验钢腐蚀产物中没有发现明显 Mo 的富集现象，其通过形成 MoO_4^{2-} 来降低选择性阳离子渗透能力的作用并没有得到很好的展现。Ni 元素在模拟大气区腐蚀环境下也没有起到显著的作用，当钢中的 Ni 含量（质量分数）低于 0.5% 时，Ni 改善腐蚀能力的方式主要是通过稳定保护性的 Fe 的氧化物。

依据两种钢在模拟海洋大气区的腐蚀速率对比结果，可以发现中锰钢中 Mn 元素含量的增加会造成腐蚀的加速效应。但通过腐蚀产物中元素的分布、XRD 物相组成及 XPS 价态分析表明 Cr 元素的存在会对 Mn 化合物（$MnFe_2O_4$）的形成起到很好的控制作用，当两种实验钢腐蚀 72h 后，腐蚀产物中就已经形成一层 Cr 的化合物，这层 Cr 的化合物主要由 Cr_2O_3 和 $Cr(OH)_3$ 组成，其可通过隔离富 Mn 化合物的方式抑制腐蚀介质中 H^+ 的渗透，使得腐蚀速率下降。而在腐蚀的后期，两种中锰钢腐蚀产物的基体侧呈现出了 Mn 元素的过度富集，由于钢中 Cr 元素含量差异，从而导致了两种钢的防腐机制存在差异。1 号中锰钢基体侧的富 Mn 化合物被富 Cr 化合物包裹，很难扩散至外层；随着钢中 Cr 元素含量的提升，2 号中锰钢腐蚀产物中 Cr 元素富集层的厚度不断增大，富 Mn 化合物完全被隔离在基体侧，无法扩散。综上所述，在腐蚀过程中，由 Cr 的化合物形成的这层屏障，可有效地抑制富 Mn 化合物的加速腐蚀效应来减缓中锰钢的腐蚀速率，并使其稳定。

11.7.2　中锰钢组织对大气区腐蚀的作用

为了研究实验中锰钢中微观组织对模拟海洋大气区腐蚀行为的影响，利用扫描电子显微镜（SEM）对除去腐蚀产物后的基体微观形貌进行观察。图 11-12 显示了实验钢在腐蚀不同周期后除去腐蚀产物后的表面微观形貌。在腐蚀 24h 后，除去腐蚀产物的表面呈现出一种不均匀的组织分布状态，许多类似马氏体板条的结构交错形成在表面上，如图 11-12（a）所示。随着腐蚀时间的延长，一个类似于单独大晶粒的形貌出现在表面（见图 11-12（b）~（f）中线圈出的区域），这些类似晶粒状的结构为多边形的形态，这与钢中的回火马氏体形貌相似。此外，这些类似晶粒的结构中由一些薄膜状或球状的凸起和许多缝隙组成，通过对缝隙的宽度进行测定，宽度在 150~1000nm 之间，这与在第 3 章表征出的两种实验钢进行了中马氏体板条的微观形貌相似，此外，凸起结构的尺寸与实验钢中的逆转变奥氏体相似。因此可以推测，这些薄膜状和球状的凸起结构可能使由逆转变奥氏体和一些合金化合物组成。当实验中锰钢经过临界区的回火处理，马氏体板条界面处产生 Mn 和其他耐蚀元素的富集，从而促使在临界区回火时的奥氏体形核长大现象，因此，中锰钢中逆转变奥氏体和马氏体板条呈现出不同的合金元素分布状态。奥氏体区环绕在马氏体区周围，由于 Mn 和其他合金两相界面处的偏析导致了电流耦合的产生。利用 EDAX 技术对除去腐蚀产物表面的不同位置进行 EDX 分析，凸起结构中 Mn 和 Cr 的质量分数分别约为 6.4%和 1.1%，如图 11-12（g）所示；而缝隙中 Mn 的质量分数约为 3.9%，Cr 的质量分数仅为 0.2%，如图 11-12（h）

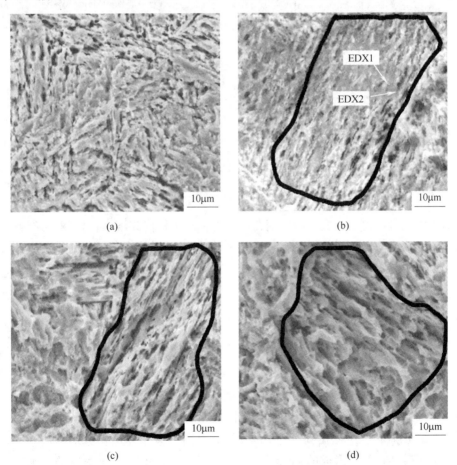

(a)   (b)

(c)   (d)

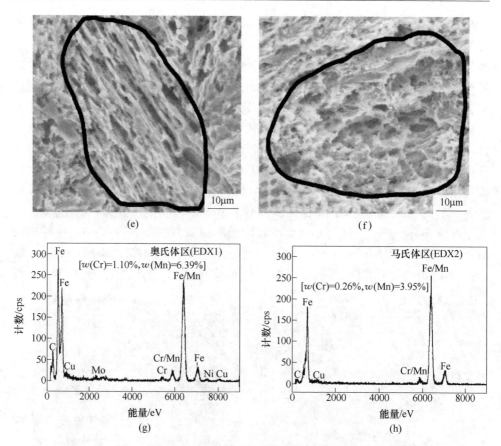

图 11-12　低 Cr 中锰钢在盐雾环境下不同腐蚀周期后除锈后表面微观形貌
(a) 24h；(b) 72h；(c) 168h；(d) 288h；(e) 432h；(f) 600h；(g)，(h) EDX 结果（箭头位置）

所示。由此可以得出，实验中锰钢在腐蚀时，马氏体优先溶解，伴随着逆转变奥氏体中一些富 Cr 化合物的产生，一些残余的回火马氏体会包裹住逆转变奥氏体。因此表明，实验钢的腐蚀主要发生在回火马氏体中，在腐蚀过程中逆转变奥氏体则会扮演一个耐蚀相的角色。

11.7.3　模拟海洋大气区腐蚀过程

为了更好地表征海洋平台用中锰钢在模拟海洋大气区的腐蚀行为，结合实验结果的分析和讨论绘制了实验钢在模拟海洋大气区的腐蚀模型，如图 11-13 所示。在整个腐蚀过程，不断喷出的中性盐雾使得实验钢表面一直处于一个不断被腐蚀介质侵蚀的状态，在此条件下，腐蚀初期的阳极溶解使得 Fe^{2+} 产生并随之氧化成 $Fe(OH)_2$，此过程在氧气充足的环境和氯离子饱和溶液中极易触发。盐雾腐蚀液不断凝结在初期形成的 $Fe(OH)_2$ 上，导致钢表面 Cl 离子浓度的不断提升，

产物中 Fe^{2+} 进一步被氧化成 Fe^{3+}，此时腐蚀产物中主要由 FeOOH 和 Fe_xO_y 组成，Fe_xO_y 主要是来自 FeOOH 的转化产生且可发生由 Fe_2O_3 向 Fe_3O_4 的转化现象，这主要是由于在此阶段时腐蚀产物与基体之间的氧气供给量下降导致还原反应易发生造成的。最终的腐蚀产物主要以 FeOOH 和 Fe_3O_4 组成，分别分布于产物的外层和内层。

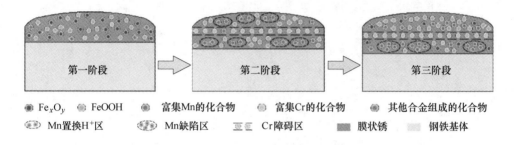

图 11-13　中锰钢在模拟海洋大气区环境下的腐蚀模型图

扫描二维码
查看彩图

在实验中锰钢模拟大气区的腐蚀过程中，由于 Mn 元素较高的含量导致腐蚀过程在一定程度上被加速。腐蚀初期，Mn 元素随着实验钢的阳极溶解过程形成了 Mn^{2+}，随着腐蚀的进行，腐蚀产物中 FeOOH 和 Fe_xO_y 的产生，从而导致腐蚀产物中出现了下列的平衡态。

转变式（11-2）~式（11-5）：

$$Mn^{2+} + 2FeOOH \Longrightarrow MnFe_2O_4 + 2H^+ \tag{11-2}$$

$$2Fe_3O_4 + 3Mn^{2+} + 4H_2O \Longrightarrow 3MnFe_2O_4 + 8H^+ + 2e \tag{11-3}$$

$$3Mn(OH)_3^- + 2Fe_3O_4 + H^+ \Longrightarrow 3MnFe_2O_4 + 5H_2O + 2e \tag{11-4}$$

$$3MnFe_2O_4 + 4H_2O \Longrightarrow 6FeOOH + Mn_3O_4 + 2H^+ + 2e \tag{11-5}$$

铁酸锰（$MnFe_2O_4$）会对中锰钢的腐蚀带来负面的影响，具体原因为：一般来说，铁酸锰（$MnFe_2O_4$）是在低温状态下以纳米颗粒的形成存在，由于其是一种具有尖晶石结构的阳极材料，并且可使电化学反应过程中 H^+ 的嵌入和脱嵌效应增强，从而导致腐蚀过程中铁酸锰（$MnFe_2O_4$）易容纳 H^+；同时，依据式（11-2）和式（11-3）可以看出，铁酸锰（$MnFe_2O_4$）的形成伴随产物中 H^+含量的增加。因此，实验中锰钢由于铁酸锰（$MnFe_2O_4$）在腐蚀过程中的形成使得阳极 H^+ 浓度提升，从而加剧了腐蚀介质中的阴离子选择性渗透能力，导致腐蚀产物耐蚀能力的削弱。此外，铁酸锰（$MnFe_2O_4$）中 Mn 离子和 Fe 离子之间的相互传导机制也会加速腐蚀的进行。

参 考 文 献

[1] Alcántara J, Chico B, Díaz I, et al. Airborne chloride deposit and its effect on marine atmospheric corrosion of mild steel [J]. Corrosion Science, 2015, 97: 74-88.

[2] Barton K. Protection against atmospheric corrosion: theories and methods [M]. New York: John Wiley and Sons, 1976.

⑫ 中锰钢板材国家标准和行业指南

12.1 国家标准和中国船级社检验指南的制定背景

中锰钢板材化学成分的特点是碳含量（质量分数）在 0.1% 以下，锰含量（质量分数）在 5% 左右，其他合金元素含量较少。微观组织是回火马氏体和一定数量的逆转变奥氏体，其强韧化机制是通过马氏体提高材料的强度，同时利用逆转变奥氏体的优良塑性和形变时的 TRIP 效应获得优良的塑性韧性，屈服强度一般在 690MPa 级，通过成分和工艺调整也可以生产 550MPa 或 750MPa 及以上的高强板材。这种高强韧的中锰钢板材适用于海洋平台、工程机械、桥梁、压力容器等领域的结构制造。

传统的低合金高强钢板材强度级别在 550MPa 或 690MPa 以上时，多采用调质处理，微观组织一般为回火索氏体。在化学成分上对锰的含量有限制，一般不得超过 2%，这是因为在低合金钢成分的范围内过高的锰含量会对钢的韧性有损害，而且锰含量较高时还会带来连铸坯中心偏析严重的问题。所以现有的国家标准体系中锰的含量都有上限的限制。同时，行业上的一些应用指南，如船级社的产品检验指南等，也都对钢材中锰的含量做了相应的上限规定。

由此可见，中锰钢板材的化学成分体系与传统的低合金高强钢有很大的差别，超出了现有的标准体系和相关行业指南的规定范围，并且这种高强韧中锰钢在性能、工艺的特点也没有在现有的标准和行业指南体系中有所体现，所以为了使中锰钢板材在相关制造领域能够推广应用，需要制定相应的标准和指南规范等。

在国家"863"计划重大课题"海洋平台用高锰高强韧中厚板及钛/钢复合板研究与生产技术开发"研究成果的基础上，由东北大学牵头，全国多家企业和研究院机构联合编写制订了《海洋平台结构用中锰钢钢板》国家标准。标准编写组 2017 年 3 月开始编写该标准的项目申请书并提交全国钢标准技术委员会，同年 6 月初步搭建标准框架并起草标准草案，同年 10 月完成标准草稿并在全国标准信息公共服务平台公示，2018 年 1 月获批全国钢标委〔2017〕128 号"2017年第四批国家标准制修订计划"项目，计划编号为 20173724-T-605。之后，在冶金工业信息标准研究院的组织下，标准编写组广泛征求相关行业和企业的意见并对标准草案进行了反复修改，形成了标准讨论稿，最后经钢标委专家会议讨论形成标准的最终稿。2020 年 3 月 31 日，国家市场监督管理总局和国家标准化管理委员会发布 2020 年第 4 号中国国家标准公告，《海洋平台结构用中锰钢钢板》（GB/T 38713—2020）国家标准正式发布，2020 年 10 月 1 日正式实施。

中国船级社（CCS）针对 690MPa 级高强韧中锰钢制定了检验指南——《690MPa 级中锰高强韧钢检验指南》，并于 2018 年 2 月 26 日实施。该指南的制定参考了 CCS《材料与焊接规范》和 CCS《产品检验指南 W-01 船用轧制钢材》的相关规定并根据这一钢材的特点进行了个性化规定。对于其应用时所需的强度、塑性、韧性、冷热加工性能及可焊性等均制定了相关的检验技术要求。

12.2　《海洋平台结构用中锰钢板》国家标准的部分内容[1]

该标准的适用范围为海洋平台结构用厚度为 20~150mm 的中锰钢钢板。

该标准规定了中锰钢牌号的表示方法：钢的牌号由代表屈服强度的"屈"字汉语拼音的首字母、规定的最小屈服强度数值、代表"中锰"的汉语拼音首字母、质量等级符号四个部分组成。

示例：Q690ZME。

Q——钢的屈服强度的"屈"字汉语拼音的首字母；

690——规定的最小屈服强度数值，单位为兆帕（MPa）；

ZM——"中锰"汉语拼音的首位字母；

E——质量等级。

当需方要求钢板具有厚度方向性能时，则在上述规定的牌号后加上代表厚度方向（Z 向）性能级别的符号，例如：Q690ZMEZ35。

该标准规定了 Q550ZM、Q620ZM 及 Q690ZM 三个牌号中锰钢的技术条件，其中化学成分要求见表 12-1。焊接裂纹敏感指数（P_{cm}）的规定见表 12-2，焊接裂纹敏感指数（P_{cm}）按式（12-1）计算。

表 12-1　中锰钢的化学成分要求

牌号	质量等级	化学成分（质量分数）/%												
		C	Si	P	S	Nb	V	Mo	Ni	Cr	Cu	Ti	Mn	Alt[a,b]
		不大于												不小于
Q550ZM	D	0.10	0.50	0.025	0.025	0.05	0.10	0.50	0.60	1.00	0.50	0.06	3.50~5.00	0.020
	E													
	F			0.020	0.020									
Q620ZM	D	0.10	0.50	0.025	0.025	0.05	0.10	0.50	0.60	1.00	0.50	0.06	3.50~5.50	0.020
	E													
	F			0.020	0.020									

牌号	质量等级	化学成分（质量分数）/%												
		C	Si	P	S	Nb	V	Mo	Ni	Cr	Cu	Ti	Mn	Alt[a,b]
		不大于												不小于
Q690ZM	D	0.10	0.50	0.025	0.025	0.05	0.10	0.50	0.60	1.00	0.50	0.06	4.00~6.50	0.020
	E													
	F			0.020	0.020									

a 全铝 Alt 含量可以用酸溶铝 Als 含量代替，此时酸溶铝 Als 含量应不小于 0.015%。

b 当钢中加入 Nb、V、Ti 等细化晶粒元素时，铝含量下限不作限制。

表 12-2 中锰钢的焊接裂纹敏感性要求

牌号	焊接裂纹敏感指数 P_{cm}/%		
	规定钢板厚度/mm		
	20~50	>50~100	>100
Q550ZM	≤0.34	≤0.36	协商
Q620ZM	≤0.39	≤0.41	协商
Q690ZM	≤0.44	≤0.46	协商

$$P_{cm} = C + Si/30 + (Mn + Cu + Cr)/20 + Ni/60 + Mo/15 + V/10 + 5B$$

$$(12-1)$$

中锰钢板拉伸性能要求见表 12-3，其中除了强度和伸长率的要求之外，还规定了屈强比的上限要求。冲击性能要求见表 12-4，冲击试验结果按一组三个试样的算术平均值进行计算，允许其中一个试验值低于规定值，但不应低于规定值的 70%。厚度方向性能见表 12-5，三个试样的算术平均值应不低于规定的平均值，仅允许一个试样的单值低于规定的平均值，但不得低于相应级别的最小单值。

表 12-3 中锰钢拉伸性能要求

牌号	质量等级	拉伸试验[a]			
		上屈服强度[b] R_{eH}/MPa 不小于	抗拉强度 R_m/MPa	屈强比 不大于	断后伸长率 A/% 不小于
Q550ZM	D、E、F	550	670~830	0.94	20
Q620ZM	D、E、F	620	720~890	0.94	20
Q690ZM	D、E、F	690	770~940	0.94	18

a 拉伸试验采用横向试样。

b 如屈服现象不明显，采用规定塑性延伸强度 $R_{p0.2}$ 代替。

表 12-4　中锰钢冲击性能要求

牌号	质量等级	夏比（V 型缺口）冲击试验		
		试验温度/℃	冲击吸收能量 KV_2/J，不小于	
			纵向	横向
Q550ZM	D	−20	55	37
	E	−40		
	F	−60		
Q620ZM	D	−20	62	41
	E	−40		
	F	−60		
Q690ZM	D	−20	69	46
	E	−40		
	F	−60		

注：冲击试验取纵向试样，但供方应保证横向冲击性能。

表 12-5　中锰钢厚度方向性能要求

厚度方向性能级别	厚度方向断面收缩率 Z/%	
	三个试样平均值	单个试样值
Z25	≥25	≥15
Z35	≥35	≥25

　　该标准规定了性能检测的取样方法。制取拉伸试验的试样，当钢材的厚度不大于 40mm 时，取全截面矩形试样，试样宽度为 25mm。当试验机能力不足时，可以在试样的一个轧制面加工使厚度减薄至 25mm。当钢材的厚度大于 40mm 时，取圆截面试样，其轴线位于钢板 1/4 厚度处或尽量接近此位置，试样的直径为 14mm，也可以根据试验机能力采取全截面试样。当钢材的厚度大于 100mm 时，增加 1/2 厚度处的拉伸试验，采用圆截面试样，其轴线位于钢板厚度的 1/2 处。

　　制取冲击试验的试样，当钢材的厚度小于 40mm 时，冲击试样应为近表面试样，试样边缘距一个轧制面小于 2mm；当钢材的厚度不小于 40mm 时，试样轴线应位于钢材 1/4 厚度处或尽量接近此位置。厚度大于 50mm 的钢板，增加 1/2 厚度冲击试验，其轴线位于钢板厚度 1/2 处。

12.3　《690MPa 级中锰高强韧钢检验指南》的部分内容[2]

　　中国船级社（CCS）制定该指南的目的是为屈服强度为 690MPa 级的中锰高强韧钢制定检验技术要求，使其能够满足海洋工程的服役需求。指南适用于厚度不大于 100mm 的海洋工程用 690MPa 级中锰高强韧钢板的供货检验，其他用途钢板可参考执行。厚度大于 100mm 中锰高强韧钢板的供货应经中国船级社特别同意。

指南规定了 690MPa 级中锰钢的生产工艺:

(1) EH690 中锰钢均应按首次供货时确定的工艺进行生产。

(2) EH690 中锰钢应采用碱性吹氧转炉冶炼,并进行炉外精炼。如采用其他冶炼方法,应经 CCS 特别同意。

(3) EH690 中锰钢一般采用连铸方法铸造,当连铸时应采用轻压下或电磁搅拌等措施保证铸坯芯部质量。

(4) EH690 中锰钢轧制过程应达到足够的压缩比以保证成品性能及芯部质量。

(5) EH690 中锰钢可采用淬火加回火(QT)或热机械控制轧制后直接淬火加回火(TM+DQ)状态交货。

指南规定了首次供货的试验项目及要求:

(1) 化学成分分析。

(2) 拉伸试验。拉伸试样应采用全厚度板型试样,但对于厚度 $t>40$mm 的板材可选取两个圆形试样,取样位置分别为 $1/4t$ 和 $1/2t$ 处。

拉伸试样应分别取纵向和横向。

对于没有明显屈服的材料,可测定其非比例延伸强度 $R_{p0.2}$。

计算屈强比。

(3) V 型缺口冲击试验。V 型缺口冲击试验应测定冲击功、测定结晶状断口百分数和侧膨胀值,并绘制曲线,确定脆性转变温度(一般采用 50%结晶状断口所对应的温度为脆性转变温度)并提供冲击试样的断口照片。

厚度 $t≤40$mm 的材料应在近表面处选取冲击试样;厚度 $t>40$mm 的材料应在 $1/4t$ 和 $1/2t$ 处分别选取冲击试样。

(4) 时效冲击试验。

(5) 硫印。硫印取自成品中部,长度大于 600mm,厚度为全厚度。

(6) 低倍组织。应进行坯料的低倍组织检验,从坯料中心至边部一半截面,厚度为全厚度。

(7) 显微金相组织。在钢板的近表面和厚度中心均应进行 100 倍和 500 倍的金相组织检验和测定奥氏体晶粒度。对厚度大于 40mm 的产品应在 $1/4t$ 处加做金相试样。还应按照 ISO 4967 或等效标准测定夹杂物。EH690 中锰钢典型的组织为回火马氏体加少量残余奥氏体。

(8) 落锤试验。应进行落锤试验测定 NDTT(无塑性转变温度),试样方向为横向。

落锤试验方法应按照 CCS《材料与焊接规范》第 1 篇第 2 章相关要求进行,

并应在报告中体现最终试验后的试样照片。

（9）厚度方向性能试验。对于申请厚度方向性能的钢板（Z 向钢），应做厚度方向拉伸试验，测定断面收缩率。还应测定其 Z 向抗拉强度。

（10）无损检测。对于 Z 向钢应进行超声波探伤，探伤要求及结果满足 CCS《材料与焊接规范》的相关规定。

（11）尺寸测量及外观检查。对钢板进行尺寸测量及外观检查。每张钢板应测量其长度、宽度、厚度、不平度等。厚度测量方法及要求执行 CCS《材料与焊接规范》的相关要求，其他测量值应符合 GB/T 709 的具体要求。

外观质量应符合有关标准要求。

（12）焊接性能试验。应选取最大厚度的钢板进行焊接性能试验。

1）应采用（10±2）kJ/cm 和工厂提交的最大热输入按焊态和焊后热处理态（PWHT）分别焊制一块对接试板，上述最大热输入应载入钢板质量证明书。可对焊态试板进行脱氢处理。

2）焊接试板的坡口形式为 1/2V 型或 K 型。试板应尽可能采用最常用的焊接工艺。焊接试板的焊缝应平行于轧制方向。所有焊接参数（焊材牌号、焊材直径、焊接坡口形式、预热温度、道间温度、电流种类、焊接电流、焊接电压、焊接速度、焊接热输入值、焊接道次记录等）都应提交。

焊接试板应做以下试验：

1）两个全厚度横向拉伸试验，如果试样的破断力超过加载设备的能力时，可以分成几个试样进行横向拉伸试验，分割的试样应覆盖全厚度。每个试样的厚度不小于 25mm。以各试样试验结果的算术平均值作为整个接头的试验结果。

试样制备时应用机械方法去除焊缝表面余高，使之与母材原始表面齐平。要求提交抗拉强度值、试样断裂位置。

2）需制备焊缝正反弯曲试样各一个，试样宽度为 30mm，弯心直径为：$d = 6t$，其中 t 为试样厚度，弯曲角度 $\alpha = 180°$。板厚大于 20mm 时可做两个侧弯试样。

3）试样纵轴线垂直于焊缝的每组 3 个冲击试样，冲击试样缺口分别位于：焊缝中心、熔合线、距熔合线 2mm、5mm、20mm。熔合线由腐蚀方法确定。冲击试验的试验温度为钢板的产品供货检验试验温度。取样位置距钢板表面 1~2mm 处。厚度大于 50mm 时，还应在坡口焊缝根部取样，缺口位置同上。

4）HV10 硬度分布试验。在距钢板上、下表面、K 型坡口焊缝根部各 1~2mm 处的焊缝横截面上做硬度分布试验，测点位置分别在熔合线两侧的热影响区及母材处，热影响区内测点间距约 0.7mm，每侧热影响区内至少 6~7 点。HV10 硬度不超过 420HV。

5）焊接坡口形式、尺寸、焊接道次、硬度值及试验接头照片均应向 CCS

提交。

6）焊接试板的无损检测。

7）应对焊态及焊后热处理态（如适用）选取较大热输入量焊接试板进行裂纹尖端位于粗晶区（GCHAZ）一组3个的CTOD试验，试验温度为−10℃，其特征值参考值为0.15mm。可对焊接试件低温脱氢热处理后再进行CTOD试验。

8）应按公认的国家标准，如GB/T 4675.1，进行斜Y型焊接裂纹试验（氢致裂纹试验）。

建议的焊后热处理温度为560~620℃。热处理应缓慢均匀地加热和冷却，保温时间以板厚每25mm增加1h确定（板厚不大于25mm时为1.4h）。

此外，该指南还规定了产品的检验要求、配套焊接材料的要求等。

参 考 文 献

[1] GB/T 38713—2020，海洋平台结构用中锰钢钢板.
[2] 中国船级社.690MPa级中锰高强韧钢检验指南 W24(201802).2018.

索　引